普通高等教育机械类教材

机械控制工程学习指导

陈秀梅　主编

化学工业出版社
·北京·

内 容 简 介

本书是根据普通高等学校机械类、仪器类等非控制专业“机械控制工程”课程教学大纲编写，作为陈秀梅、徐小力编著的《机械控制工程基础》教材的配套学习指导书。主要针对经典控制理论内容进行归纳总结、知识梳理，明确学习机械控制工程课程的基本要求及重点、难点，具有满足学生课程学习、课后复习、考研辅导以及教师教学参考等多方面需求的功能。

本书力求突出控制理论的工程性，通过理论联系实际，增强学生的学习兴趣，培养学生的工程意识。本书可作为机械工程、仪器仪表等非控制专业师生的辅助教材，也可供相关专业科研工作者及相关领域的工程技术人员学习参考。

图书在版编目（CIP）数据

机械控制工程学习指导 / 陈秀梅主编. -- 北京 ：化学工业出版社，2025. 9. --（普通高等教育机械类教材）. -- ISBN 978-7-122-48702-5

Ⅰ. TH-39

中国国家版本馆 CIP 数据核字第 2025H775X4 号

责任编辑：张海丽　严春晖　　文字编辑：张　琳
责任校对：田睿涵　　装帧设计：刘丽华

出版发行：化学工业出版社
（北京市东城区青年湖南街 13 号　邮政编码 100011）
印　　装：北京云浩印刷有限责任公司
787mm×1092mm　1/16　印张 11　字数 268 千字
2026 年 1 月北京第 1 版第 1 次印刷

购书咨询：010-64518888　　售后服务：010-64518899
网　　址：http://www.cip.com.cn
凡购买本书，如有缺损质量问题，本社销售中心负责调换。

定　　价：38.00 元

前 言

本书是《机械控制工程基础》（北京信息科技大学陈秀梅、徐小力主编）的配套教材，是编者根据“机械控制工程”课程的教学基本要求，并结合多年的教学改革和教学实践需要编写的。

本书力求体现普通高等院校培养高素质应用型工程技术人才的特点，突出对学生分析机械工程系统动态行为、研究和解决复杂工程问题的能力培养。全书共6章，并有附录。在各个章节中，首先简单介绍了该部分的基本内容和基本要求，并给出了对应知识点的例题，目的是用于课程学习辅导；随后配备了练习题及答案，练习题题型多样，有选择题、填空题、简答题、计算题、画图题及证明题等，目的是加深学生对课程理论知识，尤其是基本概念的理解与掌握。附录中有期末测试题，供学生期末复习参考使用，此外还附有硕士研究生入学考试题若干套。

本书编写目的主要是指导学生学习经典控制理论的基本理论知识。根据编者多年教学经验的积累，针对学生学习过程中经常出现的问题，比如对基本概念掌握欠缺，本书精选例题，并利用各种类型练习题使学生加深对理论知识的理解与掌握，从而达到更好的学习效果，这对于工程技术人员加深理论知识的理解同样具有参考意义。

本书有如下一些特点：

（1）覆盖了课程基本要求的全部内容，注重课程内容分析及学习方法和策略的指导，帮助学生更快地理解课程内容理论知识；

（2）根据编者多年的教学经验和对国内众多教材及参考书的研究、分析，有重点地将各知识点通过不同题型展现出来。

本书由北京信息科技大学陈秀梅编写、彭宝营审校，在编写过程中教学团队成员黄民教授、许博副教授、刘忠和博士给予了很多宝贵建议和帮助，在此一并表示衷心的感谢。

由于编者水平有限，书中疏漏在所难免，敬请提出宝贵意见，不胜感谢。

编 者

2025年4月

目　　录

第1章　绪　　论

本章介绍控制系统的基本工作原理，控制系统的组成、分类，机械控制工程的研究对象、研究内容，控制系统的发展及应用，以及本课程的学习方法。

1-1　控制系统的基本工作原理

控制分为人工控制与自动控制。

人工控制：在人的直接参与下，使生产过程或被控制对象（也称为被控或受控对象）的某一物理量按预期的规律运动。

自动控制：在没有人的直接参与下，利用控制器使生产过程或被控制对象的某一物理量准确地按预期的规律运行。

自动控制系统：控制器和被控制对象组成的能完成自动控制任务的系统。

一般在自动控制系统中，偏差是基于反馈建立起来的。反馈就是指将输出量（或通过测量元件及其他）返回到输入端，并与输入量相比较，比较的结果称为偏差。控制系统是按偏差的大小与方向来工作的，最后使偏差减小或消除，从而使输出量随输入量而变化。

自动控制的过程就是“测偏与纠偏”的过程，这一原理又称为反馈控制原理，该系统称为反馈控制系统。

自动控制系统要解决的最基本问题就是如何使受控对象的物理量按照给定的变化规律变化。

1-2　自动控制系统的几种分类

1-2-1　按控制系统有无反馈分类

(1) 开环控制系统

系统中输出端与输入端之间无反馈通道时称为开环控制系统，该系统控制装置与被控对象之间只有顺向作用而没有反向联系，即控制系统的输出量不影响系统的控制作用。图 1-1 所示为数控机床的开环控制系统。

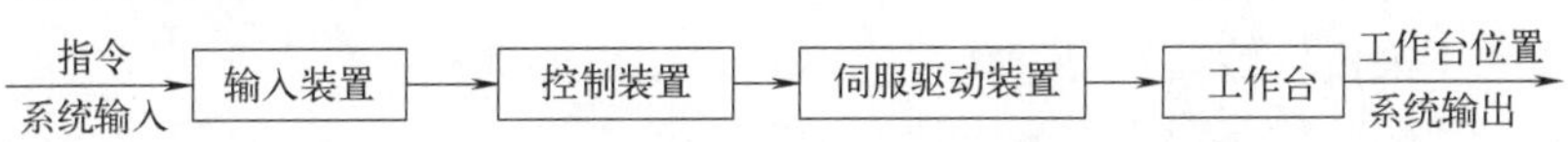

图 1-1　数控机床的开环控制系统

开环控制系统的特点有：没有自动修正偏差的能力，抗干扰能力差，但是由于开环控制系统没有反馈通道，因而结构较简单，实现容易，价格低，适用于精度要求不高的场合。

(2) 闭环控制系统

控制系统的输出与输入之间存在着反馈通道，即系统的输出对控制作用有直接影响的系统，称为闭环控制系统。因此，反馈控制系统也就是闭环控制系统。图 1-2 所示为数控机床的闭环控制系统。简单地讲，闭环控制系统的工作过程就是一个“检测偏差并予以纠正”的过程。

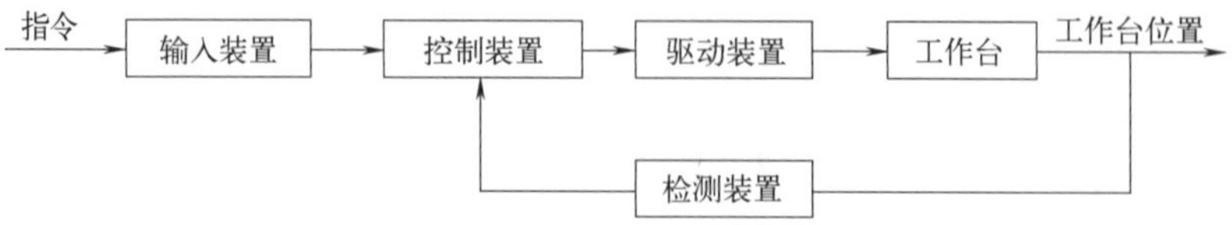

图 1-2　数控机床的闭环控制系统

闭环控制系统由于存在反馈，若有干扰而使输出的实际值偏离给定值时，控制作用将减小这一偏差，因而精度较高。但由于存在反馈，若系统中的元件有惯性及与其配合不当时，将引起系统振荡，不能稳定工作。

闭环控制系统的特点有：闭环控制系统抗干扰能力强，对外扰动（如负载变化）和内扰动（系统内元件性能的变动）引起的被控量（输出）的偏差能够自动纠正，闭环控制系统控制精度一般比开环控制系统的要高，在设计时要着重考虑稳定性问题。闭环控制系统主要用于要求高而复杂的系统中。

控制论的中心思想就是通过信息的传递、加工处理和反馈来进行控制。

按反馈的作用不同，将反馈分为正反馈和负反馈。在系统主反馈通道中，只有采用负反馈，才能使系统偏差的绝对值减小，从而达到控制的目的；反之，正反馈将使偏差越来越大，导致系统发散而无法工作。

(3) 反馈控制系统的基本组成及有关名词术语

① 反馈控制系统的基本组成　一个系统主反馈回路（或通道）只有一个，而局部反馈可能有几个。图 1-3 所示为具有一个主反馈回路的典型反馈控制系统。

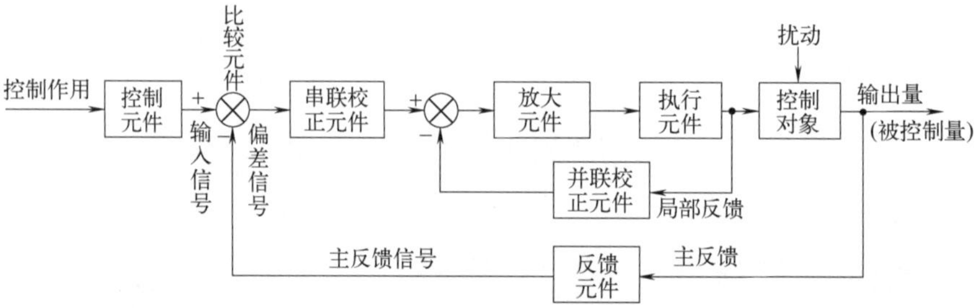

图 1-3　典型反馈控制系统方框图

控制元件　用于产生输入信号（或称控制信号）。

反馈元件　主要指置于主反馈通道中的元件。反馈元件一般用检测元件。若输出为主反馈信号时，称为单位反馈。

比较元件　用来比较输入及反馈信号，并得出二者的偏差。

放大元件　把弱的信号放大以推动执行元件动作。

执行元件　根据输入信号的要求直接对控制对象进行操作。

控制对象　即被控对象，控制系统所要操纵的对象，其输出量即为系统的被控制量。

校正元件　用来改善系统的控制性能，不是反馈控制系统必须具有的。

② 相关名词术语

输入信号（输入量、控制量、给定量）　从广义上指输入系统中的各种信号，包括扰动信号。一般来说，输入信号是指控制输出量变化规律的信号。

输出信号（输出量、被控制量、被调节量）　输出是输入的结果。

反馈信号　输出信号经反馈元件变换后加到输入端的信号称反馈信号。

偏差信号　输入信号与主反馈信号之差。

误差信号　输出量希望值与实际输出值之差。

须注意，误差和偏差不是相同的概念。只有当系统的输出量全部反馈时，误差才在数值上等于偏差。

扰动信号　偶然的、无法人为控制的信号，称为扰动信号或干扰信号。扰动也是一种输入，一般对系统的输出量产生不利的影响。

1-2-2　按控制作用的特点来分

按照给定量（即输入量）的特点不同，可将控制系统划分为恒值控制系统、程序控制系统和随动控制系统。

(1) 恒值控制系统

当给定量（即输入量）是一个恒值时，称为恒值控制系统。

(2) 程序控制系统

系统的给定量（即输入量）按预定程序变化的系统，称为程序控制系统。

(3) 随动控制系统

输出量能够迅速而准确地跟随变化着的输入量变化的系统，称为随动控制系统。具有机械量输出的随动控制系统，又称为伺服控制系统。

1-3　机械控制工程的研究对象与任务

(1) 机械控制工程研究的对象

机械控制工程的研究对象是机械工程技术中广义系统的动力学问题，主要是指动态机械系统，即研究机械系统的动态特性。

(2) 机械控制工程的研究任务

根据自动控制理论的内容和发展阶段不同，控制理论可分为“经典控制理论”和“现代控制理论”两大部分。在经典控制理论中，就系统、输入、输出三者之间的关系而言，工程控制理论可归纳为：

① **系统分析问题**　已知控制系统和输入信号，求解输出，并通过输出对系统进行静态及动态性能（一般可概括为稳、准、快）分析，此即系统分析问题。

② **最优控制问题**　已知控制系统，确定输入，且所确定的输入应使得输出尽可能符合给定系统的最佳要求，此即最优控制问题。

③ **最优设计问题**　已知输入，确定系统，且所确定的系统应使得输出尽可能符合给定的最佳要求，此即最优设计问题。

④ **滤波与预测问题**　已知输出，确定系统，以识别输入和输入中的有关信息，此即滤波与预测问题。

⑤ **系统辨识问题**　已知输入和输出，确定系统的结构与参数，建立系统的数学模型，此即系统辨识问题。

本书仅研究经典控制理论的系统分析问题。

1-4 控制理论发展简史

控制理论是在人类征服自然的生产实践活动中，随着社会生产和科学技术的进步而不断发展、完善起来的。其发展阶段有：以传递函数为基础的单输入-单输出经典控制理论阶段；以状态空间法为基础的多输入、多输出、时变参数、分布参数、随机参数、非线性等现代控制理论阶段；随着计算机技术的飞速发展，在很多领域取得了重大发展的人工智能控制阶段。

1-5 对控制系统性能的基本要求

不同控制对象、不同工作方式和不同控制任务，对控制系统的品质指标（性能）要求也往往不相同。一般说来，对控制系统品质指标的基本要求可以归纳为：稳定性、准确性、快速性。

(1) 稳定性

稳定性是指系统抵抗动态过程的振荡倾向和系统能够恢复平衡状态的能力。稳定性是控制系统正常工作的首要条件。

(2) 准确性

对一个稳定的系统而言，过渡过程结束后，系统输出量的希望值与实际值之差称为稳态误差。稳态误差反映了系统准确性，准确性是对控制系统稳态（静态）性能的要求。

(3) 快速性

以控制系统运动到新的平衡状态所需要的时间衡量系统的快速性，快速性是对控制系统动态性能（过渡过程性能）的要求。

同一控制系统，其稳定性、快速性和准确性往往是相互制约的。

1-6 本课程的学习方法

本课程内容主要是控制理论的基本理论与方法，比较抽象，既要结合实际，又要善用逻辑思维；课程涉及多门相关先修课程，应注意这些课程的综合应用；多利用参考书，重视实验及习题。

本 章 小 结

(1) 基本要求

① 了解机械控制工程的发展、应用及控制系统的分类；

② 理解自动控制系统的基本工作原理及反馈的概念、机械控制工程的研究对象及内容；

③ 掌握控制系统的组成、基本概念，以及对控制系统品质指标的基本要求，能够运用反馈原理解决实际中的相关问题。

(2) 本章要点

① 闭环控制系统的原理。

② 评价控制系统的性能指标。

练 习 题

1-1 选择题

1. 控制工程的系统分析问题是（　　）

A 系统已定，输入不确定，求系统的输出

B 系统已定，输入已知，求系统的输出（响应）

C 系统已定，规定系统的输入

D 系统不定，输入已知，求出系统的输出（响应）

2. 同等精度元件组成的开环系统和闭环系统，其精度比较（　　）

A 开环高　　B 闭环高　　C 相差不多　　D 一样高

3. 作为控制系统，一般（　　）

A 开环不振荡　　B 闭环不振荡

C 开环一定振荡　　D 闭环一定振荡

4. 工程控制论实质上是研究（　　）

A 质量-阻尼-弹簧单自由度系统在不同输入时的情况

B 数控机床的控制问题

C 电阻-电感线圈-电容在脉冲输入下的输出情况

D 控制系统特性及输入、输出三者之间的关系

5. 开环系统与闭环系统最本质的区别是（　　）

A 开环系统的输出对系统无控制作用，闭环系统的输出对系统有控制作用

B 开环系统的输入对系统无控制作用，闭环系统的输入对系统有控制作用

C 开环系统一定没有反馈回路，闭环系统有反馈回路

D 开环系统不一定有反馈回路，闭环系统也不一定有反馈回路

6. 反馈就是把（　　）不断地返回输入端，再输入系统中去。

A 系统的输入信号

B 系统的输出信号

C 系统对单位脉冲输入的响应信号

D 系统对单位阶跃输入的响应信号

7. 机械系统、生命系统及社会和经济系统的一个共同特点是（　　）

A 都存在二阶振荡环节

B 都存在微分环节

C 通过信息的传递、加工处理并利用反馈来进行控制

D 其控制系统为开环控制系统

8. 一般地，（　　）不能自动修正因扰动而产生的输出误差。

A 闭环控制系统　　B 线性控制系统

C 开环控制系统　　D 非线性控制系统

9. 普通车床的主轴转速控制系统是（　　）控制系统。

A 开环　　B 闭环　　C 随动　　D 过程

10. 开环控制系统和闭环控制系统的抗干扰能力比较（　　）

A 开环强　　B 闭环强　　C 都强　　D 都不强

11. 信息在系统中以某种关系动态地传递，称为（　　）

A 系统辨识　　B 系统功能调整

C 信息传递　　D 系统校正

12. 机械控制工程所研究的系统是（　　）

A 元件很多的机电大系统

B 控制逻辑关系很复杂的机电系统

C 输入、输出均为物理量的物理系统

D 广义的动力学系统

13. 用反馈信号对系统进行控制就是（　　）

A 串联校正　　B 系统辨识　　C 增益调整　　D 反馈控制

14. 控制系统能够正常工作的首要条件是（　　）

A 稳定　　B 精度高

C 响应快　　D 抗干扰能力强

15. 当系统的输入和输出已知时，求系统结构与参数的问题，称为（　　）

A 最优控制　　B 系统辨识

C 系统校正　　D 自适应控制

16. 反馈控制系统是指系统中有（　　）

A 反馈回路　　B 惯性环节

C 积分环节　　D PID 调节器

1-2　填空题

1. 闭环系统是指系统的________对系统有控制作用，或者说，系统中存在________的回路。

2. 设计控制系统基于以下几个要求：________性、________性和________性。

3. 若一个系统为闭环系统，系统内一定存在________。

4. 控制系统的反馈是指将系统的________部分或全部地________端，并与________相比较，得到偏差。

1-3　简答题

1. 试比较开环控制系统与闭环控制系统的优缺点。

2. 什么是反馈（包括正反馈和负反馈）？什么是闭环控制系统？

3. 举出五个身边控制系统的例子，试用方框图说明其基本原理，并指出是开环控制还是闭环控制。

4. 机械控制工程的研究对象及任务是什么？

5. 什么是控制系统的分析问题？什么是控制系统的设计问题？

6. 控制系统的基本性能要求是什么？

第 2 章　物理系统的数学模型及传递函数

本章介绍控制系统的四种数学模型，即微分方程、传递函数、方框图及信号流图，以及控制系统传递函数的定义及性质、控制系统典型环节的传递函数及各环节的三种连接形式。本章是对控制系统进行性能分析的数学基础。

2-1　系统的数学模型

2-1-1　数学模型

控制系统的数学模型是描述系统输入、输出变量以及内部各变量之间关系的数学表达式。

时域中常用的数学模型有微分方程、差分方程和状态方程；复数域中有传递函数、方框图、信号流图；频域中有频率特性等。

本章只研究微分方程、传递函数、方框图和信号流图等数学模型的建立及应用。

2-1-2　建立数学模型（建模）的方法

由于随机因素的存在，实际系统都是非线性的、时变的，因此没有一个数学表达式能够绝对准确地描述一个系统。而实际工程中，为了简化问题，常常将一些对系统运动过程影响不大的因素忽略，抓住主要问题进行建模和定量分析。建立系统的数学模型应该在模型的准确度和复杂度上进行综合考虑。

建立控制系统数学模型的方法，一般有解析法和实验法两种。

解析法是对系统各部分的运动机理进行分析，根据所依据的物理定律或化学定律列写相应的运动方程。常见物理定律如表 2-1 所示。

表 2-1　常见元件的物理定律

系统类别	元件名称及其属性代号	符号	所遵循的物理定律
机械系统（直线运动）	质量元件 m	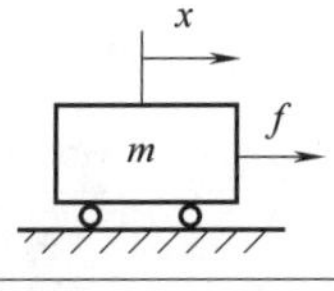	$f=m\ddot{x}$
	弹性元件 k	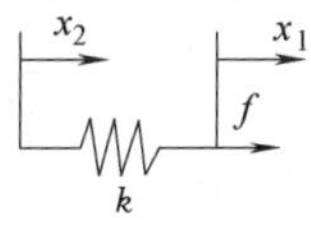	$f=k(x_1-x_2)$

续表

系统类别	元件名称及其属性代号	符号	所遵循的物理定律
机械系统（直线运动）	阻尼元件 B	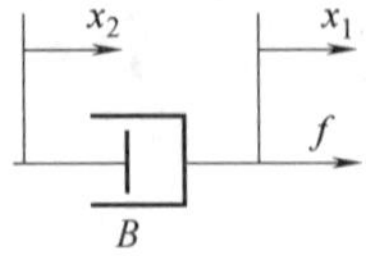	$f=B(\dot{x}_1-\dot{x}_2)$
电网络系统	电容 C	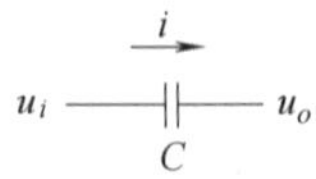	$i=C(\dot{u}_i-\dot{u}_o)$
	电感 L	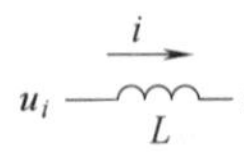	$u_i-u_o=L\dfrac{\mathrm{d}i}{\mathrm{d}t}$
	电阻 R	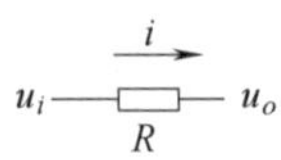	$i=\dfrac{1}{R}(u_i-u_o)$

实验法是人为地给系统施加某种测试信号，记录其输出响应，并用适当的数学模型去逼近，这种方法又称为系统辨识。

例 2-1 质量-弹簧-阻尼系统如图 2-1 所示，其中输入力为 $x_i(t)$，输出为位移 $x_o(t)$，试建立 $x_i(t)$-$x_o(t)$ 之间的微分方程。

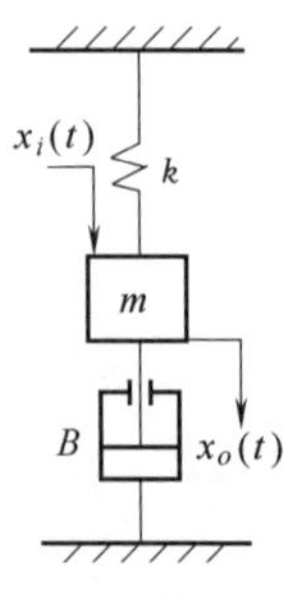

图 2-1 例 2-1 图

解：由牛顿定律： $F=ma=m\ddot{x}_o(t)$

得弹簧力为 $kx_o(t)$，阻尼力为 $B\dot{x}_o(t)$。

对质量块 m 进行受力分析，列写受力平衡方程式得到系统的微分方程：

$$x_i(t)=m\ddot{x}_o(t)+B\dot{x}_o(t)+kx_o(t)$$

例 2-2 电阻-电容-电感系统如图 2-2 所示，其中，$u_i(t)$ 为输入电压，$u_o(t)$ 为输出电压。试建立系统的微分方程。

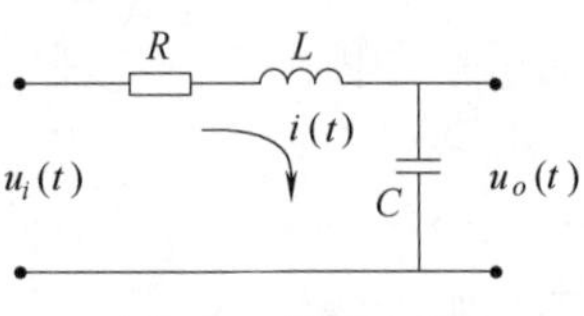

图 2-2 例 2-2 图

解：根据克希荷夫定律，列写微分方程：

$$u_i(t)=u_L(t)+u_R(t)+u_o(t)$$

$$u_i(t)=L\frac{\mathrm{d}i(t)}{\mathrm{d}t}+Ri(t)+u_o(t)$$

$$i(t)=C\frac{\mathrm{d}u_o(t)}{\mathrm{d}t}$$

化简整理得系统的微分方程为：

$$u_i(t)=LC\frac{\mathrm{d}^2u_o(t)}{\mathrm{d}t^2}+RC\frac{\mathrm{d}u_o(t)}{\mathrm{d}t}+u_o(t)$$

2-1-3 线性控制系统

用线性微分方程描述的系统，称为线性控制系统。

线性控制系统可以应用叠加原理，即具备可叠加性和均匀性（又称齐次性）。

线性控制系统又可分为线性定常系统和线性时变系统。若描述系统的微分方程系数是常数，该系统称为线性定常系统，或线性时不变系统；如果描述系统的线性微分方程的系数为时间的函数，则该控制系统称为线性时变系统。

线性定常系统是经典控制理论主要研究的对象。

例 2-3　下列系统中为线性定常系统的微分模型为（　　）

A $\frac{t\mathrm{d}^3 x_o(t)}{\mathrm{d}t^3}+\left(\frac{\mathrm{d}x_o(t)}{\mathrm{d}t}\right)^2+4[x_o(t)]^2=x_i(t)$

B $\frac{\mathrm{d}^2 x_o(t)}{\mathrm{d}t^2}+2\frac{\mathrm{d}x_o(t)}{\mathrm{d}t}+4x_o(t)=x_i(t)$

C $\left(\frac{\mathrm{d}^2 x_o(t)}{\mathrm{d}t^2}\right)^2+2\frac{\mathrm{d}x_o(t)}{\mathrm{d}t}+4tx_o(t)=x_i(t)$

D $\frac{\mathrm{d}^2 x_o(t)}{\mathrm{d}t^2}+x_o(t)\frac{\mathrm{d}x_o(t)}{\mathrm{d}t}+[4x_o(t)]^2=x_i(t)$

答案：B

2-2 传递函数

2-2-1　传递函数的定义

对于线性定常系统，当初始条件为零时，系统（或环节）的传递函数定义为输出变化量的拉氏变换与引起该输出变化的输入量拉氏变换之比：

$$G(s)=\frac{L[x_o(t)]}{L[x_i(t)]}=\frac{X_o(s)}{X_i(s)}=\frac{b_m s^m+b_{m-1}s^{m-1}+\cdots+b_1 s+b_0}{a_n s^n+a_{n-1}s^{n-1}+\cdots+a_1 s+a_0}\qquad (n\geqslant m)$$

2-2-2　传递函数的性质

① 传递函数只取决于系统的结构参数，与外作用无关。传递函数的分母反映了由系统的结构参数所决定的系统的固有特性，其分子反映了系统与外界之间的联系。

② 当系统初始状态为零时，对于给定的输入量，系统输出量的拉氏变换完全取决于其传递函数。一旦系统的初始状态不为零，则传递函数不能完全反映系统的动态历程。

③ 传递函数是复变量 s 的有理分式，它具有复变函数的所有性质。因为实际物理系统中总是存在惯性，并且能源功率有限，所以实际物理系统传递函数的分母阶次总是大于或等于分子阶次，即 $n\geqslant m$。

④ 传递函数不说明被描述系统的物理结构。只要动态性能相似，不同的系统可以用同一类型的传递函数来描述。

⑤ 传递函数可以是无量纲的，也可以是有量纲的。

⑥ 传递函数适用于单输入-单输出线性定常系统的动态特性描述。

⑦ 传递函数的拉氏反变换即为系统的脉冲响应，脉冲响应是系统在单位脉冲输入时的输出响应，因此传递函数能反映系统运动特性。

例 2-4　已知在零初始条件下，系统的单位脉冲响应为 $x_o(t)=4\mathrm{e}^{-2t}-\mathrm{e}^{-t}$，试求系统的传递函数。

解：依题意系统的单位脉冲响应为 $x_o(t)=4e^{-2t}-e^{-t}$：

$$x_o(t)=4e^{-2t}-e^{-t} \quad \Rightarrow X_o(s)=\frac{4}{s+2}-\frac{1}{s+1}=\frac{3s+2}{(s+1)(s+2)}$$

脉冲输入信号 $x_i(t)=\delta(t)\Rightarrow X_i(s)=1$，则

$$x_o(t)=L^{-1}[X_o(s)]=L^{-1}[G(s)X_i(s)]=L^{-1}[G(s)]$$

$$x_o(t)=L^{-1}[G(s)]\Rightarrow G(s)=X_o(s)=\frac{3s+2}{(s+1)(s+2)}$$

2-2-3 传递函数的标准形式

(1) 首 1 标准型（零点、极点形式）

能使传递函数为 0 的点称为零点，在复平面上一般用“○”表示；能使传递函数趋于∞的点称为极点，在复平面上一般用“×”表示。在高阶系统的所有极点中，距离虚轴最近且周围没有零点的极点，称为主导极点。

传递函数零点、极点的分布影响系统的动态性能。一般极点影响系统的稳定性，零点影响系统的瞬态响应曲线的形状。

(2) 尾 1 标准型（即典型环节形式）

将传递函数的分子、分母最低次项（尾项）系数均化为 1，称之为尾 1 标准型（简称尾 1 型），也称为传递函数的典型环节形式。

例 2-5 某系统的传递函数为$\frac{5}{(s+1)(s+2)}$，系统的零点、极点为（　　）

A 极点 $s_1=-1$、$s_2=-2$，零点 $s_3=5$

B 极点 $s_1=1$、$s_2=2$，零点 $s_3=5$

C 极点 $s_1=-1$、$s_2=-2$，零点无

D 极点 $s_1=-1$、$s_2=-2$，零点 $s_3=-5$

答案：C

例 2-6 已知某传递函数为 $G(s)=\frac{30(s+2)}{s(s+3)(s^2+2s+2)}$：

① 求系统的微分方程；

② 画出系统的零点、极点分布图。

解：①由系统的传递函数：

$$G(s)=\frac{30(s+2)}{s(s+3)(s^2+2s+2)}=\frac{30(s+2)}{s^4+5s^3+8s^2+6s}=\frac{X_o(s)}{X_i(s)}$$

得到：

$$s^4X_o(s)+5s^3X_o(s)+8s^2X_o(s)+6sX_o(s)=30sX_i(s)+60X_i(s)$$

零初始条件下，进行拉氏逆变换可得系统的微分方程：

$$\frac{d^4x_o(t)}{dt^4}+5\frac{d^3x_o(t)}{dt^3}+8\frac{d^2x_o(t)}{dt^2}+6\frac{dx_o(t)}{dt}=30\frac{dx_i(t)}{dt}+60x_i(t)$$

② 由系统的传递函数可以知：系统有 1 个零点，$z_1=-2$；有 4 个极点，$s_1=0$，$s_2=-3$，$s_3=-1+j$，$s_4=-1-j$。系统零点、极点分布如图 2-3 所示。

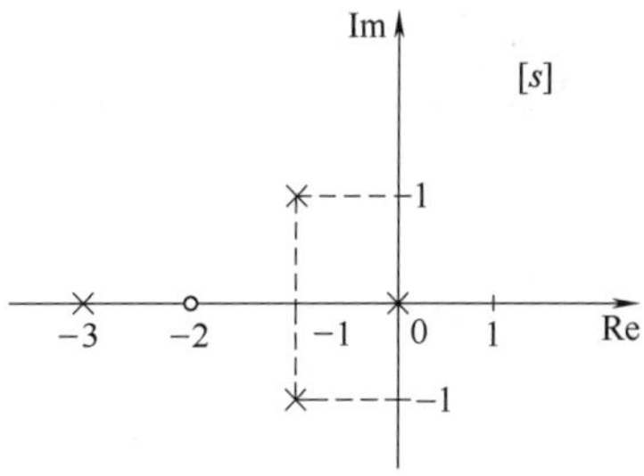

图 2-3　例 2-6 图
Re—复数实部；Im—复数虚部

2-3　典型环节的传递函数

控制系统中常用的典型环节有：比例环节、一阶惯性环节、微分环节、积分环节、二阶振荡环节、一阶复合微分环节、二阶复合微分环节和延时环节等。

(1) 比例环节

输出量不失真、无惯性地跟随输入量，且两者成比例关系的环节称为比例环节，又称为放大环节。

其运动方程为：

$$x_o(t)=Kx_i(t)$$

传递函数为：

$$G(s)=\frac{X_o(s)}{X_i(s)}=K$$

式中，K 为比例环节的增益，或放大环节的放大系数。

(2) 一阶惯性环节

运动方程为一阶微分方程 $T\dot{x}_o(t)+x_o(t)=x_i(t)$形式的环节称为一阶惯性环节。一阶惯性环节中含有储能元件，对突变形式的输入来说，输出不能立即复现，输出总落后于输入。

传递函数为：

$$G(s)=\frac{X_o(s)}{X_i(s)}=\frac{1}{Ts+1}$$

式中，T 为一阶惯性环节的时间常数，表征了环节的惯性，它和环节的结构参数有关。

(3) 微分环节

输出量正比于输入量微分的环节称为微分环节。微分环节不可能单独存在，它是与其他环节同时存在的。

其运动方程式为：

$$x_o(t)=\dot{x}_i(t)$$

理想微分环节的传递函数为：

$$G(s)=\frac{x_o(s)}{X_i(s)}=s$$

(4) 积分环节

输出量与输入量对时间的积分成正比的环节称为积分环节。

其运动方程为：

$$x_o(t)=\frac{1}{T}\int x_i(t)\mathrm{d}t$$

传递函数为：

$$G(s)=\frac{X_o(s)}{X_i(s)}=\frac{1}{Ts}$$

式中，T 为积分环节的时间常数。

(5) 二阶振荡环节

运动微分方程为 $T^2\frac{\mathrm{d}^2x_o(t)}{\mathrm{d}t^2}+2\xi T\frac{\mathrm{d}x_o(t)}{\mathrm{d}t}+x_o(t)=x_i(t)\quad(0<\xi<1)$形式的环节称为二阶振荡环节。

传递函数为：

$$G(s)=\frac{X_o(s)}{X_i(s)}=\frac{1}{T^2s^2+2\xi Ts+1}$$

也可以写成如下等效形式：

$$G(s)=\frac{X_o(s)}{X_i(s)}=\frac{\omega_n^2}{s^2+2\xi\omega_n s+\omega_n^2}$$

式中，T 为二阶振荡环节的时间常数；ξ 为阻尼比；ω_n 为无阻尼固有频率，$\omega_n=\frac{1}{T}$。

(6) 一阶复合微分环节

运动方程为一阶微分方程 $T\dot{x}_i(t)+x_i(t)=x_o(t)$形式的环节称为一阶复合微分环节。

其传递函数为：

$$G(s)=\frac{X_o(s)}{X_i(s)}=Ts+1$$

式中，T 为一阶复合微分环节的时间常数。

(7) 二阶复合微分环节

运动微分方程为 $T^2\frac{\mathrm{d}^2x_i(t)}{\mathrm{d}t^2}+2\xi T\frac{\mathrm{d}x_i(t)}{\mathrm{d}t}+x_i(t)=x_o(t)\quad(0<\xi<1)$形式的环节称为二阶复合微分环节。

其传递函数为：

$$G(s)=\frac{X_o(s)}{X_i(s)}=T^2s^2+2\xi Ts+1\quad(0<\xi<1)$$

式中，T 为二阶复合微分环节的时间常数；ξ 为阻尼比。

(8) 延时环节

延时环节的输出和输入相同，仅输出在时间上比输入延迟一段时间 τ。

延时环节的传递函数为：

$$G(s)=\frac{X_o(s)}{X_i(s)}=\mathrm{e}^{-\tau s}$$

式中，τ 为延时环节的时间常数。

2-4　系统的方框图及其连接

2-4-1　各环节的基本连接形式

方框图中各环节连接的基本形式有：串联、并联和反馈连接。

(1) 串联

由 n 个环节串联所构成的系统，没有负载效应时，系统的传递函数等于 n 个环节传递函数的乘积：

$$G(s)=G_1(s)G_2(s)\cdots G_n(s)=\prod_{i=1}^{n}G_i(s)$$

式中，n 为串联的环节数；$G_i(s)$ 为第 i 个串联环节的传递函数。

(2) 并联

由 n 个环节并联所构成的系统，其传递函数等于 n 个环节传递函数的代数和：

$$G(s)=\pm G_1(s)\pm G_2(s)\pm\cdots\pm G_n(s)=\sum_{i=1}^{n}\pm G_i(s)$$

式中，n 为并联的环节数；$G_i(s)$ 为第 i 个并联环节的传递函数。

(3) 反馈连接

若系统或环节的输出信号反馈到输入端，与输入信号相比较，就构成了反馈连接。如图 2-4 所示为典型的反馈控制系统方框图。

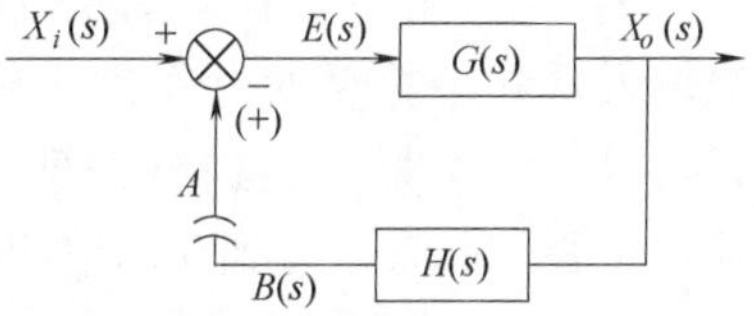

图 2-4　典型的反馈控制系统方框图

① **开环传递函数**　开环传递函数定义为闭环（反馈）控制系统的前向通道传递函数与反馈通道传递函数的乘积，即

$$G_0(s)=G(s)H(s)$$

式中，$G_0(s)$ 为开环传递函数；$G(s)$ 为前向通道传递函数；$H(s)$ 为反馈通道传递函数。

注意：开环传递函数（不是开环控制系统传递函数）是闭环控制系统中相对闭环传递函数而言的。

开环传递函数是没有量纲的，因此，$H(s)$ 的量纲是 $G(s)$ 量纲的倒数。

例 2-7　系统方框图如图 2-5 所示，则该系统的开环传递函数为（　　）

A $\dfrac{10}{5s+1}$　　B $\dfrac{20s}{5s+1}$　　C $\dfrac{10}{2s\ (5s+1)}$　　D $2s$

答案：B

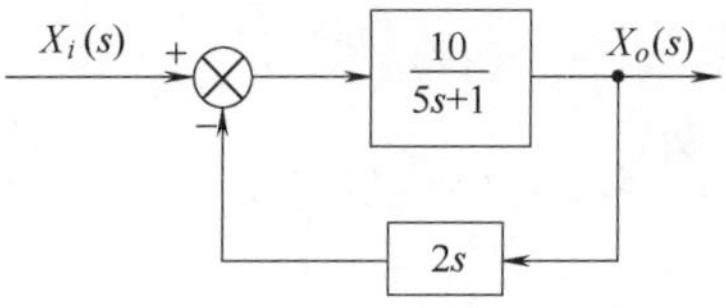

图 2-5　例 2-7 方框图

② **闭环传递函数** 闭环传递函数定义为闭环控制系统的输出与输入之比，即

$$\phi(s)=\frac{X_o(s)}{X_i(s)}$$

式中，$\phi(s)$ 为闭环控制系统的闭环传递函数。

$$X_o(s)=E(s)G(s)$$
$$B(s)=H(s)X_o(s)$$
$$E(s)=X_i(s)\mp B(s)$$

式中，$B(s)$ 为反馈信号；$E(s)$ 为偏差信号。

得到闭环传递函数为：

$$\phi(s)=\frac{X_o(s)}{X_i(s)}=\frac{X_o(s)}{E(s)\pm B(s)}=\frac{G(s)}{1\pm G(s)H(s)}$$

例 2-8 试求例 2-7 所示系统的闭环传递函数。

解： $\phi(s)=\dfrac{X_o(s)}{X_i(s)}=\dfrac{G(s)}{1+G(s)H(s)}=\dfrac{\dfrac{10}{5s+1}}{1+\dfrac{10}{5s+1}\times 2s}=\dfrac{10}{25s+1}$

若反馈通道传递函数 $H(s)=1$，则称为单位反馈控制系统。单位反馈控制系统的闭环传递函数为：$\phi(s)=\dfrac{G(s)}{1\pm G(s)}$。

③ **干扰作用下的闭环控制系统**（图 2-6）

当输入量和干扰量同时作用于线性控制系统时，可以对每个量单独进行处理，然后再将两个输出量叠加起来，得到总的输出量。

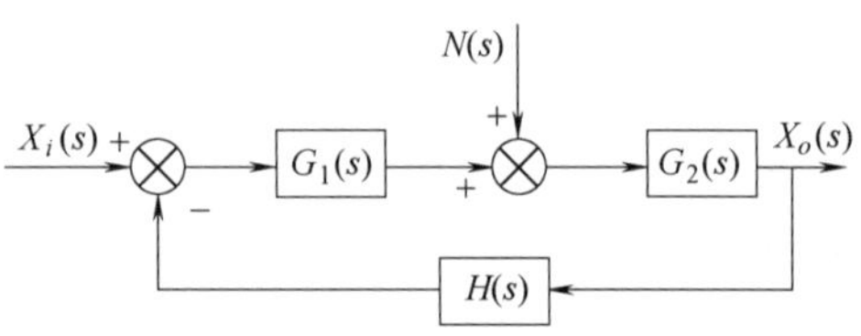

图 2-6 干扰作用下的闭环控制系统

输入信号 $X_i(s)$ 单独作用时，令 $N(s)=0$，对应的系统输出 $X_{oi}(s)$ 为：

$$X_{oi}(s)=\frac{G_1(s)G_2(s)}{1+G_1(s)G_2(s)H(s)}X_i(s)$$

干扰信号 $N(s)$ 单独作用下，令 $X_i(s)=0$，对应的系统输出 $X_{on}(s)$ 为：

$$X_{on}(s)=\frac{G_2(s)}{1+G_1(s)G_2(s)H(s)}N(s)$$

将上述两个输出叠加，得到输入信号和干扰信号同时作用下的输出 $X_o(s)$：

$$\begin{aligned}X_o(s)&=X_{oi}(s)+X_{on}(s)\\&=\frac{G_1(s)G_2(s)}{1+G_1(s)G_2(s)H(s)}X_i(s)+\frac{G_2(s)}{1+G_1(s)G_2(s)H(s)}N(s)\\&=\frac{G_2(s)}{1+G_1(s)G_2(s)H(s)}[G_1(s)X_i(s)+N(s)]\end{aligned}$$

例 2-9 已知系统方框图如图 2-7 所示，写出 $X_i(s)$ 与 $N(s)$ 共同作用时 $X_o(s)$ 的表达式。

解： 输入信号 $X_i(s)$ 单独作用时，令 $N(s)=0$，对应的系统输出 $X_{oi}(s)$ 为：

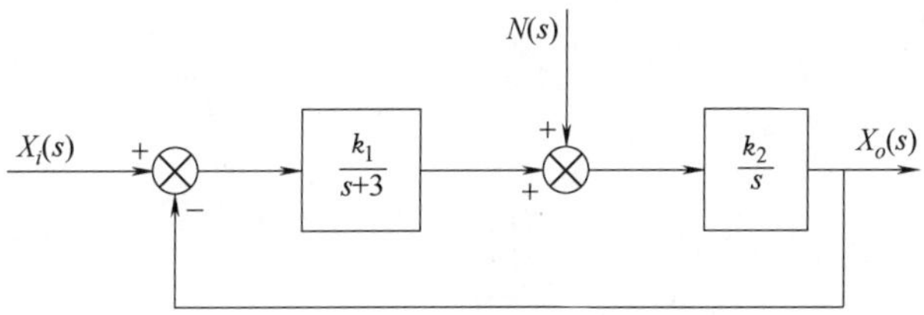

图 2-7　例 2-9 图

$$X_{oi}(s)=\frac{\frac{k_1}{s+3}\times\frac{k_2}{s}}{1+\frac{k_1}{s+3}\times\frac{k_2}{s}}X_i(s)=\frac{k_1k_2}{s^2+3s+k_1k_2}X_i(s)$$

干扰信号 $N(s)$ 单独作用下，令 $X_i(s)=0$，对应的系统输出 $X_{on}(s)$ 为：

$$X_{on}(s)=\frac{\frac{k_2}{s}}{1+\frac{k_1}{s+3}\times\frac{k_2}{s}}N(s)=\frac{k_2(s+3)}{s^2+3s+k_1k_2}N(s)$$

将上述两个输出叠加，得到输入信号和干扰信号同时作用下的输出 $X_o(s)$：

$$X_o(s)=X_{oi}(s)+X_{on}(s)=\frac{k_1k_2}{s^2+3s+k_1k_2}X_i(s)+\frac{k_2(s+3)}{s^2+3s+k_1k_2}N(s)$$

2-4-2　方框图的变换与化简

方框图的变换与化简遵循等效变换法则，即变换前后输入输出的数学关系保持不变（等效）。表 2-2 给出了结构图（方框图）等效变换的基本规则。

表 2-2　结构图等效变换规则

变换方式	原结构图	等效结构图	等效运算关系
串联	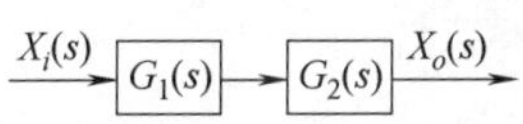	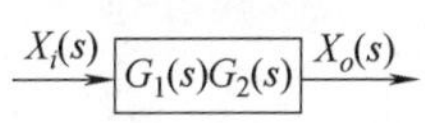	$X_o(s)=G_1(s)G_2(s)X_i(s)$
并联	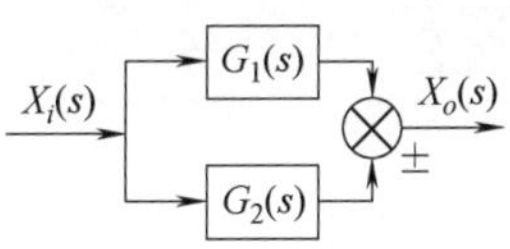	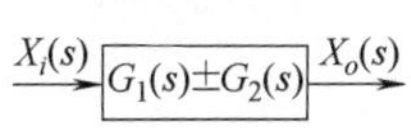	$X_o(s)=[G_1(s)\pm G_2(s)]X_i(s)$
反馈	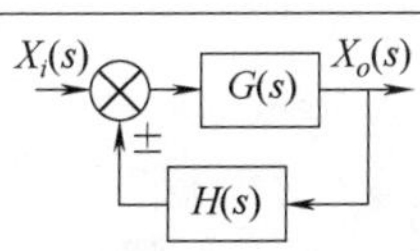	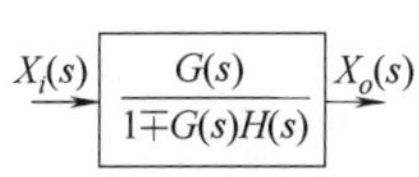	$X_o(s)=\frac{G(s)}{1\mp G(s)H(s)}X_i(s)$
比较点前移	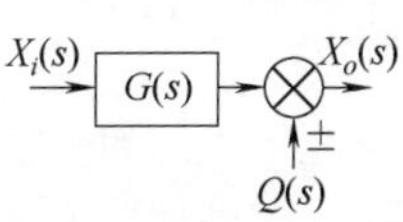	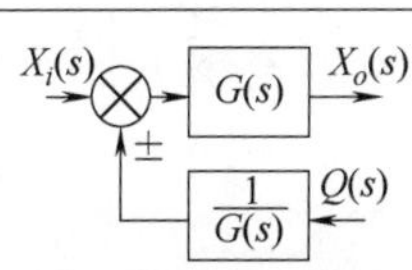	$X_o(s)=X_i(s)G(s)\pm Q(s)$ $=\left[X_i(s)\pm\frac{Q(s)}{G(s)}\right]G(s)$
比较点后移	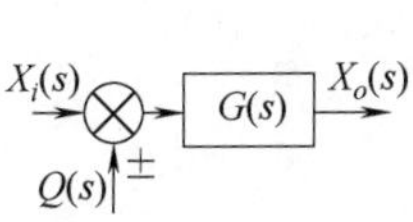	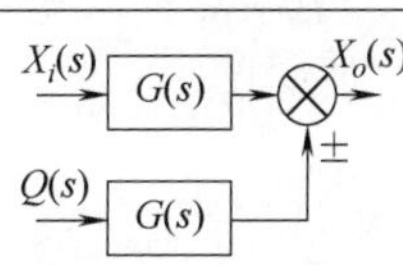	$X_o(s)=[X_i(s)\pm Q(s)]G(s)$ $=X_i(s)G(s)\pm Q(s)G(s)$

续表

变换方式	原结构图	等效结构图	等效运算关系
引出点前移	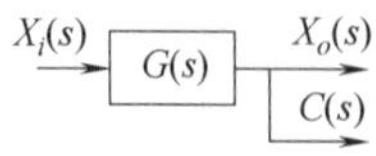	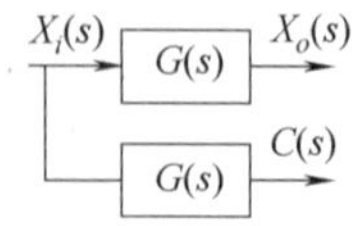	$X_o(s)=C(s)=G(s)X_i(s)$
引出点后移	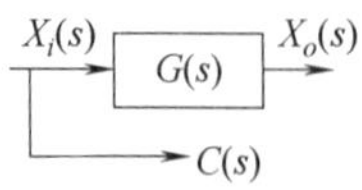	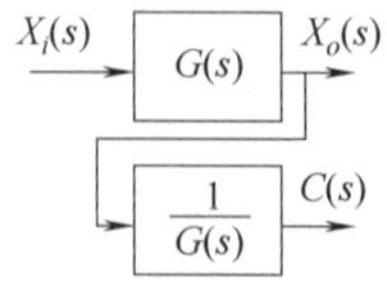	$C(s)=X_i(s)G(s)\frac{1}{G(s)}$ $X_o(s)=G(s)X_i(s)$
比较点与引出点之间的移动	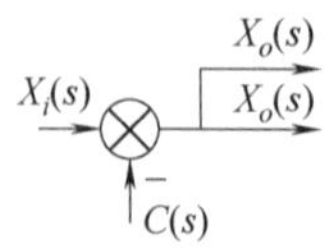	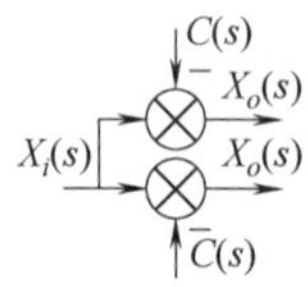	$X_o(s)=X_i(s)-C(s)$

例 2-10 图 2-8 是一个三环回路方框图，试简化并求出系统的传递函数。

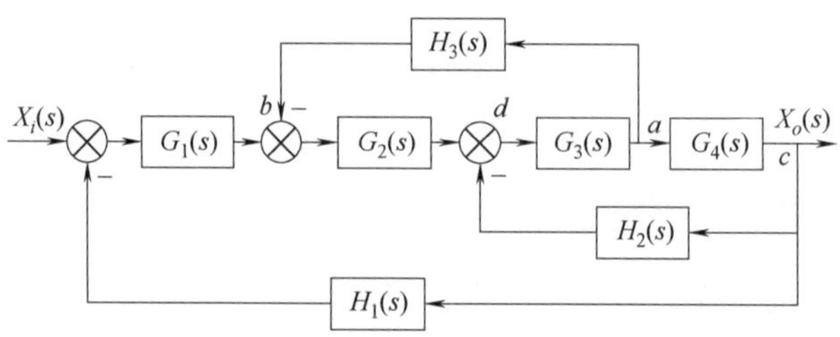

图 2-8 例 2-10 图

解：① 将引出点 a 后移，比较点 b 后移，图 2-8 等效变换成图 2-9（a）所示结构。

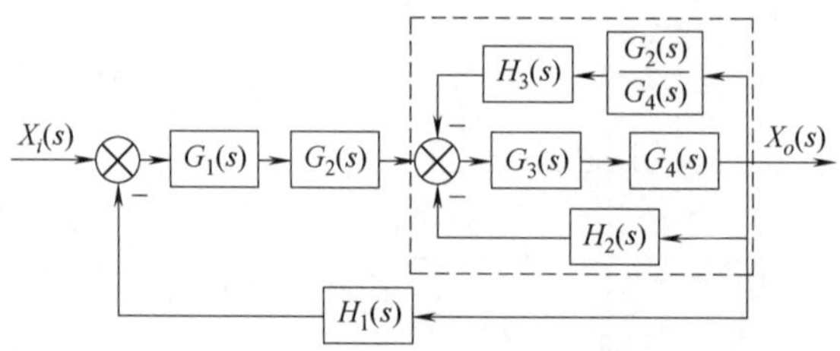

(a)

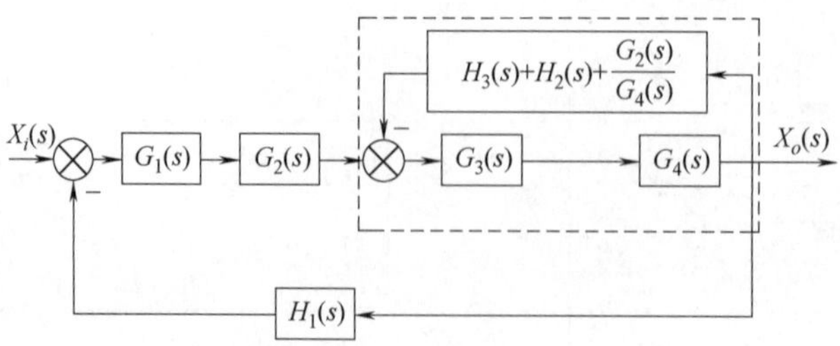

(b)

图 2-9 方框图等效变换 1

② 对图 2-9（a）中的虚线框内部分进行计算，$H_3(s)$ 和$\frac{G_2(s)}{G_4(s)}$串联结构与 $H_2(s)$ 并联，最后与串联的 $G_3(s)$、$G_4(s)$ 组成反馈回路，等效变换成图 2-9（b）所示的结构。

③ 对图 2-9（b）中的虚线部分小回路进行反馈变换，再串联 $G_1(s)$、$G_2(s)$，成为如图 2-10 所示的形式。

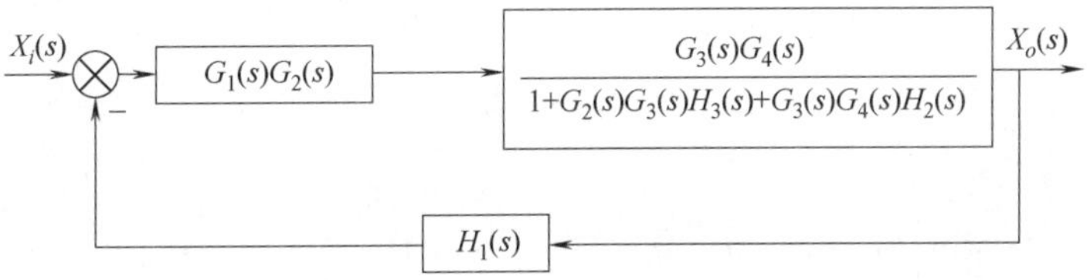

图 2-10　方框图等效变换 2

④ 对图 2-10 中的回路进行整理计算，成为如图 2-11 所示的形式。

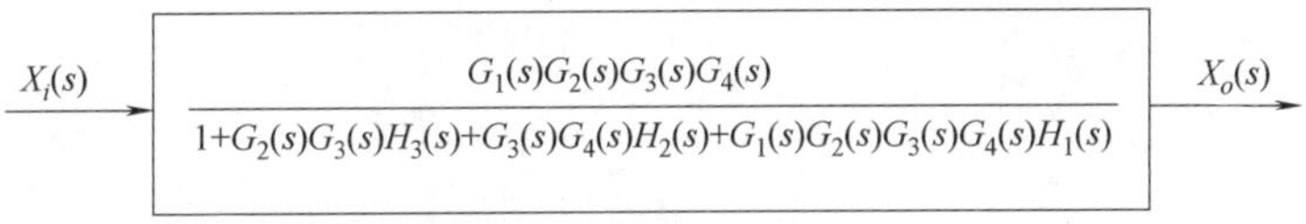

图 2-11　方框图等效变换 3

⑤ 最后得到系统的闭环传递函数为：

$$\phi(s)=\frac{X_o(s)}{X_i(s)}$$

$$=\frac{G_1(s)G_2(s)G_3(s)G_4(s)}{1+G_2(s)G_3(s)H_3(s)+G_3(s)G_4(s)H_2(s)+G_1(s)G_2(s)G_3(s)G_4(s)H_1(s)}$$

2-5　信号流图及梅逊公式

（1）信号流图

信号流图（signal flow graph）是信号流程图的简称，是与方框图等价的、描述变量之间关系的图形表示方法。

（2）梅逊公式

$$G(s)=\frac{1}{\Delta}\sum_{k=1}^{n}P_k\Delta_k$$

式中，Δ 为特征式，其计算公式为 $\Delta=1-\sum L_a+\sum L_bL_c-\sum L_dL_eL_f+\cdots$，其中，$\sum L_a$ 为所有不同回路的回路增益之和，$\sum L_bL_c$ 为所有两两互不接触回路的回路增益乘积之和，$\sum L_dL_eL_f$ 为所有互不接触回路中，每次取其中三个回路增益的乘积之和；n 为从输入节点到输出节点间前向通路的条数；P_k 为从输入节点到输出节点间第 k 条前向通路的总增益；Δ_k 为第 k 条前向通路的余子式，即把特征式 Δ 中与该前向通路相接触回路的回路增益置为零后，所余下的部分。

例 2-11 试用梅逊公式求图 2-12 所示的各结构图对应的闭环传递函数$\dfrac{X_o(s)}{X_i(s)}$。

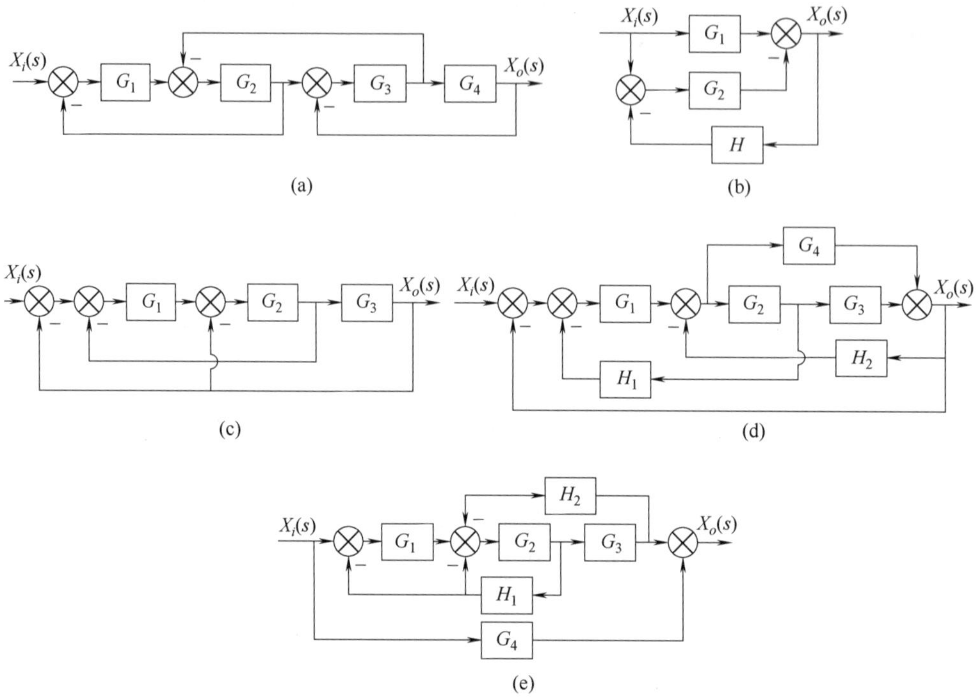

图 2-12 例 2-11 图

解： 图（a）中有 1 条前向通路、3 个回路，有 1 对互不接触回路：

$$P_1=G_1G_2G_3G_4,\ \Delta_1=1, L_1=-G_1G_2$$

$$L_2=-G_3G_4,\ L_3=-G_2G_3,\ \Delta=1-(L_1+L_2+L_3)+L_1L_2$$

$$\frac{X_o(s)}{X_i(s)}=\frac{P_1\Delta_1}{\Delta}=\frac{G_1G_2G_3G_4}{1+G_1G_2+G_3G_4+G_2G_3+G_1G_2G_3G_4}$$

图（b）中有 2 条前向通路、1 个回路：

$$P_1=G_1,\ \Delta_1=1, P_2=-G_2,\ \Delta_2=1, L_1=G_2H$$

$$\Delta=1-L_1$$

$$\frac{X_o(s)}{X_i(s)}=\frac{P_1\Delta_1+P_2\Delta_2}{\Delta}=\frac{G_1-G_2}{1-G_2H}$$

图（c）中有 1 条前向通路、3 个回路：

$$P_1=G_1G_2G_3,\ \Delta_1=1, L_1=-G_1G_2$$

$$L_2=-G_2G_3,\ L_3=-G_1G_2G_3,\ \Delta=1-(L_1+L_2+L_3)$$

$$\frac{X_o(s)}{X_i(s)}=\frac{P_1\Delta_1}{\Delta}=\frac{G_1G_2G_3}{1+G_1G_2+G_2G_3+G_1G_2G_3}$$

图（d）中有 2 条前向通路、5 个回路：

$$P_1=G_1G_2G_3,\ \Delta_1=1, P_2=G_1G_4,\ \Delta_2=1$$
$$L_1=-G_1G_2H_1,\ L_2=-G_2G_3H_2,\ L_3=-G_1G_2G_3,\ L_4=-G_1G_4$$
$$L_5=-G_4H_2,\ \Delta=1-(L_1+L_2+L_3+L_4+L_5)$$
$$\frac{X_o(s)}{X_i(s)}=\frac{P_1\Delta_1+P_2\Delta_2}{\Delta}=\frac{G_1G_2G_3+G_1G_4}{1+G_1G_2H_1+G_2G_3H_2+G_1G_2G_3+G_1G_4+G_4H_2}$$

图（e）中有 2 条前向通路、3 个回路：

$$P_1=G_1G_2G_3,\ \Delta_1=1,\ P_2=G_4,\ \Delta_2=\Delta$$
$$L_1=-G_1G_2H_1,\ L_2=-G_2H_1,\ L_3=-G_2G_3H_2,\ \Delta=1-(L_1+L_2+L_3)$$
$$\frac{X_o(s)}{X_i(s)}=\frac{P_1\Delta_1+P_2\Delta}{\Delta}=P_2+\frac{P_1\Delta_1}{\Delta}=G_4+\frac{G_1G_2G_3}{1+G_1G_2H_1+G_2H_1+G_2G_3H_2}$$

例 2-12　求图 2-13 所示的信号流图中的传递函数 $X_o(s)/X_i(s)$。

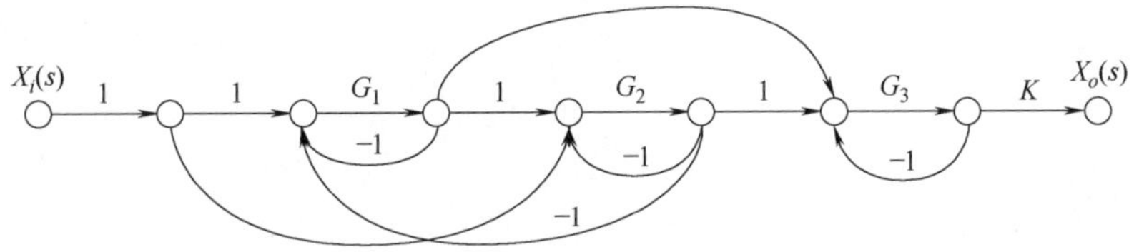

图 2-13　例 2-12 图

解：单独回路有四个：

$$\sum L_a=-G_1-G_2-G_3-G_1G_2$$

两个互不接触的回路有四组：

$$\sum L_bL_c=G_1G_2+G_2G_3+G_1G_3+G_1G_2G_3$$

三个互不接触的回路有一组：

$$\sum L_dL_eL_f=-G_1G_2G_3$$

信号流图的特征方程式为：

$$\begin{aligned}\Delta &=1-\sum L_a+\sum L_bL_c-\sum L_dL_eL_f\\&=1+G_1+G_2+G_3+G_1G_2+G_1G_2+G_2G_3+G_1G_3+G_1G_2G_3+G_1G_2G_3\\&=1+G_1+G_2+G_3+2G_1G_2+G_2G_3+G_1G_3+2G_1G_2G_3\end{aligned}$$

$P_1=G_1G_2G_3K$　　　$\Delta_1=1$

$P_2=G_2G_3K$　　　$\Delta_2=1-(-G_1)=1+G_1$

$P_3=G_1G_3K$　　　$\Delta_3=1-(-G_2)=1+G_2$

$P_4=G_2(-G_1)K$　　　$\Delta_4=1$

$$\frac{X_o(s)}{X_i(s)}=\frac{P_1\Delta_1+P_2\Delta_2+P_3\Delta_3+P_4\Delta_4}{\Delta}=\frac{G_2G_3K(1+G_1)+G_1G_3K(1+G_2)}{1+G_1+G_2+G_3+2G_1G_2+G_2G_3+G_1G_3+2G_1G_2G_3}$$

本章小结

(1) 基本要求

① 了解数学模型的基本概念，能运用动力学、电学及专业知识，列写机械系统、电网络系统的微分方程；了解控制系统的各类数学模型间的关系；了解方框图的组成及意义。

② 理解传递函数的概念、性质，控制系统传递函数的零点、极点形式及典型环节的表达形式，各环节的连接形式，干扰信号对控制系统输出的影响。

③ 掌握控制系统数学模型——微分方程的建立方法，机电系统的传递函数求取方法，闭环控制系统的前向通道传递函数、开环传递函数、闭环传递函数的定义及求法。

(2) 本章要点

① 传递函数的概念、性质；典型系统数学模型的建立。

② 闭环控制系统的传递函数计算；系统的方框图变换及化简。

练　习　题

2-1　选择题

1. 若 $f(t)=\begin{cases}0 & (0\leqslant t<5)\\ 1 & (t\geqslant 5)\end{cases}$，则 $L[f(t)]=$(　　)

A $\dfrac{e^{-s}}{s}$　　B $\dfrac{e^{-5s}}{s}$

C $\dfrac{1}{s}$　　D $\dfrac{1}{s}e^{5s}$

2. 已知 $f(t)=0.5t+1$,则 $L[f(t)]=$(　　)

A $s+0.5s^2$　　B $0.5s^2$

C $\dfrac{1}{2s^2}+\dfrac{1}{s}$　　D $\dfrac{1}{2s}$

3. 若 $f(t)=te^{-2t}$,则 $L[f(t)]=$(　　)

A $\dfrac{1}{s+2}$　　B $\dfrac{1}{(s+2)^2}$

C $\dfrac{1}{s-2}$　　D $\dfrac{1}{(s-2)^2}$

4. 已知 $f(t)=t^2e^{2t}$,$L[f(t)]=$(　　)

A $\dfrac{1}{(s-2)^3}$　　B $\dfrac{2}{(s-2)^3}$

C $\dfrac{2}{(s+2)^3}$　　D $\dfrac{2}{s^3}$

5. 已知 $f(t)=e^{at}$（a 为实数），则 $L\left[\int_0^t f(t)dt\right]=$(　　)

A $\dfrac{a}{s-a}$　　B $\dfrac{1}{a(s+a)}$

C $\dfrac{1}{s(s-a)}$　　D $\dfrac{1}{a(s-a)}$

6. 若 $L[f(t)]=\dfrac{1}{s+a}$（a 为常数），则 $f(t)=$(　　)

A e^{-at}　　B e^{at}

C $e^{-(t-a)}$　　D $e^{-(t+a)}$

7. 若 $F(s)=\dfrac{4}{2s+1}$，则 $\lim\limits_{t\to 0}f(t)=$(　　)

A 4　　B 2

C 0　　D ∞

8. 对于定常控制系统来说（　　）

A 表达系统的微分方程各项系数不随时间改变

B 微分方程的各阶微分项的幂为 1

C 不能用微分方程表示

D 系统总是稳定的

9. 线性系统与非线性系统的根本区别在于（　　）

A 线性系统微分方程的系数为常数，而非线性系统微分方程的系数为时变函数

B 线性系统只有一个外加输入，而非线性系统有多个外加输入

C 线性系统满足叠加原理，非线性系统不满足叠加原理

D 线性系统在实际系统中普遍存在，而非线性系统在实际中存在很少

10. 某系统的微分方程为 $5\ddot{x}_o(t)+2\dot{x}_o(t)x_o(t)=x_i(t)$，它是（　　）

A 线性系统　　B 线性定常系统

C 非线性系统　　D 线性时变系统

11. 下列系统中为线性系统的微分模型为（　　）

A $16\dfrac{d^2x_o(t)}{dt^2}+12\left(\dfrac{dx_o(t)}{dt}\right)^2+x_o(t)=\dfrac{dx_i(t)}{dt}$

B $16\dfrac{d^2x_o(t)}{dt^2}+12\dfrac{dx_o(t)}{dt}+24x_o(t)=x_i(t)$

C $16\left(\dfrac{d^2x_o(t)}{dt^2}\right)^2+12\dfrac{dx_o(t)}{dt}+24x_o(t)=x_i(t)$

D $16\dfrac{d^2x_o(t)}{dt^2}+e^t\times 12\dfrac{dx_o(t)}{dt}+24\ln t\times x_o(t)=x_i(t)$

12. 系统的传递函数定义为在零初始条件下输出量的 Laplace（拉氏）变换与输入量的 Laplace 变换之比，其表达式（　　）

A 与输入量和输出量二者有关

B 不仅与输入量和输出量二者有关，还与系统的结构和参数有关

C 只与系统的结构和参数有关，与输入量和输出量二者无关

D 与输入量有关，与输出量无关

13. 已知线性系统的输入为 $x_i(t)$，输出为 $x_o(t)$，传递函数为 $G(s)$，则下列关系正确的是（　　）

A $X_o(s)=X_i(s)G(s)$　　B $x_o(t)=x_i(t)L^{-1}[G(s)]$

C $X_i(s)=X_o(s)G(s)$　　D $x_o(t)=x_i(t)G(s)$

14. 在下列典型环节中，属于振荡环节的是（　　）。

A $G(s)=\dfrac{10}{0.1s^2+s+10}$　　B $G(s)=\dfrac{1}{0.01s^2+1}$

C $G(s)=\dfrac{1}{s+10}$　　D $G(s)=\dfrac{1}{0.01s^2-s+1}$

15. 某系统传递函数为 $\phi(s)=\dfrac{100(0.1s+1)(0.01s+1)}{(s+1)(0.001s+1)}$，其极点是（　　）

A 10，100　　B −1，−1000

C 1，1000　　D −10，−100

16. 已知系统开环传递函数为 $\dfrac{25}{s(0.4s+1)(5s+1)}$，则系统的开环增益为（　　）

A 2.5　　　　B 12.5

C 25　　　　D 50

17. 设系统的传递函数为 $G(s)=\dfrac{50(s+10)(s-5)}{s(2s+1)(5s-10)}$，则系统的零点 s_1、s_2 和极点 s_3、s_4 分别为（　　）

A $s_1=-10$，$s_2=5$，$s_3=-1$，$s_4=10$

B $s_1=-10$，$s_2=5$，$s_3=-\dfrac{1}{2}$，$s_4=2$

C $s_1=-10$，$s_2=5$，$s_3=-\dfrac{1}{2}$，$s_4=10$

D $s_1=10$，$s_2=-5$，$s_3=\dfrac{1}{2}$，$s_4=-2$

18. 某典型环节的输入输出关系曲线是一条经过坐标原点的直线，那么该典型环节是（　　）

A 比例环节　　　　B 振荡环节

C 微分环节　　　　D 积分环节

19. 延时环节的传递函数是（　　）

A $e^{-\tau s}$　　　　B $\dfrac{1}{s}$

C $\dfrac{1}{s+1}$　　　　D $\tau s+1$

20. 某环节的传递函数 $G(s)=\dfrac{1}{5s+1}$，它是（　　）

A 比例环节　　　　B 微分环节

C 积分环节　　　　D 惯性环节

21. 图 2-14 所示系统的传递函数为（　　）

A $\dfrac{1}{RCs+1}$　　　　B $\dfrac{RCs}{RCs+1}$

C $RCs+1$　　　　D $\dfrac{RCs+1}{RCs}$

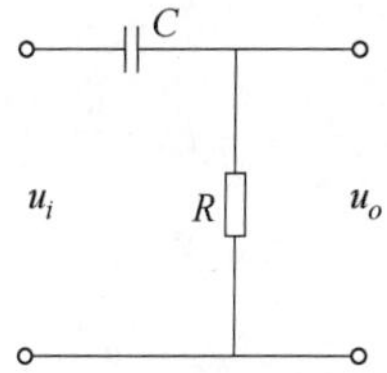

图 2-14

22. 图 2-15 所示系统的阶次是（　　）

A 1 阶　　B 2 阶　　C 3 阶　　D 4 阶

23. 图 2-16 所示系统的阶次是（　　）

A 1 阶　　B 2 阶　　C 3 阶　　D 4 阶

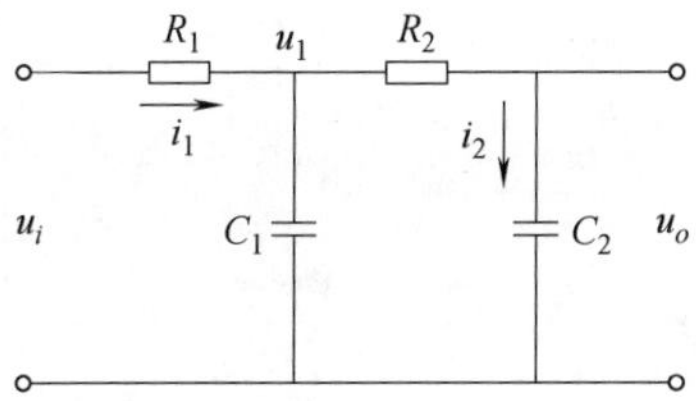

图 2-15

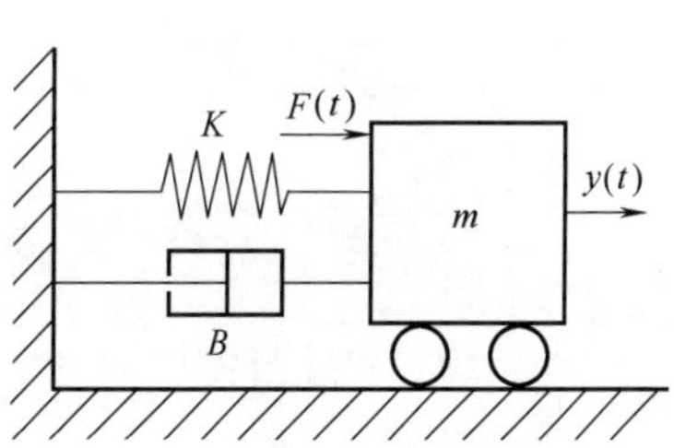

图 2-16

24. 图 2-17 所示的回路为负反馈回路的条件是（　　）

A $K_1>0$，$K_2>0$　　　　B $K_1>0$，$K_2<0$

C $K_1<0$，$K_2<0$　　　　D $K_1>0$，$K_2=0$

25. 在图 2-18 中，K_1、K_2 满足什么条件，回路是负反馈？（　　）

A $K_1>0$，$K_2>0$　　　　B $K_1>0$，$K_2<0$

C $K_1<0$，$K_2<0$　　　　D $K_1>0$，$K_2=0$

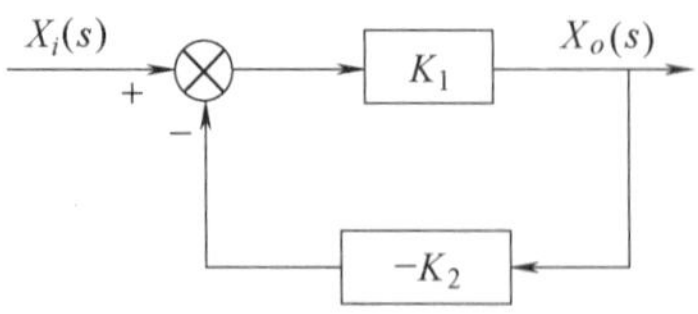

图 2-17

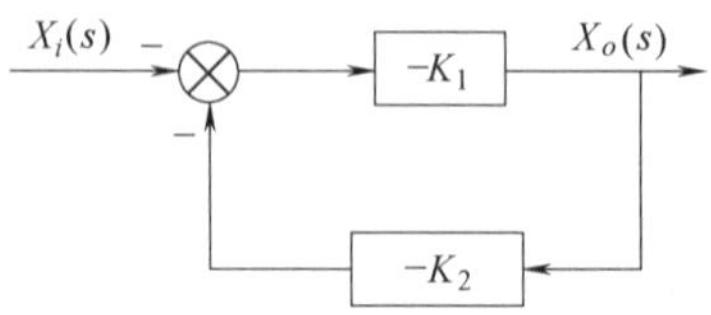

图 2-18

26. 系统方框图如图 2-19 所示，则系统的闭环传递函数为（　　）

A $\dfrac{G(s)H(s)}{1+G(s)H(s)}$

B $\dfrac{G(s)H(s)}{1-G(s)}$

C $1+G(s)H(s)$

D $\dfrac{G(s)}{1+G(s)H(s)}$

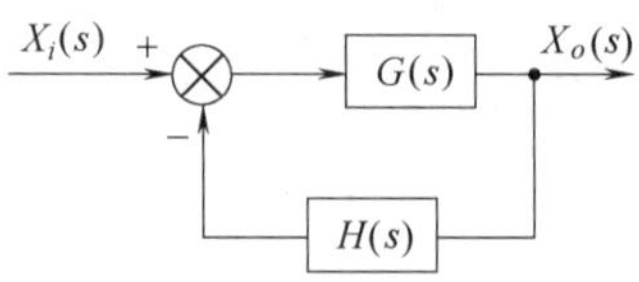

图 2-19

27. 二阶系统的极点分别为 $s_1=-0.5$、$s_2=-4$，系统增益为 5，则其传递函数为（　　）

A $\dfrac{2}{(s-0.5)(s-4)}$　　　　B $\dfrac{2}{(s+0.5)(s+4)}$

C $\dfrac{5}{(s+0.5)(s+4)}$　　　　D $\dfrac{10}{(s+0.5)(s+4)}$

28. 系统方框图如图 2-20 所示，该系统的传递函数 $\dfrac{X_o(s)}{X_i(s)}=$（　　）

A $1+G_1(s)G_2(s)$

B $1+G_2(s)+G_1(s)G_2(s)$

C $\dfrac{G_1(s)G_2(s)}{1-G_1(s)G_2(s)}$

D $[1+G_1(s)][1+G_2(s)]$

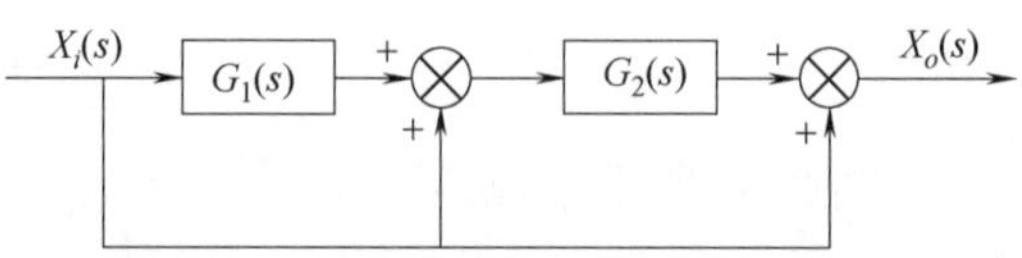

图 2-20

29. 如果系统的闭环传递函数为 $\dfrac{G_1(s)G_2(s)}{1-G_1(s)G_2(s)H(s)}$，则系统的方框图为（　　）

A

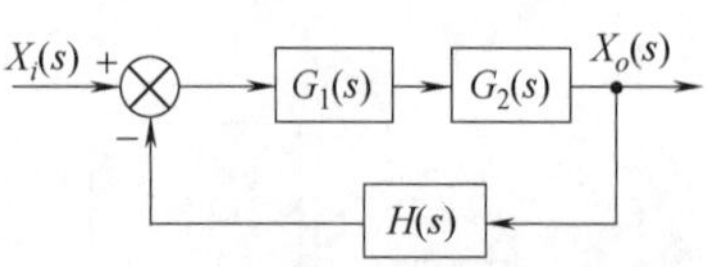

B

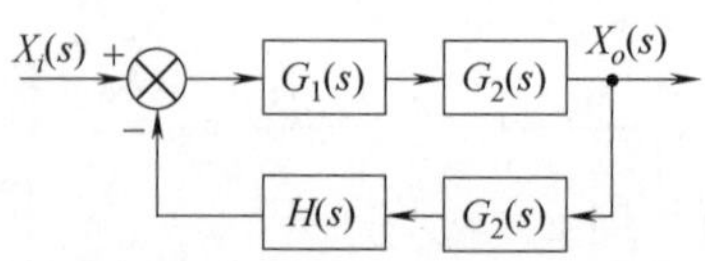

C

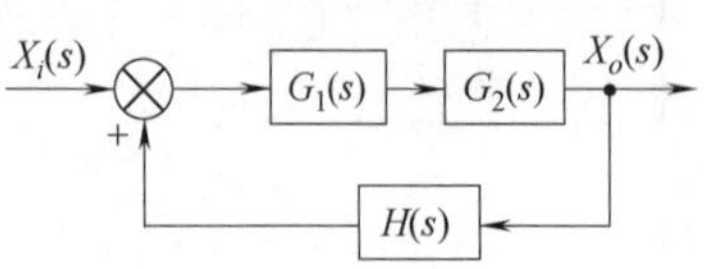

D

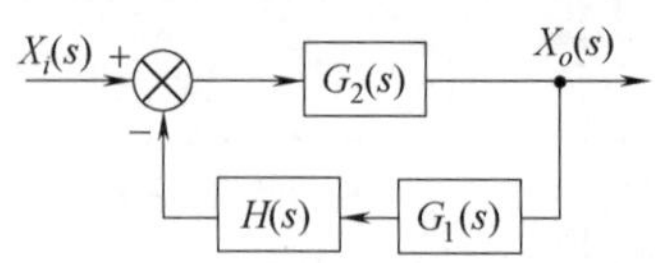

30. 设系统方框图如图 2-21 所示，当 $X_i(s)=0$ 时，$\dfrac{E(s)}{N(s)}=$（　　）

A $\dfrac{G_1(s)G_2(s)}{1+G_1(s)G_2(s)}$　　　　B $\dfrac{-1}{1+G_1(s)G_2(s)}$

C $\dfrac{-G_2(s)}{1+G_1(s)G_2(s)}$　　　　D $\dfrac{G_2(s)}{1+G_1(s)G_2(s)}$

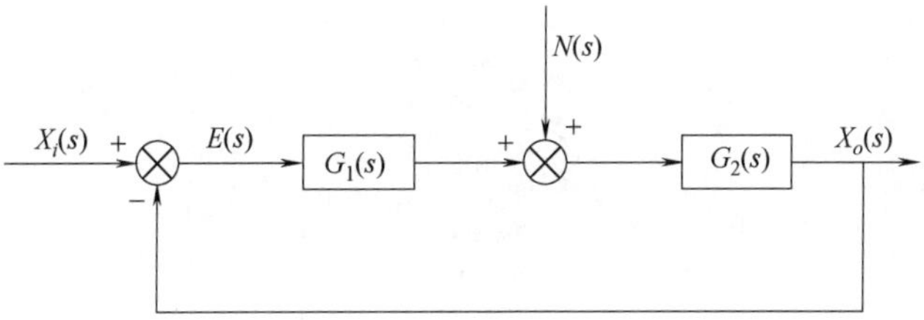

图 2-21

2-2　填空题

1. 系统传递函数只与________和________有关，与________无关。

2. 传递函数通过________与________之间信息的传递关系，来描述系统本身的动态特性。

3. 若一个控制系统的数学模型为 $y(t)=\dot{x}(t)+x^2(t)$形式，则这个系统是______________。

4. 传递函数的定义是对于线性定常系统，在________条件下，系统输出量的拉氏变换与________________之比。

5. 数学模型为$\dfrac{1}{T^2s^2+2\xi Ts+1}(0<\xi<1)$的典型环节称为________环节。

6. 某系统的单位脉冲响应函数为 $5e^{-2t}$，则系统的传递函数为________________。

7. 对于定常控制系统来说，表达系统的微分方程的________不随时间改变。

8. 如图 2-22 所示系统的传递函数$\dfrac{X_o(s)}{X_i(s)}=$________________。

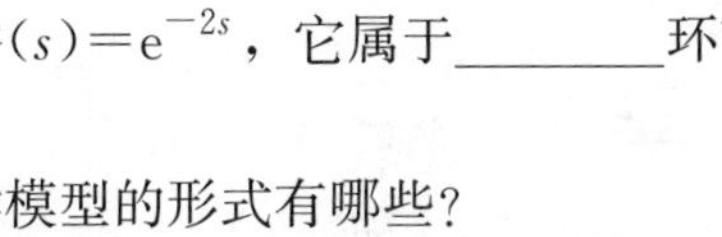

图 2-22

9. 某环节的传递函数为 $G(s)=e^{-2s}$，它属于________环节。

2-3　简答题

1. 什么是数学模型？数学模型的形式有哪些？

2. 线性系统的特点是什么？

3. 传递函数的定义和性质是什么？

4. 传递函数的典型环节有哪些？它们的表达式是什么？

5. 控制系统的图形化描述方法有哪些？

6. 如何计算串联、并联及反馈连接所构成系统的传递函数？

7. 方框图简化的原则是什么？如何应用该原则进行简化并计算系统的传递函数？

8. 简述信号流图的概念及梅逊公式的应用。

2-4 计算题

1. 列写图 2-23 所示系统的传递函数，其中输入为外力 $f(t)$、输出为位移 $x(t)$。

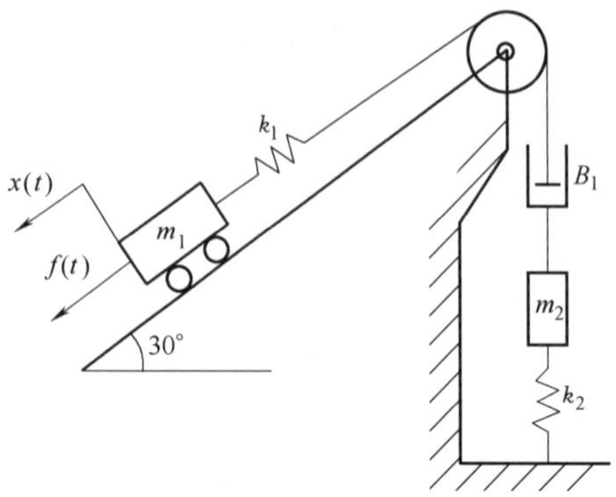

图 2-23

2. 已知系统传递函数$\dfrac{X_o(s)}{X_i(s)}=\dfrac{2}{s^2+3s+2}$，且初始条件为 $x_o(0)=-1$，$\dot{x}_o(0)=0$，试求系统在输入 $x_i(t)=1(t)$ 作用下的输出 $x_o(t)$。

3. 已知控制系统方框图如图 2-24 所示，求输入 $x_i(t)=3\times1(t)$时系统的输出 $x_o(t)$。

4. 机械系统如图 2-25 所示，其中，外力 $f(t)$ 为系统的输入，位移 $x(t)$ 为系统的输出，m 为小车质量，k 为弹簧的弹性系数，B 为阻尼器的阻尼系数，试求系统的传递函数（忽略小车与地面的摩擦）。

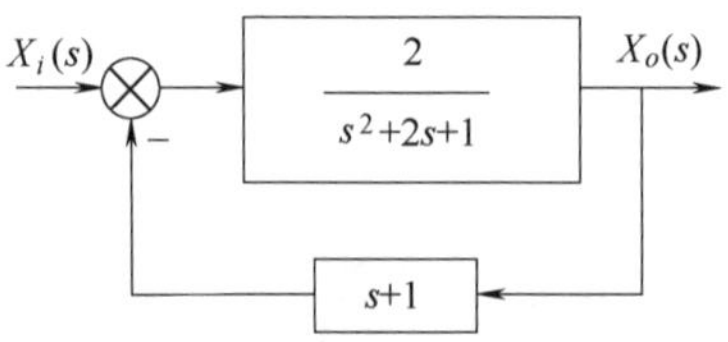

图 2-24

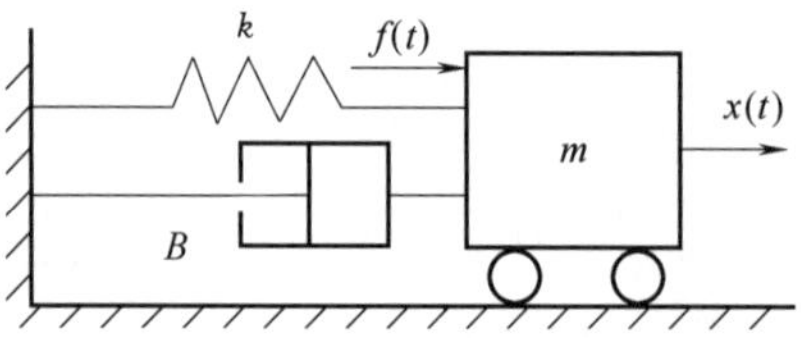

图 2-25

5. 写出例 2-1 系统的传递函数。

6. 写出例 2-2 系统的传递函数。

7. 试求图 2-26 所示机械系统的传递函数。图（a）中，T_i 为输入转矩，θ_o 为输出角度；图（b）中，θ_i 为输入角度，θ_o 为输出角度。

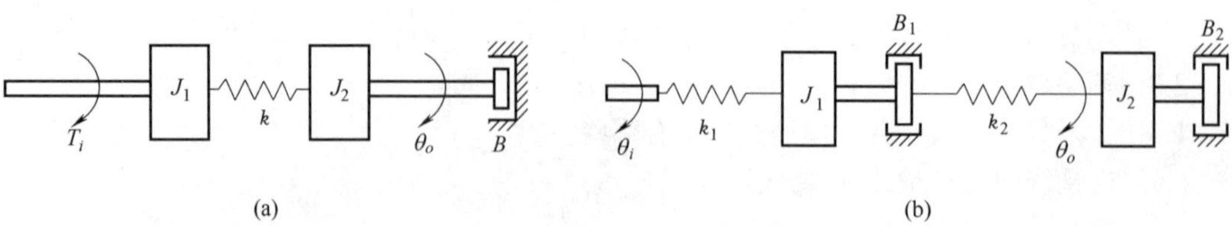

图 2-26

8. 试求图 2-27 所示机械系统的输入作用力 $f(t)$ 与输出位移 $x(t)$ 之间关系的传递函数。

9. 试求图 2-28 所示控制系统的传递函数。其中，$u_i(t)$ 为输入电压，$u_o(t)$ 为输出电压。

10. 化简图 2-29 所示的方框图，并写出传递函数。

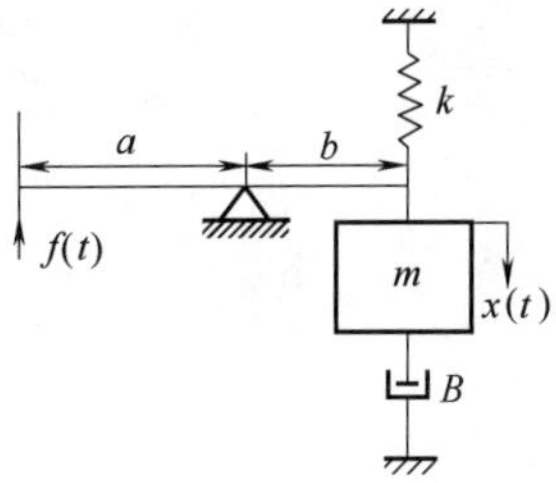

图 2-27

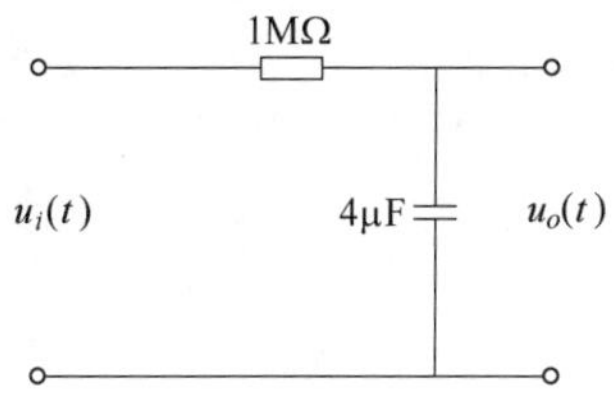

图 2-28

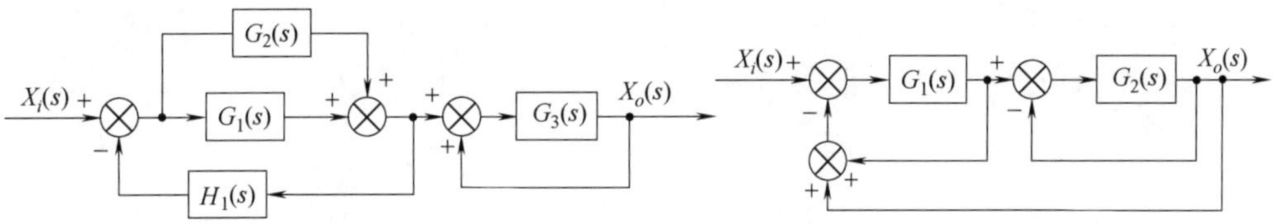

(a)　　(b)

图 2-29

11. 系统结构如图 2-30 所示，试求$\dfrac{X_o(s)}{X_i(s)}$、$\dfrac{E(s)}{X_i(s)}$。

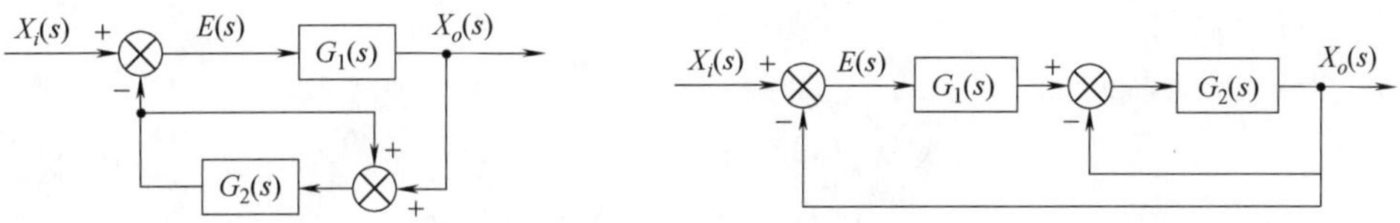

(a)　　(b)

图 2-30

12. 已知系统结构如图 2-31，图中 $X_i(s)$ 为输入信号，$N(s)$ 为干扰信号，试求传递函数$\dfrac{X_o(s)}{X_i(s)}$及$\dfrac{X_o(s)}{N(s)}$。

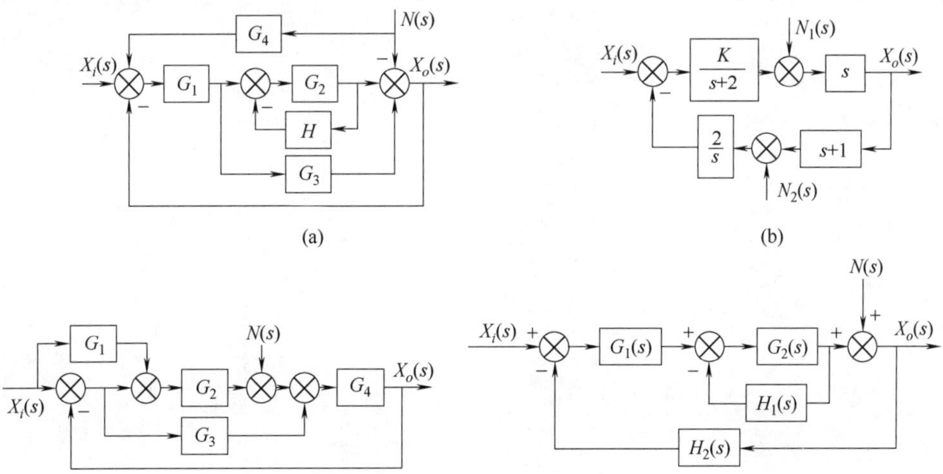

(a)　　(b)

(c)　　(d)

图 2-31

13. 某位置随动系统方框图如图 2-32 所示，求系统的闭环传递函数 $X_o(s)/X_i(s)$。

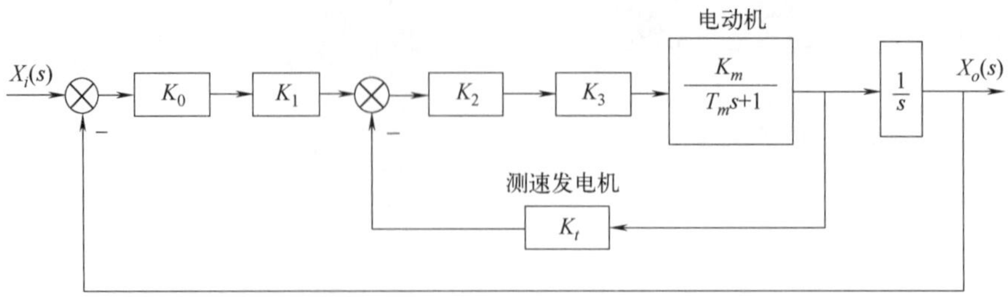

图 2-32

14. 飞机俯仰角控制系统方框图如图 2-33 所示，试求闭环传递函数 $X_o(s)/X_i(s)$。

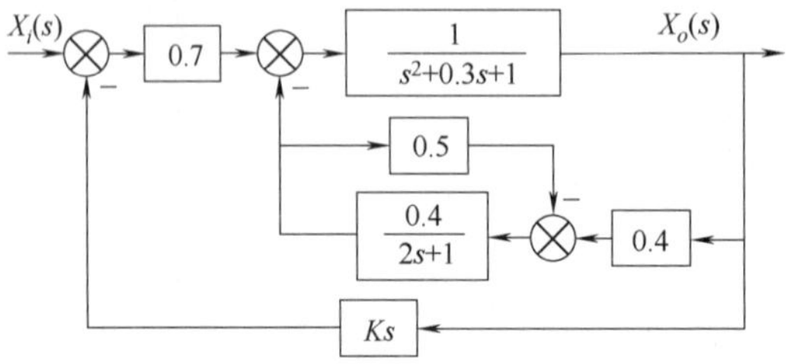

图 2-33

15. 已知系统方程组如下：

$$\begin{cases} X_1(s)=G_1(s)X_i(s)-G_1(s)[G_7(s)-G_8(s)]X_o(s) \\ X_2(s)=G_2(s)[X_1(s)-G_6(s)X_3(s)] \\ X_3(s)=[X_2(s)-X_o(s)G_5(s)]G_3(s) \\ X_o(s)=G_4(s)X_3(s) \end{cases}$$

试绘制系统方框图，并求闭环传递函数$\frac{X_o(s)}{X_i(s)}$。

16. 用 MATLAB 语句将 $G(s)=\frac{2s+2}{2s^4+7s^3+7s^2+2s}$的传递函数形式变化为零点、极点形式。

17. 用 MATLAB 语句将 $G(s)=\frac{2(s+1)}{s(2s+1)(s^2+3s+2)}$的零点、极点形式变化为传递函数分式多项式形式。

18. 用 MATLAB 求图 2-34 所示的方框图的传递函数。

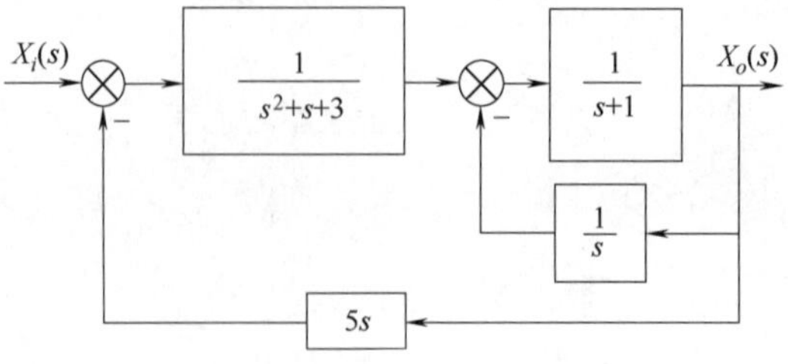

图 2-34

第 3 章　时间响应及误差分析

时域分析是在时间域内对系统的性能进行分析，通过系统在典型信号作用下的时间响应，来建立系统的结构、参数与系统性能的定量关系。时域分析方法根据系统的数学模型求出系统的时间响应来直接分析和评价系统，是分析控制系统性能最直观的方法。

本章主要介绍时间响应的概念，一阶系统、二阶系统在不同输入信号作用下的时间响应及影响控制系统性能的参数，稳态误差的概念及计算方法。

3-1　时间响应的概念

3-1-1　时间响应的组成及求取方法

时间响应　机械工程系统在外加激励作用下，输出量随时间变化的函数关系称为系统的时间响应。时间响应由瞬态响应和稳态响应两部分组成。

瞬态响应（动态过程即过渡过程）　指在某外加激励作用下，系统的输出量从初始状态到稳定状态的响应过程。

稳态响应（稳态过程）　指时间 $t\to\infty$时，系统的输出稳定状态。

系统的数学模型是微分方程时，时间响应可以通过求微分方程的解求取，如图 3-1 所示。

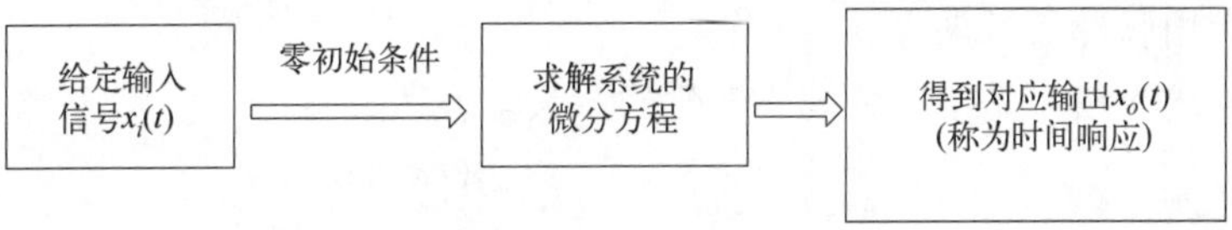

图 3-1　时间响应求取方式 1

系统的数学模型是传递函数时，时间响应可以借助数学工具——拉普拉斯（拉氏）变换及逆变换求取，如图 3-2 所示。

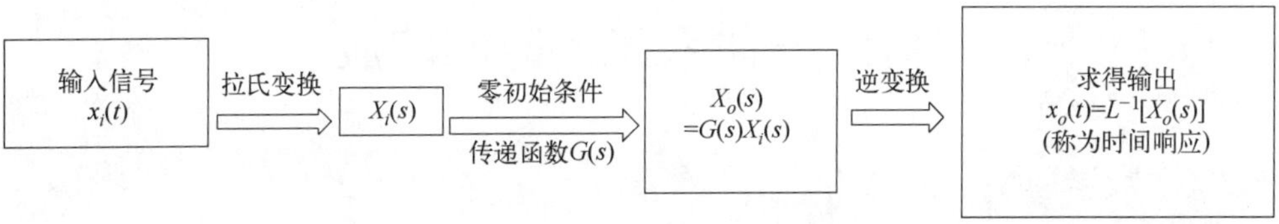

图 3-2　时间响应求取方式 2

当系统的数学模型是其他形式时，可转化为上面两种形式再求解。

3-1-2 系统的输入信号

研究系统的动态特性，就是研究系统在输入信号作用下，输出量是怎样按输入量的作用而变化的，亦即系统对输入如何产生响应。经常采用的试验输入信号有阶跃信号、斜坡信号（速度信号）、抛物线信号、脉冲信号和正弦信号。

阶跃信号 指输入变量有一个突然的定量变化，数学表达式为：

$$x_i(t)=\begin{cases}0 & (t<0)\\ a & (t\geqslant 0)\end{cases}$$

其中，a 为常数

定量变化幅值高度等于 1 个单位时，称为单位阶跃信号，用 $1(t)$ 表示。

指令的突然转换、电源的突然接通、负荷的突变等，均可视为阶跃信号作用。

斜坡信号（速度信号） 输入变量是等速变化的。变化斜率等于 1 时称为单位斜坡信号（单位速度信号），数学表达式为：

$$x_i(t)=t\times 1(t)=\begin{cases}0 & (t<0)\\ t & (t\geqslant 0)\end{cases}$$

加速度信号（抛物线信号） 输入信号是等加速变化的，数学表达式为：

$$x_i(t)=\begin{cases}0 & (t<0)\\ \dfrac{1}{2}t^2 & (t\geqslant 0)\end{cases}$$

脉冲信号 脉冲信号用 $\delta(t)$ 表示，其数学意义是作用时间 $t\to 0$，而在 $t=0$ 时刻的幅值为无穷大，数学表达式为：

$$x_i(t)=\delta(t)=\begin{cases}0 & (t\neq 0)\\ \infty & (t=0)\end{cases}$$

定义 $\int_{-\infty}^{+\infty}\delta(t)\mathrm{d}t=1$ 积分表示脉冲面积为 1。在工程上可以把脉动的电压信号、作用很快的冲击力等，用脉冲信号来表示。

正弦信号 输入信号是按正弦规律变化的，数学表达式为：

$$x_i(t)=\begin{cases}0 & (t<0)\\ A\sin(\omega t) & (t\geqslant 0)\end{cases}$$

式中，A 为振幅；ω 为角频率。

实际系统工作过程中，回转不平衡的作用力、随时间变化的往复运动及机械振动等，均是正弦信号作用。

3-2 一阶系统的时间响应

3-2-1 数学模型

由一阶微分方程描述的系统称为一阶系统，一阶系统的传递函数为：

$$\frac{X_o(s)}{X_i(s)}=\frac{1}{Ts+1}$$

式中，T 为时间常数，具有时间单位“秒”的量纲。

3-2-2　单位阶跃响应

单位阶跃响应：　　$x_o(t)=1-e^{-\frac{1}{T}t}\quad(t\geqslant 0)$

(1) 时间常数

时间常数 T 的大小反映了一阶系统惯性的大小。时间常数 T 越小，$x_o(t)$ 上升速度越快，达到稳态值用的时间越短，也就是系统惯性越小；反之，T 越大，系统对信号的响应越缓慢，惯性越大。

(2) 调整时间

从响应开始到进入稳态所经过的时间叫作调整时间 t_s（或过渡过程时间），用 t_s 的大小作为评价系统响应快慢的指标。调整时间只反映系统的特性，与输入输出无关。

$$t_s=3T\qquad x_o(3T)=0.95\qquad \Delta=\pm 5\%$$

$$t_s=4T\qquad x_o(4T)=0.98\qquad \Delta=\pm 2\%$$

式中，Δ 为误差范围，即误差带。

(3) 曲线斜率

一阶系统的单位阶跃响应曲线在 $t=0$ 处的切线斜率等于 $1/T$。

例 3-1　一阶系统的传递函数为$\frac{1}{5s+1}$，其单位阶跃响应曲线在 $t=0$ 处的切线斜率为（　　）

A 5　　　B 0　　　C 1　　　D 0.2

答案：D

例 3-2　两个时间常数 T 值不同的惯性环节串联在一起，求其单位阶跃响应。已知两环节串联的传递函数为：

$$\frac{X_o(s)}{X_i(s)}=\frac{1}{10s+1}\times\frac{1}{s+1}$$

解：对系统输入单位阶跃信号，即 $X_i(s)=\frac{1}{s}$，单位阶跃响应的拉氏变换为：

$$X_o(s)=\frac{1}{10s+1}\times\frac{1}{s+1}\times\frac{1}{s}$$

将其分解成简单因式之和的形式为：

$$X_o(s)=\frac{A}{10s+1}+\frac{B}{s+1}+\frac{C}{s}$$

式中，A、B、C 为待定系数。用拉氏反变换（逆变换）方法求出待定系数 $A=-\frac{1}{0.09}$、$B=\frac{1}{9}$、$C=1$，并将它们代入上式得：

$$X_o(s)=-\frac{1}{0.09}\times\frac{1}{10s+1}+\frac{1}{9}\times\frac{1}{s+1}+\frac{1}{s}$$

取拉氏反变换得系统的时间响应：

$$x_o(t)=-\frac{1}{0.9}e^{-\frac{1}{10}t}+\frac{1}{9}e^{-t}+1$$

或：

$$x_o(t)=1-1.11e^{-\frac{1}{10}t}+0.11e^{-t}$$

3-2-3 单位脉冲响应

单位脉冲响应： $x_o(t)=\frac{1}{T}e^{-\frac{1}{T}t}\quad(t\geqslant 0)$

例 3-3 若系统单位脉冲响应 $5e^{-t}+3e^{-2t}$，则系统的传递函数为（　　）

A $\frac{3}{s+1}+\frac{5}{s+2}$　　　　B $\frac{15}{s^3+3s+2}$

C $\frac{5}{s+1}+\frac{3}{s+2}$　　　　D $\frac{1}{s+1}e^{-5s}+\frac{1}{s+2}e^{-5s}$

答案：C

例 3-4 设各系统的单位脉冲响应函数如下，试求这些系统的传递函数。

① $g(t)=0.35e^{-2.5t}$；　　② $g(t)=a\sin(\omega t)+b\cos(\omega t)$；

③ $g(t)=0.5t+5\sin\left(3t+\frac{\pi}{3}\right)$；　　④ $g(t)=0.2(e^{-0.4t}-e^{-0.1t})$。

解：① $G(s)=\frac{0.35}{s+2.5}=\frac{0.14}{0.4s+1}$；

② $G(s)=\frac{a\omega}{s^2+\omega^2}+\frac{bs}{s^2+\omega^2}=\frac{a\omega\left(\frac{b}{a\omega}s+1\right)}{s^2+\omega^2}$；

③ $G(s)=\frac{0.5}{s^2}+\frac{7.5}{s^2+9}+\frac{2.5\sqrt{3}s}{s^2+9}=\frac{0.5}{s^2}+\frac{7.5\left(\frac{\sqrt{3}}{3}s+1\right)}{s^2+9}$；

④ $G(s)=\frac{0.2}{s+0.4}-\frac{0.2}{s+0.1}=\frac{-1.5}{(2.5s+1)(10s+1)}$。

例 3-5 某系统的微分方程为 $3\dot{x}_o(t)+x_o(t)=15x_i(t)$。

① 试求系统单位脉冲函数作用下 $x_o(t_1)=0.3$ 时的 t_1 值；

② 试求系统单位阶跃函数作用下 $x_o(t_2)=15$ 时的 t_2 值。

解：已知 $3\dot{x}_o(t)+x_o(t)=15x_i(t)$，得：

$$\frac{X_o(s)}{X_i(s)}=\frac{15}{3s+1}$$

① $x_i(t)=\delta(t)$；$X_i(s)=1$；$X_o(s)=\frac{15}{3s+1}X_i(s)=\frac{15}{3s+1}$；$x_o(t)=5e^{-\frac{1}{3}t}$。

由 $x_o(t_1)=5e^{-\frac{1}{3}t_1}=0.3$，得 $t_1=8.44s$。

② $x_i(t)=1(t)$；$X_i(s)=\frac{1}{s}$；$X_o(s)=\frac{15}{3s+1}\times\frac{1}{s}=\frac{15}{s}-\frac{45}{3s+1}$；$x_o(t)=15-15e^{-\frac{1}{3}t}$。

由 $x_o(t_2)=15-15e^{-\frac{1}{3}t_2}=15$，得 $t_2=\infty$。

3-2-4　单位斜坡响应

单位斜坡响应：　$x_o(t)=t-T+Te^{-\frac{1}{T}t} \quad (t\geqslant 0)$

当 $t\to\infty$ 时，$e(\infty)=T$。即时间常数越小，该系统的稳态误差 $e(\infty)$ 越小，精度越高。

3-2-5　响应之间的关系

一阶系统对于几种典型输入信号的时间响应见表 3-1。

表 3-1　输入信号与对应响应

输入信号 $x_i(t)$	对应响应 $x_o(t)$	输入信号 $x_i(t)$	对应响应 $x_o(t)$
$\delta(t)$	$\frac{1}{T}e^{-\frac{t}{T}}$	t	$t-T+Te^{-\frac{t}{T}}$
$1(t)$	$1-e^{-\frac{t}{T}}$	$\frac{1}{2}t^2$	$\frac{1}{2}t^2-Tt+T^2-T^2e^{-\frac{t}{T}}$

通过上面几种输入信号的响应可知：

① 系统跟踪特性与输入信号有关，当输入信号为单位加速度信号时不能跟踪；

② 一阶系统响应无振荡、无超调；

③ 时间常数 T 反映了系统响应的速度，时间常数 T 越大，响应速度越慢；

④ 一阶系统瞬态响应的特性只取决于组成系统的参数，不取决于外作用的形式。

3-3　二阶系统的时间响应

3-3-1　典型二阶系统的数学模型

二阶系统的传递函数：

$$\frac{X_o(s)}{X_i(s)}=\frac{\omega_n^2}{s^2+2\xi\omega_n s+\omega_n^2}$$

式中，ω_n 为无阻尼固有频率；ξ 为系统的阻尼比。

系统的特征方程为 $s^2+2\xi\omega_n s+\omega_n^2=0$，闭环极点（特征根）为 $s_{1,2}=-\xi\omega_n\pm\omega_n\sqrt{\xi^2-1}$，特征根取决于 ξ 和 ω_n 参数。

(1) 欠阻尼状态（$0<\xi<1$）

一对具有负实部的共轭复数根，$s_{1,2}=-\xi\omega_n\pm j\omega_n\sqrt{1-\xi^2}$，即：

$$s_{1,2}=-\xi\omega_n\pm j\omega_d$$

其中，$\omega_d=\omega_n\sqrt{1-\xi^2}$，响应过渡过程衰减振荡。

(2) 临界阻尼状态（$\xi=1$）

一对相等的负实根，$s_{1,2}=-\xi\omega_n$，响应过渡过程无振荡。

(3) 过阻尼状态（$\xi>1$）

两个不等的负实根，$s_{1,2}=-\xi\omega_n\pm\omega_n\sqrt{\xi^2-1}$，响应过渡过程无振荡，但过渡过程比临界阻尼过渡过程时间长。

(4) 零阻尼状态（$\xi=0$）

一对纯虚根，$s_{1,2}=\pm j\omega_n$，响应过渡过程等幅振荡。

3-3-2 单位阶跃响应

(1) 欠阻尼（$0<\xi<1$）

欠阻尼二阶系统的单位阶跃响应：

$$x_o(t)=1-e^{-\xi\omega_n t}\left[\cos(\omega_d t)+\frac{\xi}{\sqrt{1-\xi^2}}\sin(\omega_d t)\right]\quad (t\geqslant 0)$$

或写成：

$$x_o(t)=1-\frac{e^{-\xi\omega_n t}}{\sqrt{1-\xi^2}}\sin(\omega_d t+\beta)\quad (t\geqslant 0)$$

式中，$\beta=\arctan\dfrac{\sqrt{1-\xi^2}}{\xi}$。

随着 ξ 的减小，欠阻尼二阶系统的单位阶跃响应的振荡幅度加大。

(2) 临界阻尼（$\xi=1$）

临界阻尼二阶系统的单位阶跃响应：

$$x_o(t)=1-e^{-\omega_n t}(1+\omega_n)\quad (t\geqslant 0)$$

系统无振荡，$x_o(t)$ 曲线单调增长，最后趋于 1。

(3) 过阻尼（$\xi>1$）

过阻尼二阶系统单位阶跃响应：

$$x_o(t)=1+\frac{1}{T_1-T_2}\left(-T_1e^{-\frac{t}{T_1}}+T_2e^{-\frac{t}{T_2}}\right)$$

或写成：

$$x_o(t)=1+\frac{\omega_n}{2\sqrt{\xi^2-1}}\left(\frac{e^{s_1 t}}{s_1}-\frac{e^{s_2 t}}{s_2}\right)$$

当 $t\to\infty$ 时，$x_o(t)\to 1$，响应曲线没有振荡，没有超调。

(4) 零阻尼（$\xi=0$）

零阻尼情况下系统的单位阶跃响应：

$$x_o(t)=1-\cos(\omega_n t)\quad (t\geqslant 0)$$

系统的响应是无阻尼的等幅振荡。

例 3-6 单位阶跃输入情况下测得某伺服机构的响应为 $x_o(t)=1+0.2e^{-60t}-1.2e^{-10t}$：

① 求出其闭环传递函数；

② 求出系统的无阻尼固有频率及阻尼比。

解： ① 已知 $x_o(t)=1+0.2e^{-60t}-1.2e^{-10t}$，拉氏变换得：

$$X_o(s)=\frac{1}{s}+\frac{0.2}{s+60}-\frac{1.2}{s+10}=\frac{600}{s(s+60)(s+10)}$$

又已知 $x_i(t)=1(t)$，则：

$$X_i(s)=\frac{1}{s}$$

所以

$$\frac{X_o(s)}{X_i(s)}=\frac{600}{s(s+60)(s+10)}\Big/\frac{1}{s}=\frac{600}{(s+60)(s+10)}$$

② $$\frac{X_o(s)}{X_i(s)}=\frac{600}{(s+60)(s+10)}=\frac{(10\sqrt{6})^2}{s^2+2\times\frac{7\sqrt{6}}{12}\times10\sqrt{6}s+(10\sqrt{6})^2}$$

所以

$$\omega_n=10\sqrt{6}\,\text{rad/s}$$

$$\xi=\frac{7\sqrt{6}}{12}$$

3-3-3 单位脉冲响应

(1) 欠阻尼（$0<\xi<1$）

$$x_o(t)=\frac{\omega_n}{\sqrt{1-\xi^2}}\mathrm{e}^{-\xi\omega_n t}\sin(\omega_d t)\quad (t\geqslant0)$$

(2) 临界阻尼（$\xi=1$）

$$x_o(t)=\omega_n^2 t\,\mathrm{e}^{-\omega_n t}\quad (t\geqslant0)$$

(3) 过阻尼（$\xi>1$）

$$x_o(t)=\frac{\omega_n}{2\sqrt{\xi^2-1}}(\mathrm{e}^{s_1 t}-\mathrm{e}^{s_2 t})\quad (t\geqslant0)$$

(4) 零阻尼（$\xi=0$）

$$x_o(t)=\omega_n\sin(\omega_n t)\quad (t\geqslant0)$$

3-4 瞬态响应的性能指标

瞬态响应的性能指标是在二阶系统欠阻尼状态下，对单位阶跃输入产生瞬态响应的情况下导出的，如图 3-3 所示。图中，t_r 为上升时间，t_p 为峰值时间，t_s 为调整时间，M_p 为最大超调量。

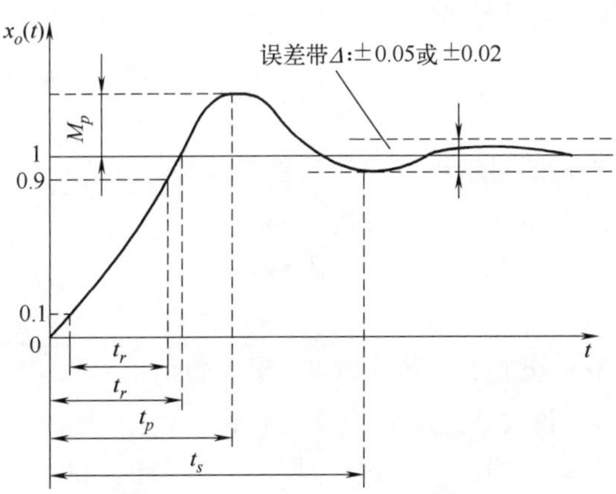

图 3-3 单位阶跃响应曲线与性能指标

3-4-1 上升时间

上升时间 t_r 为响应曲线从原始工作状态出发，第一次达到输出稳态值所需要的时间。对于过阻尼情况，一般将上升时间定义为响应曲线从稳态值的10%上升到90%所需的时间。

$$t_r=\frac{\pi-\beta}{\omega_d}=\frac{\pi-\beta}{\omega_n\sqrt{1-\xi^2}}$$

当 ξ 一定时，增大 ω_n，t_r 减小；当 ω_n 一定时，增大 ξ，t_r 增大。t_r 可以反映响应曲线的上升趋势，是表示系统响应速度的指标。

3-4-2 峰值时间

峰值时间 t_p 为响应曲线从零时刻到达第一个峰值所需时间，$t_p=\frac{\pi}{\omega_d}=\frac{\pi}{\omega_n\sqrt{1-\xi^2}}$。$t_p$ 随 ω_n 及 ξ 的变化情况与 t_r 相同。

3-4-3 最大超调量

最大超调量 M_p 为响应曲线上超出稳态值的最大偏离量。

$$M_p=\frac{x_o(t_p)-x_o(\infty)}{x_o(\infty)}=\mathrm{e}^{-\xi\pi/\sqrt{1-\xi^2}}$$

从式中可以看出，超调量 M_p 只与阻尼比 ξ 有关，与 ω_n 无关，所以 M_p 的大小直接说明系统的阻尼特性。超调量的大小直接反映了系统瞬态过程的平稳性。

3-4-4 调整时间（或调节时间）

在响应曲线的稳态值附近取稳态值的±5%或±2%作为误差带（即允许误差 $\Delta=0.05$ 或 $\Delta=0.02$），响应曲线达到并不再超出误差带的范围所需要的最小时间即调整时间 t_s。

$$t_s\approx\frac{4}{\xi\omega_n}\quad(\Delta=\pm0.02)$$

$$t_s\approx\frac{3}{\xi\omega_n}\quad(\Delta=\pm0.05)$$

调整时间表示系统瞬态响应持续的时间，从总体上反映系统的快速性。

综上可知，影响二阶系统的性能指标有 ξ 和 ω_n，ξ 影响系统的动态平稳性，ω_n 影响系统的响应时间。

① 阻尼比 ξ 越大，超调量则越小，响应的平稳性越好；

② 过阻尼状态下，系统响应迟缓，过渡时间长；

③ 当 $\xi=0.707$，系统超调量小于5%，调整时间最短，平稳性也较好，所以 $\xi=0.707$ 是最佳阻尼比；

④ 工程应用中，二阶系统的 ξ 一般在0.4～0.8之间；

⑤ 无阻尼固有频率 ω_n 越大，系统响应速度越快。

例 3-7 如图3-4所示为仿型机床位置随动系统方框图，试求该系统的阻尼比、无阻尼固有频率、超调量、峰值时间及调整时间。

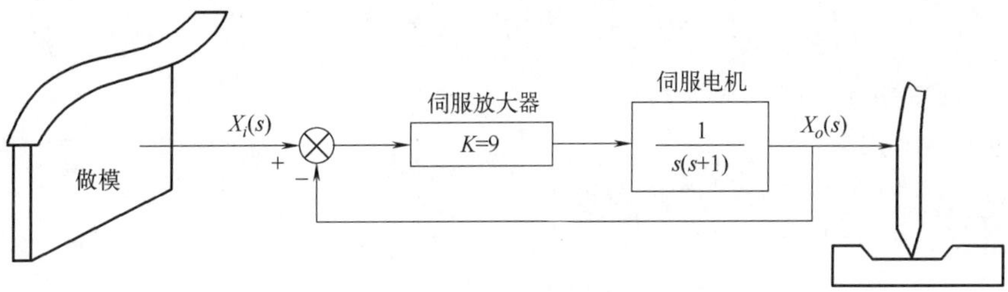

图 3-4　例 3-7 图

解： $$\frac{X_o(s)}{X_i(s)}=\frac{9\frac{1}{s(s+1)}}{1+9\frac{1}{s(s+1)}}=\frac{9}{s^2+s+9}=\frac{3^2}{s^2+2\times\frac{1}{6}\times3s+3^2}$$

所以 $$\xi=\frac{1}{6};\ \omega_n=3\text{rad/s};\quad M_p=\mathrm{e}^{-\frac{\xi\pi}{\sqrt{1-\xi^2}}}=\mathrm{e}^{-\frac{\frac{1}{6}\pi}{\sqrt{1-(\frac{1}{6})^2}}}\approx58.8\%$$

$$t_p=\frac{\pi}{\omega_n\sqrt{1-\xi^2}}=\frac{\pi}{3\sqrt{1-(\frac{1}{6})^2}}\approx1.06\text{s}$$

$$t_s\approx\frac{3}{\xi\omega_n}=\frac{3}{\frac{1}{6}\times3}=6\text{s}\quad(\Delta=\pm0.05)$$

例 3-8　如图 3-5 所示，刚性杆 AA'通过弹簧和阻尼器挂在天花板上，假定在 $t=0$ 时，一个重 87kg 的人向上跳起并抓住杆 AA'。忽略弹簧阻尼器及杆的质量，杆 AA'接着发生什么运动？试给出 $x(t)$ 的方程式。用多少时间可以稳定下来？最大超调量是多少米？已知条件为黏性阻尼系数 $B=350\text{N}\cdot\text{s/m}$，弹簧刚度系数 $k=3500\text{N/m}$。

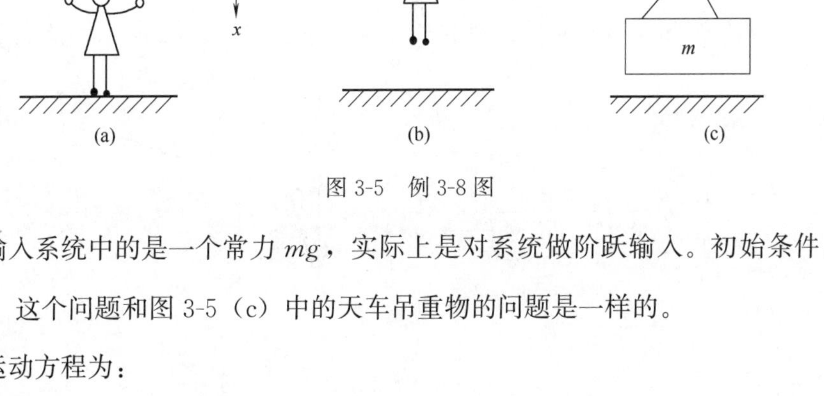

图 3-5　例 3-8 图

解： 输入系统中的是一个常力 mg，实际上是对系统做阶跃输入。初始条件 $x(0)=0$，$\frac{\mathrm{d}x(0)}{\mathrm{d}t}=0$。这个问题和图 3-5（c）中的天车吊重物的问题是一样的。

列写运动方程为：

$$m\frac{d^2x}{dt^2}+B\frac{dx}{dt}+kx=f(t)$$

式中，$f(t)=mg\times 1(t)$。

系统的传递函数为：

$$\frac{X(s)}{F(s)}=\frac{1}{ms^2+Bs+k}=\frac{\frac{1}{m}}{s^2+\frac{B}{m}s+\frac{k}{m}}$$

由此可得出：

$$\omega_n=\sqrt{\frac{k}{m}}=\sqrt{\frac{3500}{87}}=6.34\text{rad/s}$$

$$\xi=\frac{B}{2\omega_n m}=\frac{B}{2\sqrt{mk}}=\frac{350}{2\times\sqrt{87\times 3500}}=0.317$$

由阶跃力 $f(t)$ 产生的位移：

$$X(s)=\frac{\frac{1}{m}}{s^2+\frac{B}{m}s+\frac{k}{m}}\times\frac{mg}{s}=\frac{1}{k}\times\frac{\frac{k}{m}}{s^2+\frac{B}{m}s+\frac{k}{m}}\times\frac{mg}{s}$$

即：

$$x(t)=\frac{mg}{k}\left[1-\frac{e^{-\xi\omega_n t}}{\sqrt{1-\xi^2}}\sin(\omega_n\sqrt{1-\xi^2}\,t+\beta)\right]$$

其稳态值为：

$$\lim_{t\to\infty}x(t)=\frac{mg}{k}=\frac{87\times 9.81}{3500}\text{m}=0.244\text{m}$$

由单位阶跃产生的最大超调量为：

$$M_p=e^{-\xi\pi/\sqrt{1-\xi^2}}=0.387$$

其表示超出稳态值的 38.7%，所以当稳态值为 0.244m 时超调的最大值为：0.244×0.387=0.094m。稳定下来的时间即调整时间，取 $t_s\approx\frac{4}{\xi\omega_n}=\frac{4\times 2m}{B}=\frac{8\times 87}{3500}\text{s}=2\text{s}$（$\Delta=\pm 0.02$）。上述结果表示人抓住杆 AA' 的瞬间，杆发生衰减振荡的运动，经过 2s 稳定下来，振荡中的最大超调量为 9.4cm。

例 3-9 设图 3-6（a）所示系统的单位阶跃响应如图 3-6（b）所示。试确定系统参数

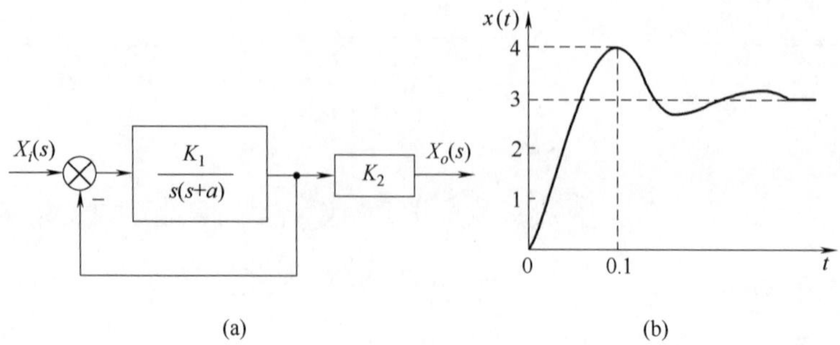

图 3-6 例 3-9 图

K_1、K_2 和 a。

解： 由系统阶跃响应曲线可知：$x_o(\infty)=3$；$t_p=0.1$；$M_p=(4-3)/3=33.3\%$。

由图（a）可以得到系统闭环传递函数为：

$$\phi(s)=\frac{K_1K_2}{s^2+as+K_1}=\frac{K_2\omega_n^2}{s^2+2\xi\omega_n s+\omega_n^2}$$

得：

$$K_1=\omega_n^2\quad a=2\xi\omega_n$$

由 $\begin{cases}M_p=\mathrm{e}^{-\xi\pi/\sqrt{1-\xi^2}}=33.3\%\\ t_p=\dfrac{\pi}{\omega_n\sqrt{1-\xi^2}}=0.1\end{cases}$ 求得：

$$\begin{cases}\xi=0.33\\ \omega_n=33.28\end{cases}$$

$$K_1=\omega_n^2=33.28^2=1108;\ a=2\xi\omega_n=2\times0.33\times33.28=22$$

另外，$x_o(\infty)=\lim\limits_{s\to0}sX_o(s)=\lim\limits_{s\to0}s\phi(s)\dfrac{1}{s}=\lim\limits_{s\to0}\dfrac{K_1K_2}{s^2+as+K_1}=K_2=3$。

3-5　控制系统的误差分析与计算

3-5-1　稳态误差的计算

控制系统的方框图如图 3-7 所示。系统的误差 $e(t)$ 定义为希望输出与实际输出之差，即 $e(t)=$希望输出$-$实际输出。误差 $E(s)$ 与偏差信号 $\varepsilon(s)$ 之间的关系为：$E(s)=\varepsilon(s)/H(s)$。

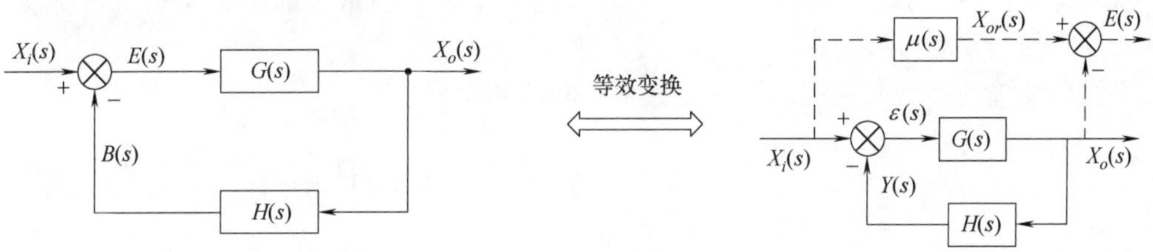

图 3-7　典型控制系统

单位反馈时，误差与偏差相等，即 $E(s)=\varepsilon(s)/H(s)=\varepsilon(s)$，物理量纲也相同。

控制系统的稳态误差 e_{ss} 为：

$$e_{ss}=\lim_{t\to\infty}e(t)=\lim_{s\to0}sE(s)=\lim_{s\to0}s\phi_e(s)X_i(s)=\lim_{s\to0}s\frac{1}{H(s)[1+G(s)H(s)]}X_i(s)$$

式中，$\phi_e(s)=\dfrac{1}{H(s)[1+G(s)H(s)]}$为误差传递函数。

当系统为单位反馈时，有 $H(s)=1$，则：

$$e_{ss}=\lim_{s\to0}sE(s)=\lim_{s\to0}s\frac{1}{[1+G(s)]}X_i(s)$$

控制系统的稳态误差与系统类型、开环增益、输入信号形式有关。

注意：计算稳态误差应先判别系统是否稳定。

例 3-10 某稳定系统方框图如图 3-8 所示，当输入信号 $x_i(t)=t$ 时，求系统的稳态误差。

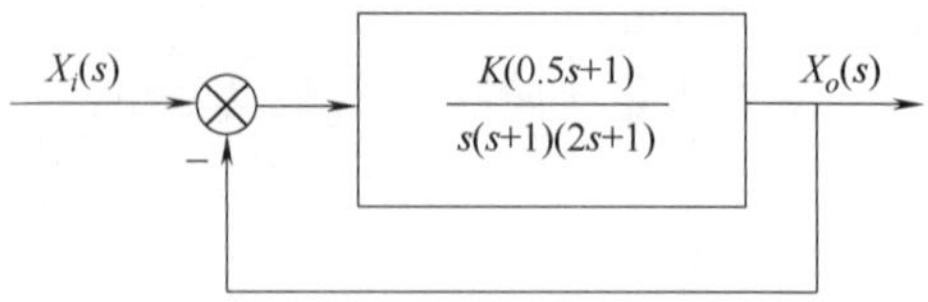

图 3-8 例 3-10 图

解：输入信号 $x_i(t)=t$，其拉氏变换 $X_i(s)=1/s^2$，则：$e_{ss}=\lim\limits_{s\to 0} s\dfrac{1}{1+\dfrac{K(0.5s+1)}{s(s+1)(2s+1)}}\times\dfrac{1}{s^2}$。整理得稳态误差为：

$$e_{ss}=\lim_{s\to 0} s\frac{s(s+1)(2s+1)}{s(s+1)(2s+1)+K(0.5s+1)}\times\frac{1}{s^2}=\frac{1}{K}$$

稳态误差与系统的开环增益 K 有关，K 越大，e_{ss} 越小。

3-5-2 不同类型系统的稳态误差

(1) 系统的类型

一般典型控制系统的开环传递函数：

$$G(s)H(s)=\frac{K(\tau_1 s+1)(\tau_2 s+1)\cdots}{s^{\gamma}(T_1 s+1)(T_2 s+1)\cdots}=\frac{K\prod\limits_{i=1}^{m}(\tau_i s+1)}{s^{\gamma}\prod\limits_{i=1}^{n-\gamma}(T_i s+1)}$$

式中，K 为开环增益，γ 为开环传递函数中包含积分环节的数目；τ_i 为一阶微分环节时间常数，T_i 为一阶惯性环节时间常数。

0 型系统：$\gamma=0$，无积分环节；

Ⅰ型系统：$\gamma=1$，有一个积分环节；

Ⅱ型系统：$\gamma=2$，有两个积分环节。

以此类推，一般 $\gamma>2$ 的系统难以稳定，实际上很少见。系统的型别反映了系统误差的度量，故又称误差度。

注意：系统的类型与系统的阶次是完全不同的两个概念。

例 3-11 已知单位负反馈系统的开环传递函数为 $\dfrac{20}{s(2s+1)(7s+2)}$，则系统的开环增益以及类型为（　　）

A　20，Ⅱ型　　B　10，Ⅱ型　　C　10，Ⅰ型　　D　20，Ⅲ型

答案：C

(2) 静态误差系数与稳态误差

① **静态位置误差系数 K_p**　系统输入阶跃信号引起的稳态误差称为位置误差。

静态位置误差系数 K_p 定义为：

$$K_p=\lim_{s\to 0}G(s)H(s)=G(0)H(0)$$

在阶跃信号作用下系统消除误差的条件是 $\gamma\geqslant 1$，即在开环传递函数中至少要有一个积分环节。

② **静态速度误差系数 K_v**　系统输入斜坡信号引起的稳态误差称为速度误差。

静态速度误差系数 K_v 定义为：

$$K_v=\lim_{s\to 0}sG(s)H(s)$$

斜坡信号作用下系统消除误差的条件是 $\gamma \geqslant 2$。

③ **静态加速度误差系数 K_a**　系统输入加速度信号引起的稳态误差称为加速度误差。静态加速度误差系数 K_a 定义为：

$$K_a = \lim_{s \to 0} s^2 G(s) H(s)$$

加速度信号作用下系统消除误差的条件是 $\gamma \geqslant 3$，即开环传递函数中至少有三个积分环节。

表 3-2 为系统对三种信号的稳态误差。

表 3-2　各类系统对三种输入信号的稳态误差

系统型别	静态误差系数			阶跃输入 $x_i(t)=A\times 1(t)$	斜坡输入 $x_i(t)=At$	加速度输入 $x_i(t)=\frac{At^2}{2}$
	K_p	K_v	K_a	位置误差 $e_{ss}=\frac{A}{1+K_p}$	速度误差 $e_{ss}=\frac{A}{K_v}$	加速度误差 $e_{ss}=\frac{A}{K_a}$
0	K	0	0	$\frac{A}{1+K}$	∞	∞
Ⅰ	∞	K	0	0	$\frac{A}{K}$	∞
Ⅱ	∞	∞	K	0	0	$\frac{A}{K}$

同一种输入信号，系统结构不相同，其稳态误差不同，反映了系统跟踪输入信号的稳态精度。

同一个控制系统，输入信号不同，其稳态误差不同，反映了系统对不同信号的跟踪能力。

结论：

① 稳态误差与信号输入形式有关。

② 稳态误差与系统结构参数有关，即与开环传递函数有关。

增加系统开环传递函数中的积分环节 γ 和增大开环增益 K，是消除和减小系统稳态误差的途径。但 γ 和 K 值的增大，都会造成系统的稳定性变坏。

例 3-12　对于图 3-9 所示的稳定系统，试求：

① 系统在单位阶跃信号作用下的稳态误差。

② 系统在单位斜坡作用下的稳态误差。

③ 讨论 K_h 和 K 对 e_{ss} 的影响。

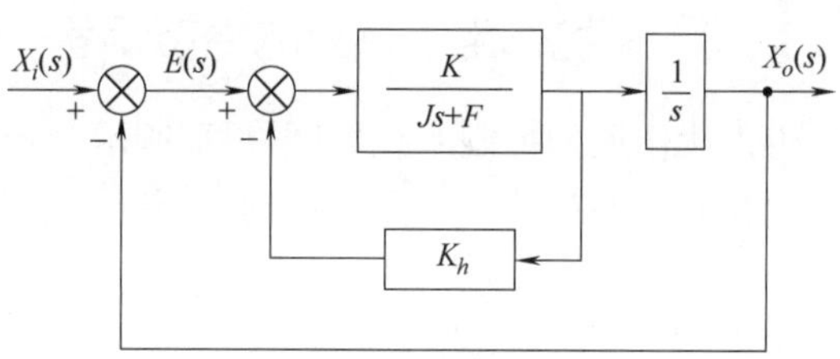

图 3-9　例 3-12 图

解：系统的开环传递函数为：

$$G_k(s) = \frac{\dfrac{K}{Js+F}}{1+\dfrac{KK_h}{Js+F}} \times \frac{1}{s} = \frac{K}{s(Js+F+KK_h)}$$

① $x_i(t)=1(t)$，$X_i(s)=\dfrac{1}{s}$：

$$e_{ss1}(\infty)=\lim_{s\to 0}sE(s)=\lim_{s\to 0}s\frac{1}{1+G_k(s)}X_i(s)$$

$$=\lim_{s\to 0}s\frac{1}{1+\dfrac{K}{s(Js+F+KK_h)}}\times\frac{1}{s}=0$$

② $x_i(t)=t\times 1(t)$，$X_i(s)=\dfrac{1}{s^2}$：

$$e_{ss2}(\infty)=\lim_{s\to 0}sE(s)=\lim_{s\to 0}s\frac{1}{1+G_k(s)}X_i(s)$$

$$=\lim_{s\to 0}s\frac{1}{1+\dfrac{K}{s(Js+F+KK_h)}}\times\frac{1}{s^2}=\frac{F+KK_h}{K}$$

③ 由①的结果可知，改变 K_h 和 K 不影响 $e_{ss1}(\infty)$ 的结果；由②的结果可知：

$$e_{ss2}(\infty)=\frac{F}{K}+K_h$$

当 $K>0$，$K_h>0$，$F>0$ 时，K 增大，则 $e_{ss2}(\infty)$ 减小；K_h 增大，则 $e_{ss2}(\infty)$ 增大。

例 3-13　某稳定系统的方框图如图 3-10 所示，若输入信号 $x_i(t)=1(t)+t+\dfrac{t^2}{2}$，试求系统的稳态误差。

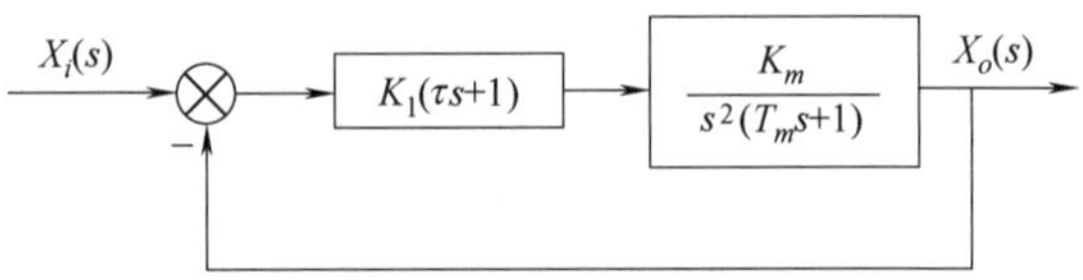

图 3-10　例 3-13 图

解：该系统的开环传递函数中含有两个积分环节，是Ⅱ型系统。开环增益为 K_1K_m，因此：

当输入 $x_i(t)=1(t)$ 时，$e_{ss1}=0$。

当输入 $x_i(t)=t$ 时，$e_{ss2}=0$。

当输入 $x_i(t)=t^2/2$ 时，$e_{ss3}=1/K=1/(K_1K_m)$。

所以系统稳态误差为：$e_{ss}=e_{ss1}+e_{ss2}+e_{ss3}=1/(K_1K_m)$。

3-5-3　干扰作用下系统的稳态误差

带干扰作用的控制系统如图 3-11 所示。控制系统的稳态误差由两部分组成：一是输入信号引起的稳态误差，二是干扰信号引起的稳态误差。

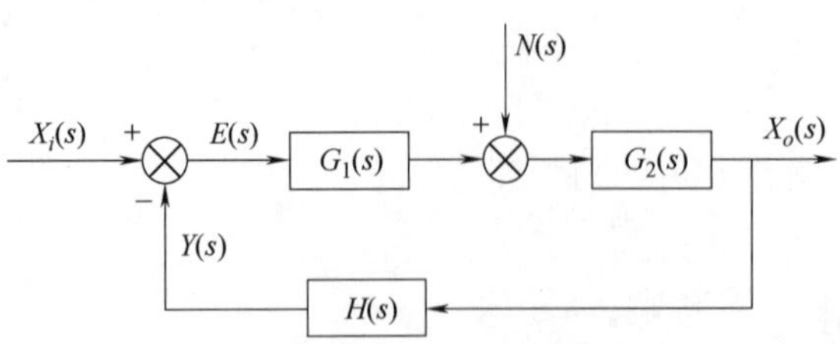

图 3-11　带干扰作用的系统方框图

输入信号引起的稳态误差：

$$e_{ssi}=\lim_{s\to 0}sE_i(s)=\lim_{s\to 0}s\frac{1}{H(s)[1+G_1(s)G_2(s)H(s)]}X_i(s)$$

干扰信号引起的稳态误差为：

$$e_{ssn}=\lim_{s\to 0}sE_N(s)=\lim_{s\to 0}s\frac{-G_2(s)}{1+G_2(s)G_1(s)H(s)}N(s)$$

系统总的稳态误差：

$$e_{ss}=e_{ssi}+e_{ssn}$$

例 3-14　对于如图 3-12 所示的稳定控制系统，试求 $n(t)=2\times 1(t)$ 时系统的稳态误差；当 $x_i(t)=t\times 1(t)$，$n(t)=-2\times 1(t)$ 时，其稳态误差又是什么？

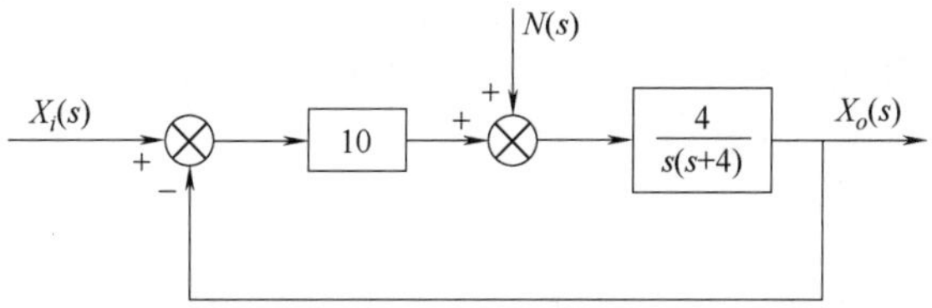

图 3-12　例 3-14 图

解：

① 求当 $n(t)=2\times 1(t)$ 时引起的稳态误差。

由题可知：

$$\frac{E_N(s)}{N(s)}=\frac{-\frac{4}{s(s+4)}}{1+\frac{4}{s(s+4)}\times 10}=\frac{-4}{s^2+4s+40}$$

已知 $n(t)=2\times 1(t)$，则 $N(s)=\frac{2}{s}$。

所以 $n(t)=2\times 1(t)$ 引起的稳态误差为：

$$e_{ssn}=\lim_{s\to 0}sE_N(s)=\lim_{s\to 0}s\frac{-4}{s^2+4s+40}\times\frac{2}{s}=-0.2$$

② 求当 $x_i(t)=t\times 1(t)$，$n(t)=-2\times 1(t)$ 时的稳态误差。

此时的稳态误差为干扰信号 $n(t)=-2\times 1(t)$ 引起的稳态误差 e_{ssn} 和输入信号 $x_i(t)=t\times 1(t)$ 引起的稳态误差 e_{ssi} 之和。

由题可知：

$$\frac{E_i(s)}{X_i(s)}=\frac{1}{1+\frac{4}{s(s+4)}\times 10}=\frac{s(s+4)}{s^2+4s+40}$$

又：

$$x_i(t)=t\times 1(t)\Rightarrow X_i(s)=\frac{1}{s^2}$$

$$n(t)=-2\times 1(t)\Rightarrow N(s)=\frac{-2}{s}$$

所以干扰信号 $n(t)=-2\times 1(t)$ 和输入信号 $x_i(t)=t\times 1(t)$ 引起的稳态误差为：

$$
\begin{aligned}
e_{ss} &= e_{ssn} + e_{ssi} \\
&= \lim_{s\to 0} sE_N(s) + \lim_{s\to 0} sE_i(s) \\
&= \lim_{s\to 0} s\left[\frac{E_N(s)}{N(s)}N(s) + \frac{E_i(s)}{X_i(s)}X_i(s)\right] \\
&= \lim_{s\to 0} s\left[\frac{-4}{s^2+4s+40}\times\frac{-2}{s} + \frac{s(s+4)}{s^2+4s+40}\times\frac{1}{s^2}\right] \\
&= 0.3
\end{aligned}
$$

例 3-15 某稳定系统的方框图如图 3-13 所示，其中，$U(s)$ 是外来信号，为加到设备的输入。试求 U（s)为阶跃信号 $u(t)=0.1\times 1(t)$ 的稳态误差。

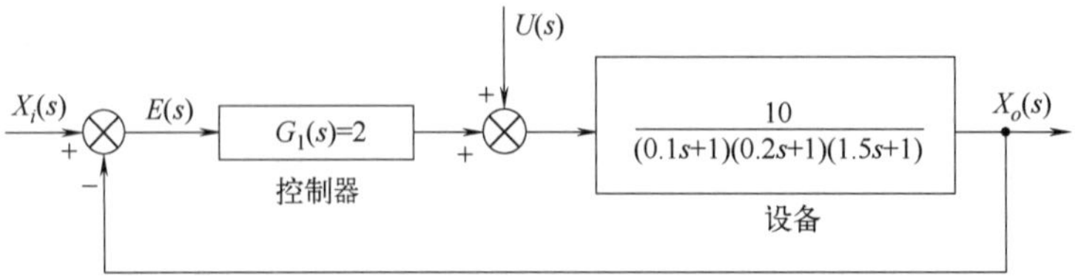

图 3-13 例 3-15 图

解：
$$
X_{ou}(s) = \frac{\dfrac{10}{(0.1s+1)(0.2s+1)(1.5s+1)}}{1+\dfrac{2\times 10}{(0.1s+1)(0.2s+1)(1.5s+1)}}U(s) = \frac{10}{(0.1s+1)(0.2s+1)(1.5s+1)+20}U(s)
$$

由 $u(t)=0.1\times 1(t)$，得 $U(s)=\dfrac{0.1}{s}$，所以：

$$
\begin{aligned}
e_{ss} &= \lim_{s\to 0} s[0-X_{ou}(s)] = \lim_{s\to 0} s\frac{-10}{(0.1s+1)(0.2s+1)(1.5s+1)+20}U(s) \\
&= \lim_{s\to 0} s\frac{10}{(0.1s+1)(0.2s+1)(1.5s+1)+20}\times\frac{0.1}{s} = -\frac{1}{21}
\end{aligned}
$$

例 3-16 系统的负载变化往往是系统的主要干扰，已知稳定系统结构图如图 3-14 所示，试分析 $N(s)$ 对系统稳态误差的影响。

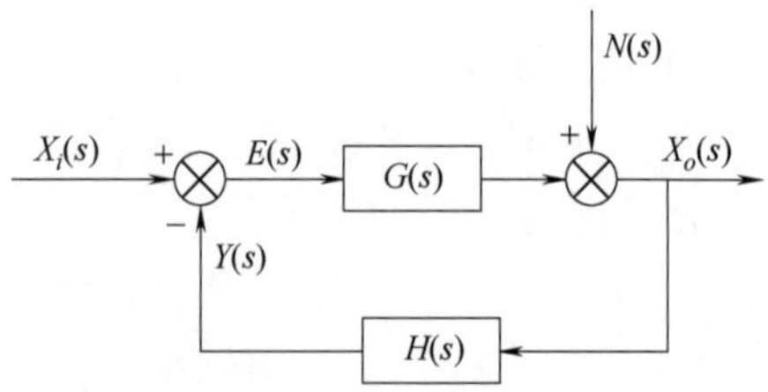

图 3-14 例 3-16 图

解： 由系统方框图得到系统输出为：

$$
X_o(s)=N(s)+E(s)G(s)=N(s)+[X_i(s)-H(s)X_o(s)]G(s)
$$

整理后得：

$$
X_o(s)=\frac{N(s)}{1+G(s)H(s)}+\frac{G(s)}{1+G(s)H(s)}X_i(s)
$$

扰动信号 $N(s)$ 对系统的影响：

$$
E(s)=X_i(s)-H(s)X_o(s)=-H(s)X_o(s)=-\frac{H(s)N(s)}{1+G(s)H(s)}
$$

系统的稳态误差为：

$$e_{ss}=\lim_{s\to 0}sE(s)=\lim_{s\to 0}s\frac{-H(s)}{1+G(s)H(s)}N(s)$$

如果扰动信号为单位阶跃函数，即 $N(s)=\frac{1}{s}$，则：

$$e_{ss}=\lim_{s\to 0}s\frac{-H(s)}{1+G(s)H(s)}\times\frac{1}{s}=\frac{-H(0)}{1+G(0)H(0)}$$

如果系统的 $G(0)H(0)\gg 1$，则：

$$e_{ss}\approx\frac{-1}{\lim\limits_{s\to 0}G(s)}=\frac{-1}{G(0)}$$

显然，干扰作用点前的前向通道传递函数 $G(0)$ 的值越大，由干扰引起的稳态误差就越小。所以为了减小由干扰引起的稳态误差，可以增大干扰作用点前的前向通道传递函数的值或者在干扰作用点前引入积分环节，但是这样对系统的稳定性是不利的。

例 3-17　已知稳定控制系统如图 3-15 所示，$x_i(t)=n(t)=t$，求系统的稳态误差。

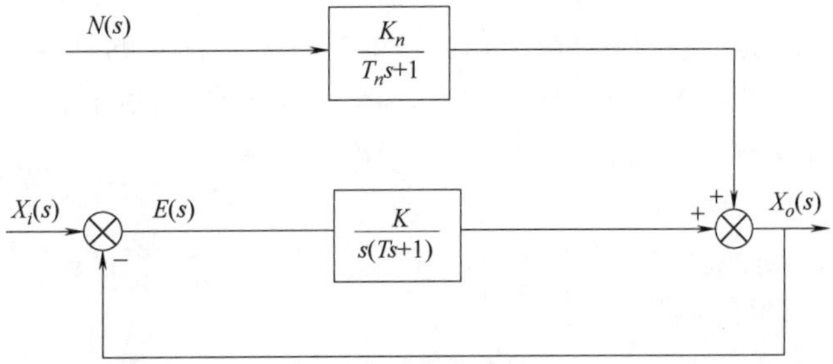

图 3-15　例 3-17 图

解：①在输入信号 $x_i(t)$ 作用下 $[n(t)=0]$ 的误差传递函数：

$$\phi_{ei}(s)=\frac{E(s)}{X_i(s)}=\frac{1}{1+\frac{K}{s(Ts+1)}}$$

$$X_i(s)=\frac{1}{s^2}$$

输入信号作用下的稳态误差为：

$$e_{ssi}=\lim_{s\to 0}s\phi_{ei}(s)X_i(s)=\lim_{s\to 0}s\frac{X_i(s)}{1+\frac{K}{s(Ts+1)}}=\frac{1}{K}$$

② 在干扰信号 $n(t)$ 作用下 $[x_i(t)=0]$ 的误差传递函数：

$$\phi_{en}(s)=\frac{E(s)}{N(s)}=\frac{X_i(s)-X_o(s)}{N(s)}=-\frac{\frac{K_n}{T_ns+1}}{1+\frac{K}{s(Ts+1)}}=\frac{-K_ns(Ts+1)}{(T_ns+1)[s(Ts+1)+K]}$$

干扰信号作用下的稳态误差为：

$$e_{ssn}=\lim_{s\to 0}s\phi_{en}(s)N(s)=\lim_{s\to 0}s\phi_{en}(s)\frac{1}{s^2}=-\frac{K_n}{K}$$

③ 由叠加原理得：

$$e_{ss}=e_{ssi}+e_{ssn}=\frac{1-K_n}{K}$$

3-5-4 减小或消除稳态误差的措施

① 增大系统开环增益或扰动作用点之前系统的前向通道增益；

② 在系统前向通道或主反馈通道设置串联积分环节。

本章小结

(1) 基本要求

① 了解系统时间响应的组成；单位脉冲响应函数与系统传递函数之间的关系；控制系统时间响应分析中的常用典型输入信号及其特点；干扰信号对系统的跟踪能力的影响。

② 理解时间响应、瞬态响应和稳态响应的概念；系统跟踪输入信号的能力；稳态误差的概念；系统误差和偏差之间的区别与联系；输入信号、系统的结构与稳态误差的关系。

③ 掌握一阶系统的时间响应的相关知识，如影响系统性能的基本参数；二阶系统的时间响应的相关知识，如单位阶跃响应曲线的基本形状及其振荡情况与系统阻尼比之间的对应关系；二阶系统性能指标对系统性能的影响；稳态误差的计算。

(2) 本章要点

① 一阶系统、二阶系统的单位阶跃响应；系统跟踪输入信号的能力；影响系统性能指标的参数及如何改善系统性能。

② 稳态误差的计算方法；影响系统跟踪精度的因素及减小或消除稳态误差的措施。

练　习　题

3-1　选择题

1. 设系统的单位脉冲响应函数为 $g(t)=0.1(1-e^{-\frac{t}{3}})$，则系统的传递函数为（　　）

A $0.1\left(1-\dfrac{1}{s+\frac{1}{3}}\right)$　　　B $0.1\left(\dfrac{1}{s}-\dfrac{3}{s-\frac{1}{3}}\right)$

C $0.1\left(\dfrac{1}{s}-\dfrac{1}{s+3}\right)$　　　D $0.1\left(\dfrac{1}{s}-\dfrac{1}{s+\frac{1}{3}}\right)$

2. 某系统传递函数为 $G(s)=\dfrac{5}{s+2}$，系统的单位脉冲响应为（　　）

A $5e^{-2t}$　　B $5t$　　C $5e^{2t}$　　D $\dfrac{5}{t}$

3. 一阶系统的时间常数 T 越大，则系统响应（　　）

A 越快　　B 越慢　　C 变为扩散　　D 速度不变

4. 一系统的传递函数为 $G(s)=\dfrac{K}{Ts+1}$，则该系统时间响应的快速性（　　）

A 与 K 有关　　B 与 K 和 T 有关

C 与 T 有关　　D 与输入信号大小有关

5. 一阶系统的传递函数为$\dfrac{2}{s+0.25}$，其时间常数 T 为（　　）

A 0.25　　B 4　　C 2　　D 8

6. 某系统传递函数 $G(s)=\dfrac{K}{Ts+1}$，其单位阶跃响应函数为（　　）

A $\dfrac{1}{T}e^{-Kt/T}$　　B $\dfrac{K}{T}e^{-t/T}$　　C $K(1-e^{-t/T})$　　D $1-e^{-Kt/T}$

7. 一阶系统$\dfrac{K}{1+Ts}$的单位脉冲响应曲线在 $t=0$ 处的斜率为（　　）

A $\dfrac{K}{T}$　　B KT　　C $-\dfrac{K}{T^2}$　　D $\dfrac{K}{T^2}$

8. 典型二阶振荡环节的峰值时间与（　　）有关。

A 增益　　B 误差带

C 增益和阻尼比　　D 阻尼比和无阻尼固有频率

9. 系统方框图如图 3-16 所示，在阶跃信号作用下，其输出 $X_o(s)$ 是（　　）

A $\dfrac{5}{s(s+2)}$　　B $\dfrac{5}{s+7}$　　C $\dfrac{7}{s(s+2)}$　　D $\dfrac{5}{s(s+7)}$

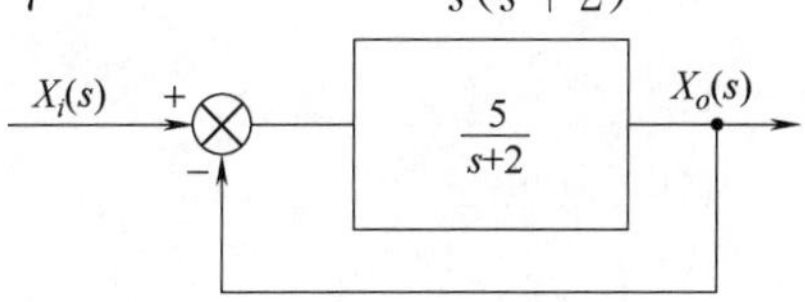

图 3-16

10. 稳态响应是指系统在典型输入信号作用下（　　）

A 当时间 t 趋于零时，系统输出量的表现方式

B 当时间 t 趋于无穷时，系统输出量的表现方式

C 当时间 t 趋于零时，系统输入量的表现方式

D 当时间 t 趋于无穷时，系统输入量的表现方式

11. 下列信号中，哪个用来定义二阶系统瞬态响应性能指标（　　）

A 单位脉冲　　B 单位正弦　　C 单位斜坡　　D 单位阶跃

12. 若系统单位脉冲响应为 $e^{-2t}+2e^{-t}$，则系统的传递函数为（　　）

A $\frac{1}{s+1}e^{-s}$　　B $\frac{3}{s^3+2s+1}$　　C $\frac{1}{s+2}e^{-2s}$　　D $\frac{1}{s+2}+\frac{2}{s+1}$

13. 一阶系统的传递函数为$\frac{10}{s+2}$，其单位阶跃响应曲线在 $t=0$ 处的切线斜率为（　　）

A 10　　B 5　　C 2　　D -10

14. 两系统传递函数分别为 $G_1(s)=\frac{100}{s+1}$和 $G_2(s)=\frac{100}{s+1}$，调整时间分别为 t_{s1} 和 t_{s2}，则有（　　）

A $t_{s1}>t_{s2}$　　B $t_{s1}<t_{s2}$　　C $t_{s1}=t_{s2}$　　D $t_{s1}\leqslant t_{s2}$

15. 某系统传递函数为 $G(s)=\frac{1}{10s+1}$，单位脉冲响应曲线在 $t=0^+$ 处值为（　　）

A 0　　B ∞　　C 0.1　　D 1

16. 某二阶系统阻尼比为 2，则系统阶跃响应为（　　）

A 振荡发散　　B 无振荡　　C 振荡衰减　　D 等幅振荡

17. 在下列性能指标中，表示快速性的是（　　）

A 振荡次数　　B 延迟时间　　C 超调量　　D 相位裕量

18. 控制系统的超调量与下列哪个因素有关（　　）

A 稳态误差　　B 稳定性　　C 系统阻尼　　D 开环增益

19. 如果二阶系统的无阻尼固有频率为 8Hz，阻尼比为 0.5，允许误差为 2%，该系统对单位阶跃输入响应的过渡过程时间为（　　）

A 0.5s　　B 1s　　C 2.5s　　D 5s

20. 二阶欠阻尼系统的上升时间、峰值时间和调整时间，反映了系统的（　　）

A 稳定性　　B 相对稳定性　　C 精度　　D 响应的快速性

21. 二阶欠阻尼系统的上升时间定义为（　　）

A 单位阶跃响应达到稳态值所需要的时间

B 单位阶跃响应从稳态值的 10%上升到 90%所需的时间

C 单位阶跃响应从 0 第一次上升到稳态值时所需的时间

D 单位阶跃响应达到其稳态值的 50%所需的时间

22. 二阶系统的阻尼比为 0.75，受到单位阶跃输入作用，那么下列说法正确的是（　　）

A 两个极点都位于虚轴上，且响应是等幅振荡的

B 两个极点都位于原点，且响应迅速衰减到 0

C 两个极点都位于 [s] 平面右半面，且响应是发散的

D 两个极点都位于 [s] 平面左半面，且响应几乎没有超调量

23. 在下列性能指标中，描述系统平稳性的是（　　）

A 幅值裕量　　B 谐振频率　　C 稳态误差　　D 振荡次数

24. $x_o(t)$ 为系统的单位阶跃响应，系统峰值时间 t_p 满足（　　）

A $\frac{dx_o(t_p)}{dt_p}=0$　　B $x_o(t_p)=x_o(\infty)$

C $|x_o(t_p)-x_o(\infty)|\leqslant\Delta x_o(\infty)$　　D $\frac{x_o(t_p)-x_o(\infty)}{x_o(\infty)}$

25. $x_i(t)$ 为系统的输入量，$x_o(t)$ 为系统的单位阶跃响应，$\max x_o(t)$ 为 $x_o(t)$ 的最大值，最大超调量 M_p 的定义式为（　　）

A $M_p=\max x_o(t)-x_o(\infty)$　　B $M_p=\frac{\max x_o(t)-x_o(\infty)}{x_o(\infty)}\times100\%$

C $M_p=\max\left|\frac{x_o(t)}{x_i(t)}\right|$　　D $M_p=\max\left|\frac{X_o(s)}{X_i(s)}\right|$

26. 图 3-17 所示系统称为（　　）型系统。

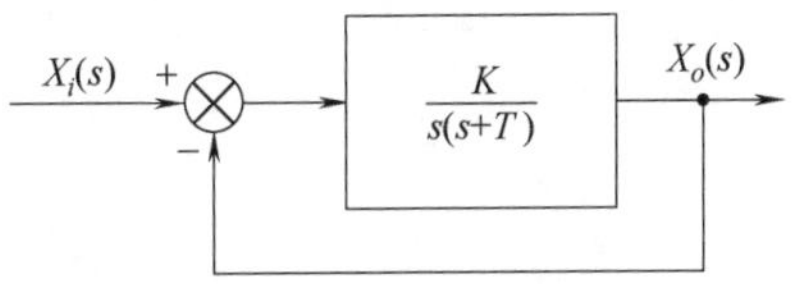

图 3-17

A 0　　B Ⅰ　　C Ⅱ　　D Ⅲ

27. 一闭环系统的开环传递函数为 $G(s)=\frac{8(s+3)}{s(2s+3)(s+2)}$，则该系统为（　　）

A 0 型系统，开环增益为 8　　B Ⅰ型系统，开环增益为 8

C Ⅰ型系统，开环增益为 4　　D 0 型系统，开环增益为 4

28. 以下 4 个系统的开环传递函数，（　　）是Ⅰ型系统。

A $G(s)=\frac{1}{(0.1s+1)(0.01s+1)}$　　B $G(s)=\frac{1}{s^2(0.1s+1)(0.01s+1)}$

C $G(s)=\frac{1}{s(0.1s+1)(0.01s+1)}$　　D $G(s)=\frac{1}{s(0.1s+1)(0.01s+1)+1}$

29. 单位反馈稳定系统的开环传递函数为 $G(s)=\frac{(s+2)}{s(s+1)}$，系统在单位阶跃输入时的静态位置误差系数 K_p 为（　　）

A 0　　B 4　　C 8　　D ∞

30. 设单位反馈控制系统的开环传递函数为 $G(s)=\frac{4}{s(s+5)}$，则系统在单位速度输入时的静态速度误差系数 K_v 为（　　）

A 0　　B 0.8　　C ∞　　D 4

31. 单位反馈稳定系统的开环传递函数为 $G(s)$，则该系统的静态速度误差系数（　　）。

A $K_v=\lim\limits_{s\to0}G(s)$　　B $K_v=\lim\limits_{s\to0}s^2G(s)$

C $K_v=\lim\limits_{s\to0}sG(s)$　　D $K_v=\lim\limits_{s\to0}s^3G(s)$

32. 某一系统的稳态加速度误差为一常数，则系统是（　　）系统。

A 0 型　　B 有一积分环节的

C Ⅱ型　　D 没有积分环节的

33. 单位反馈稳定系统的开环传递函数 $G(s)=\dfrac{K}{s(s+1)(s+5)}$，当输入单位斜坡信号时，要求系统的稳态误差 $e_{ss}=0.01$，则 K 值应取（　　）。

A 100　　B 0.01　　C 500　　D 20

34. 单位反馈稳定系统的开环传递函数为 $G(s)=\dfrac{4}{s(s+5)}$，则系统在 $x_i(t)=2t$ 输入作用下，其稳态误差为（　　）

A $\dfrac{10}{4}$　　B $\dfrac{5}{4}$　　C $\dfrac{4}{5}$　　D 0

35. 稳定控制系统如图 3-18 所示，则系统的稳态误差为（　　）

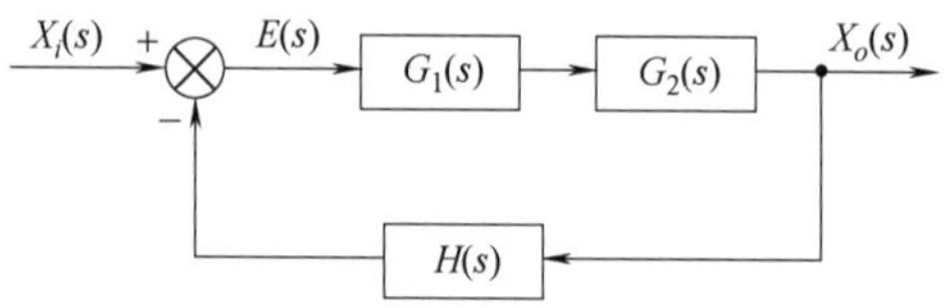

图 3-18

A $\lim\limits_{s\to\infty}\dfrac{sX_i(s)}{H(s)[1+G_1(s)G_2(s)H(s)]}$

B $\lim\limits_{s\to\infty}\dfrac{s}{H(s)[1+G_1(s)G_2(s)H(s)]}$

C $\lim\limits_{s\to 0}\dfrac{sX_i(s)}{H(s)[1+G_1(s)G_2(s)H(s)]}$

D $\lim\limits_{s\to 0}\dfrac{s}{H(s)[1+G_1(s)G_2(s)H(s)]}$

36. 稳定系统方框图如图 3-19 所示，则稳态误差为（　　）

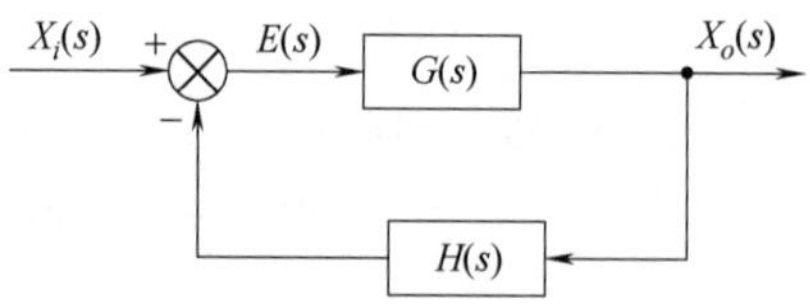

图 3-19

A $e_{ss}=\lim\limits_{s\to 0}sG(s)$　　B $e_{ss}=\lim\limits_{t\to\infty}e(t)$　　C $e_{ss}=\lim\limits_{t\to\infty}te(t)$　　D $e_{ss}=\lim\limits_{t\to 0}e(t)$

37. 单位反馈稳定系统开环传递函数 $G(s)=\dfrac{10000(s+1)(5s+1)}{s^2(s^2+4s+100)}$，当输入信号为 $\dfrac{t^2}{2}\times 1(t)$ 时，系统稳态误差为（　　）

A 0　　B ∞　　C 0.01　　D 100

38. 某稳定系统开环传递函数为 $G(s)=\dfrac{100}{s(10s+1)}$，稳态误差为零，则输入可能是

(　　)

A $1(t)$　　B $t\times 1(t)$　　C $\frac{t^2}{2}\times 1(t)$　　D $\sin(\omega t)\times 1(t)$

39. 控制系统中，下面描述正确的是（　　）

A 系统型次越高，增益 K 越大，系统的稳态误差越大

B 系统型次越高，增益 K 越大，系统的稳态误差越小

C 系统阶次越高，增益 K 越大，系统的稳态误差越小

D 系统阶次越高，系统的稳态误差越大

40. 一系统在干扰单独作用下的误差函数 $E_1(s)=-\frac{s+9}{s(s+5)}$，在输入信号单独作用下的误差函数 $E_2(s)=-\frac{s^2+2s+9}{s(s^2+3s+5)}$，则系统总的稳态误差 e_{ss} 为（　　）

A $\frac{9}{5}$　　B 0　　C $-\frac{9}{5}$　　D ∞

3-2　填空题

1. 系统在外加激励作用下，其________随________变化的函数关系称为系统的时间响应。

2. 当一个系统受到一个单位脉冲激励时，________定义为脉冲响应函数。

3. 若二阶系统的特征根是一对实部小于零的共轭复数，当给这个系统加单位阶跃激励时，其输出为________。

4. 对于 0 型系统，若要使它的静态位置误差为零，则需________。

5. 线性系统的时间响应是由________与________两部分组成。

6. 当时间趋于无穷大时，系统的输出称为________。

7. 系统在________下的稳态误差，反映了系统抗干扰的能力。

8. 一系统的传递函数为 $G(s)=\frac{K}{Ts+1}$，则一阶系统时间响应的快速性与________有关。

9. 瞬态响应的性能指标是根据________信号作用下的瞬态响应定义的。

10. 二阶欠阻尼系统的上升时间反映了系统的响应的________。

11. 对于二阶系统（$0<\xi<0.7$），若保持 ω_n 不变而减小 ξ，则系统的振荡________。

12. 某系统的传递函数为 $G(s)=\frac{2}{s+3}$，则该系统的单位脉冲响应函数为________。

13. 一阶系统 $\frac{1}{s+2}$ 的单位阶跃响应曲线在 $t=0$ 处的切线斜率为________。

14. 瞬态响应是系统受到外加作用激励后，从________状态到________状态的响应过程。

15. 稳定控制系统开环传递函数 $G(s)=\frac{K}{s(s+2)}$，输入单位阶跃信号的稳态误差为________，输入单位斜坡信号的稳态误差为________。

16. 系统的稳态误差与系统开环传递函数的增益、________和________信号有关。

17. 二阶系统在单位阶跃信号作用下，其调整时间 t_s 与阻尼比、________和________有关。

3-3　简答题

1. 什么是时间响应？什么是瞬态响应？什么是稳态响应？

2. 在一阶控制系统中，影响控制系统性能的参数是什么？各参数如何影响控制系统的性能？

3. 在二阶控制系统中，影响控制系统性能的参数是什么？各参数如何影响控制系统的性能？

4. 二阶系统的临界阻尼和过阻尼情况下特征根分布如何？单位阶跃响应曲线有何特点？

5. 典型二阶系统阻尼比 $0<\zeta<1$ 时，试问闭环极点分布如何？单位阶跃响应的特征是什么？

6. 试简述 0 型、Ⅰ型、Ⅱ型系统，在单位阶跃输入时的稳态误差的大小。

7. 二阶系统对于单位阶跃响应是稳态无差的吗？

8. 控制系统的稳态误差与哪些因素有关？采取何种措施能够减小系统的稳态误差，从而提高控制系统的精度？

9. 控制系统的静态位置系数 K_p、静态速度系数 K_v、静态加速度系数 K_a 是如何定义的？如何减小稳态误差？

3-4 计算题

1. 二阶系统的传递函数为 $\frac{1}{s^2+s+1}$，试在图 3-20（a）中标出系统的特征根在［s］平面上的位置，在图（b）中画出单位阶跃响应曲线。

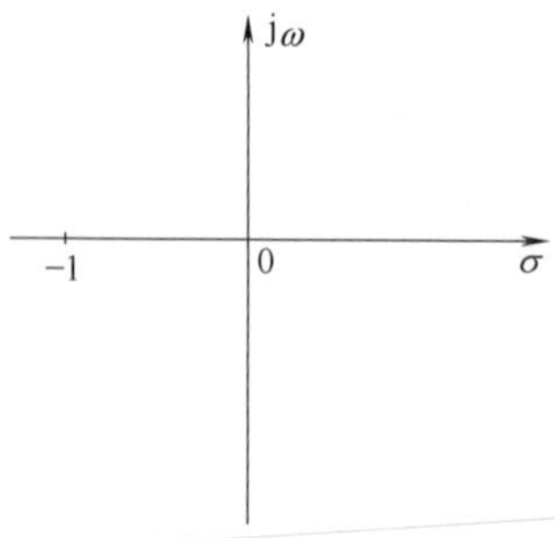

(a)

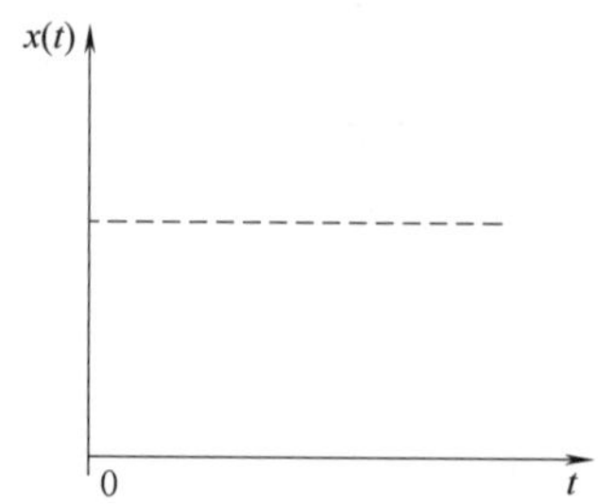

(b)

图 3-20

2. 一阶系统方框图如图 3-21 所示。要求系统闭环增益 $K_\phi=2$，调整时间 $t_s\leqslant 0.4s$（$\Delta=0.05$），试确定参数 K_1、K_2 的值。

3. 系统的方框图如图 3-22 所示，已知 $t_p=1s$，$M_p=20\%$，试确定 K、K_A，并计算性能指标 t_s。

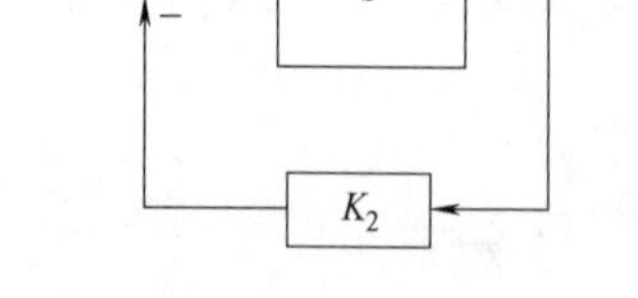

图 3-21

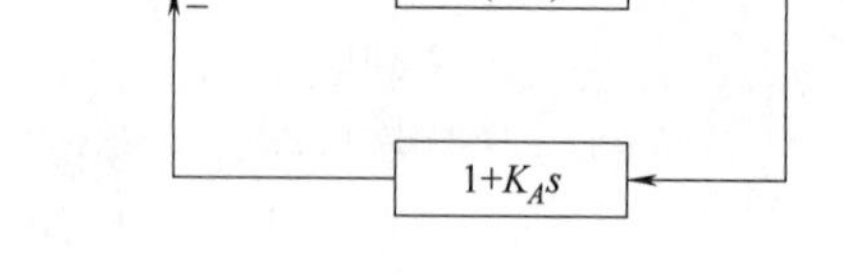

图 3-22

4. 某典型二阶系统的单位阶跃响应如图 3-23 所示，试确定系统的闭环传递函数。

5. 设单位反馈系统的开环传递函数 $G(s)=\dfrac{2s+1}{s^2}$，试求该系统单位阶跃响应和单位脉冲响应。

6. 某系统方框图如图 3-24 所示，试求其无阻尼固有频率 ω_n、阻尼比 ξ、超调量 M_p、峰值时间 t_p、调整时间 t_s（$\Delta=\pm5\%$）。

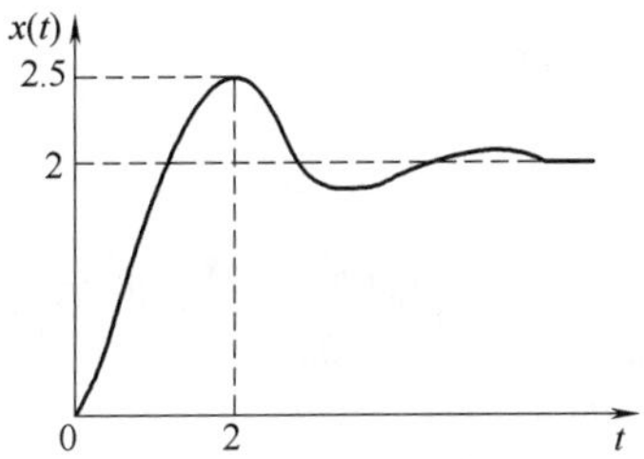

图 3-23

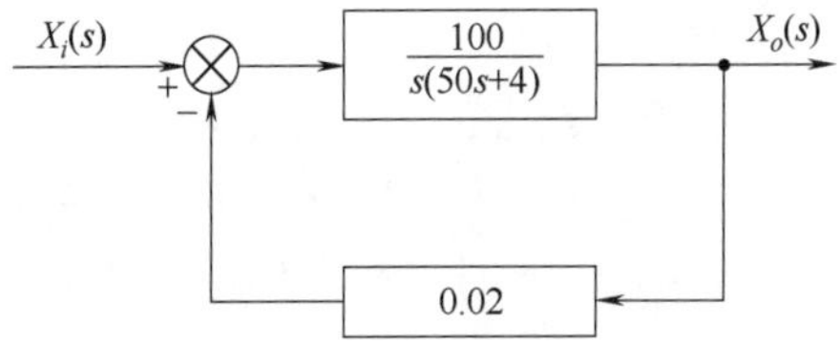

图 3-24

7. 电子心脏起搏器心律控制系统方框图如图 3-25 所示，其中模仿心脏的传递函数相当于一纯积分环节。

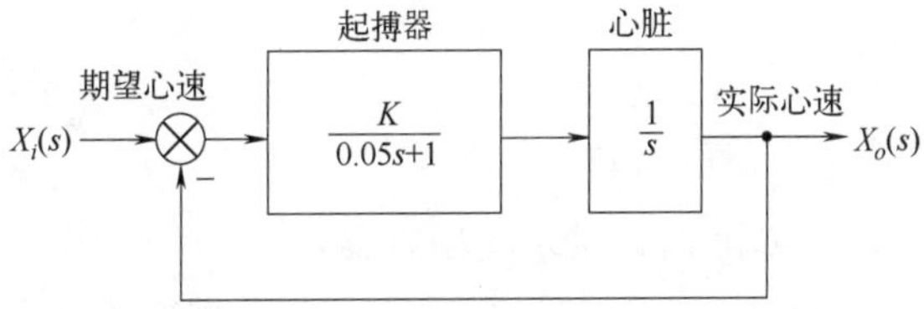

图 3-25

① 若 $\xi=0.5$ 对应最佳响应，问起搏器增益 K 应取多大?

② 若期望心速为 60 次/min，并突然接通起搏器，问 1s 后实际心速为多少？瞬时最大心速多大?

8. 机器人控制系统方框图如图 3-26 所示。试确定参数 K_1、K_2 的值，使系统阶跃响应的峰值时间 $t_p=0.5$s，超调量 $M_p=2\%$。

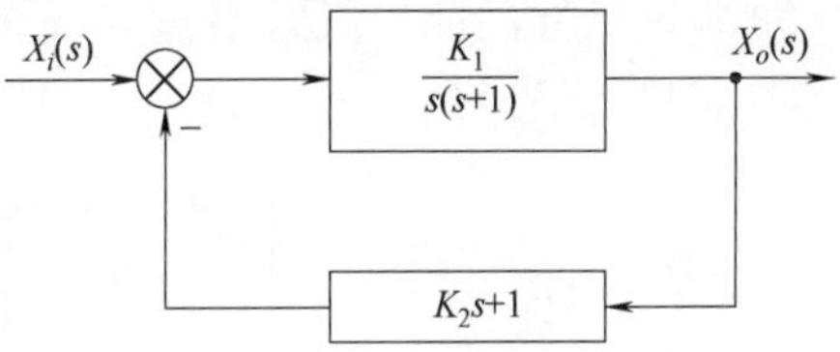

图 3-26

9. 图 3-27 是船舶横摇镇定系统方框图，引入内环速度反馈是为了增加船只的阻尼。

① 求海浪扰动力矩对船只倾斜角的传递函数 $\dfrac{\Theta(s)}{M_N(s)}$；

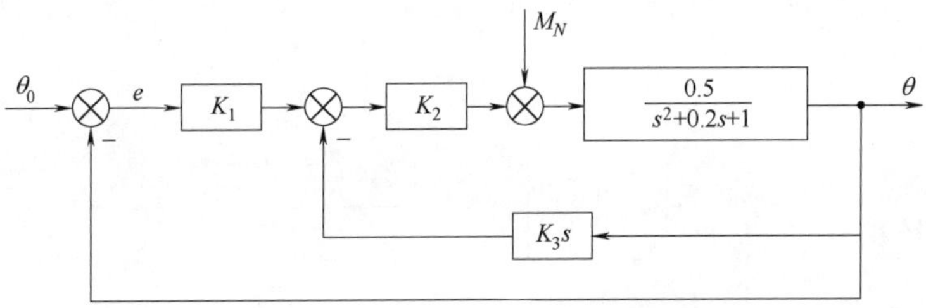

图 3-27

② 为保证 M_N 为单位阶跃时倾斜角 θ 的值不超过 0.1，且系统的阻尼比为 0.5，求 K_2、K_1 和 K_3 应满足的方程；

③ 取 $K_2=1$ 时，确定满足②中指标的 K_1 和 K_3 值。

10. 设一单位反馈控制系统的开环传递函数 $G(s)=\dfrac{0.4s+1}{s(s+0.6)}$，试求系统对单位阶跃输入的响应，并求上升时间和最大超调量。

11. 系统方框图如图 3-28 所示。若要求系统单位阶跃响应无超调，且调节时间尽可能短，问开环增益 K 应取何值，调整时间 t_s 是多少?

12. 某稳定系统的方框图如图 3-29 所示：

① 当不存在速度反馈（速度反馈系数 $b=0$）时，试求单位斜坡输入引起的稳态误差。

② 当 $b=0.15$ 时，试求单位斜坡输入引起的稳态误差。

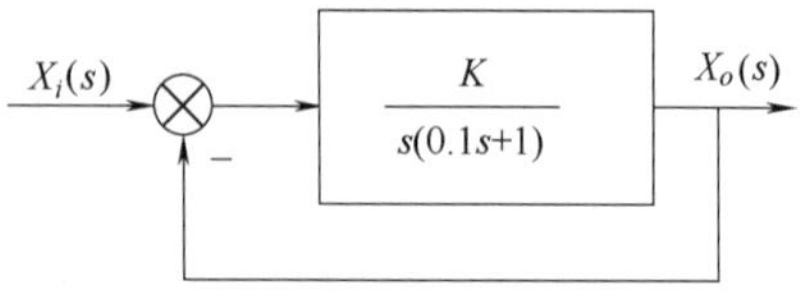

图 3-28

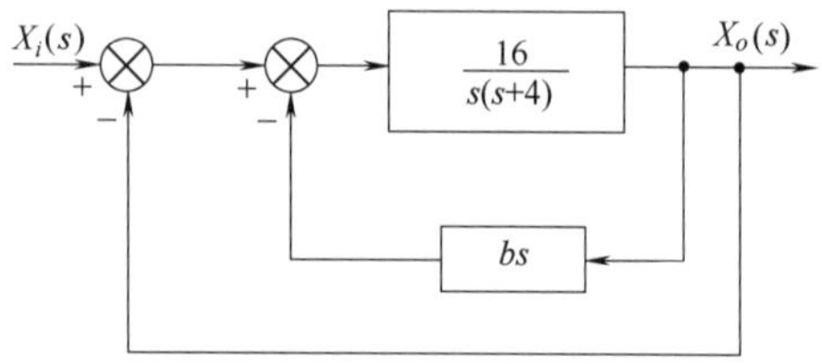

图 3-29

13. 某稳定系统的方框图如图 3-30 所示：

① 输入为 $x_i(t)=10t\times 1(t)$ 时，试求其稳态误差。

② 输入为 $x_i(t)=(4+6t+3t^2)\times 1(t)$ 时，试求其稳态误差。

14. 已知稳定系统单位阶跃响应的超调量 $M_p=16.3\%$，峰值时间 $t_p=1\mathrm{s}$，系统方框图如图 3-31 所示。

① 求系统的开环传递函数 $G(s)$；

② 求系统的闭环传递函数 $\phi(s)$；

③ 根据已知的性能指标 M_p、t_p，确定系统参数 K 及 τ；

④ 求输入信号为 $x_i(t)=1.5t$ (°)/s 时系统的稳态误差。

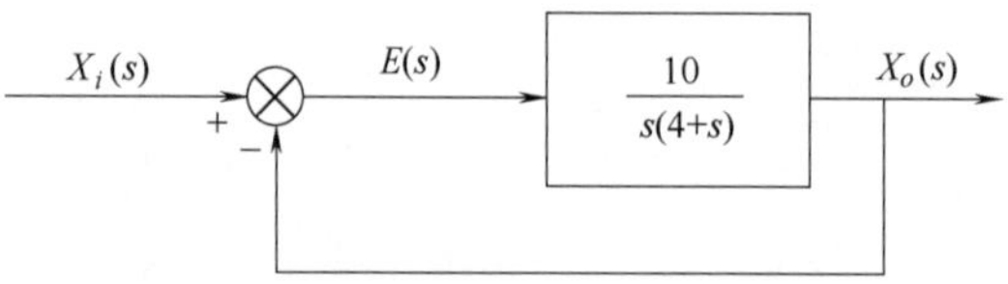

图 3-30

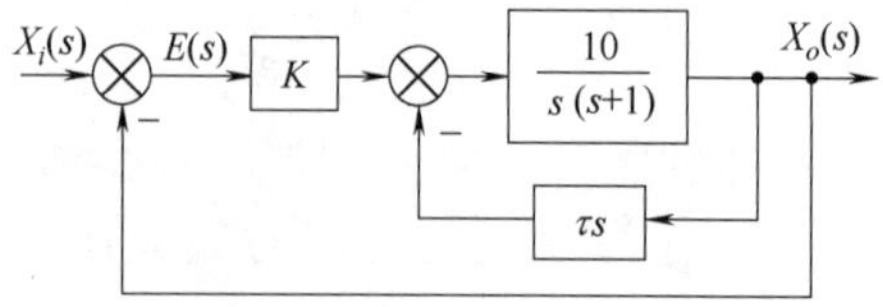

图 3-31

15. 某稳定系统如图 3-32 所示，当 $x_i(t)=t\times 1(t)$、$n(t)=0.5\times 1(t)$ 同时作用时，稳态误差为多少?

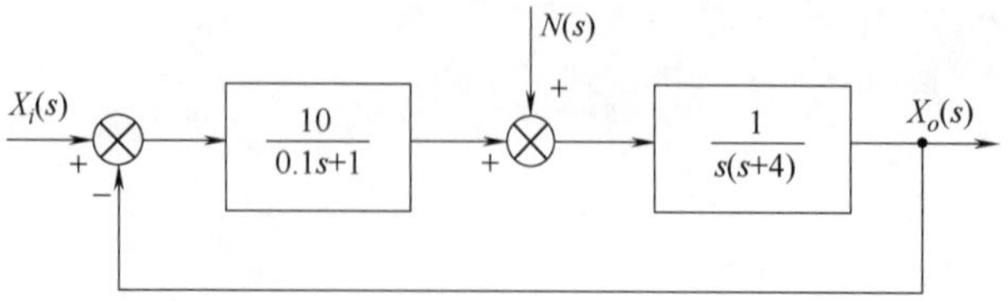

图 3-32

16. 稳定系统方框图如图 3-33 所示。试求局部反馈加入前、后系统的静态位置误差系数、静态速度误差系数和静态加速度误差系数。

17. 稳定系统方框图如图 3-34 所示。要使系统对 $x_i(t)$ 而言是Ⅱ型的，试确定参数 K_0 和 τ 的值。

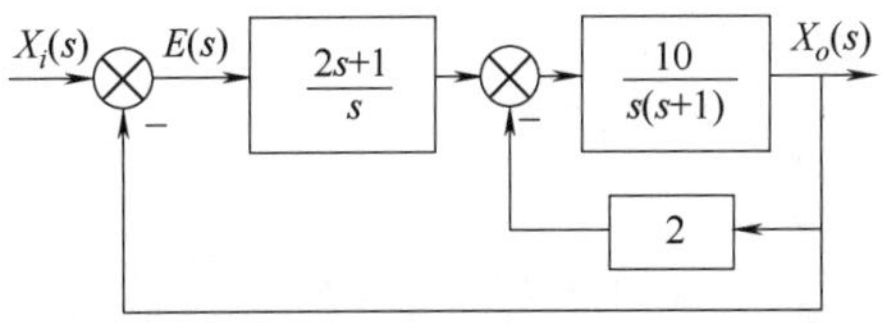

图 3-33

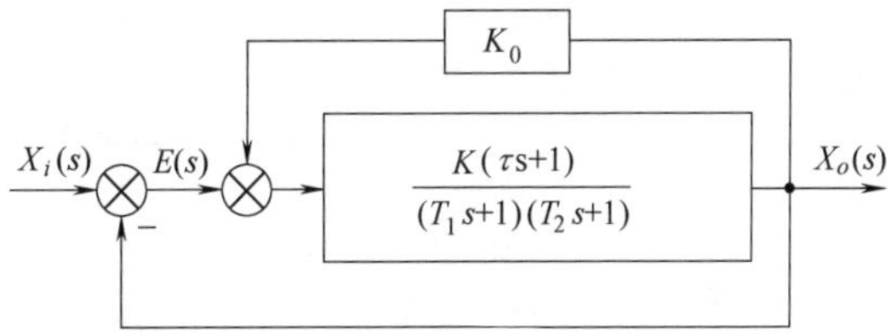

图 3-34

18. 宇航员机动控制系统方框图如图 3-35 所示。其中控制器可以用增益 K_2 来表示，宇航员及其装备的总转动惯量 $I=25\text{kg}\cdot\text{m}^2$。

① 当输入为斜坡信号 $x_i(t)=t\text{m}$ 时，试确定 K_3 的取值，使系统稳态误差 $e_{ss}=1\text{cm}$；

② 采用①中的 K_3 值，试确定 K_1、K_2 的取值，使系统超调量 M_p 限制在 10%以内。

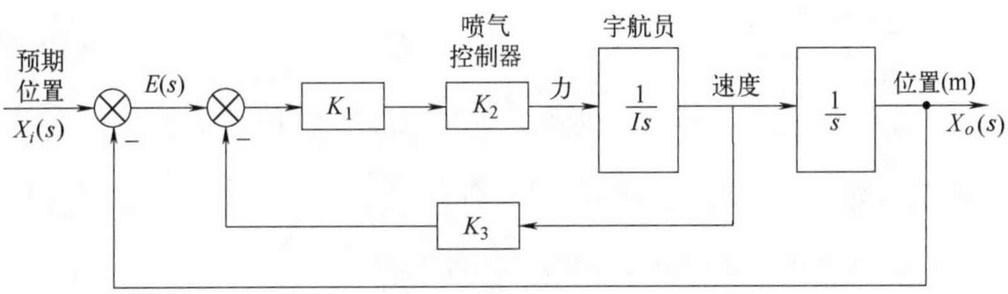

图 3-35

19. 设稳定的复合控制系统方框图如图 3-36 所示。确定 K_c，使系统在 $x_i(t)=t$ 作用下无稳态误差。

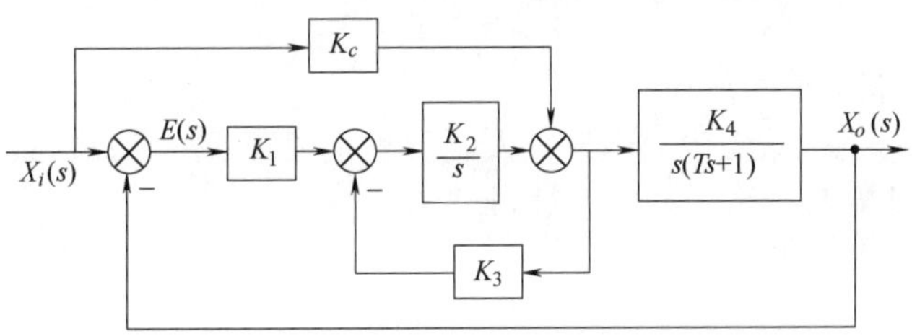

图 3-36

20. 图 3-37 所示稳定系统是一个具有内反馈回路的单位反馈控制系统。

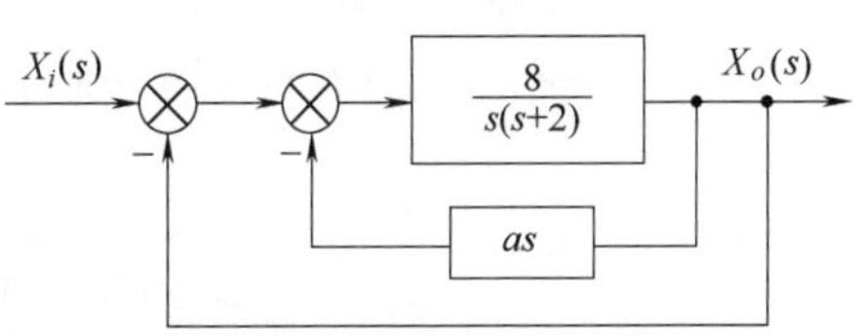

图 3-37

① 在没有微分反馈（$a=0$）时，求系统的阻尼系数及固有频率，并求由单位斜坡输入引起的稳态误差。

② 求使系统阻尼比增加到 0.707 时的微分反馈系数 a。求在此微分反馈系数的情况下，系统在单位斜坡输入时的稳态误差是多少？

③ 说明如何能使带有微分反馈的系统，在单位斜坡输入时的稳态误差减小到与①相同

的值，而阻尼比保持在 0.707。

21. 稳定控制系统如图 3-38 所示。控制信号 $X_i(s)$ 和干扰信号 $N(s)$ 均为单位斜坡输入，试计算 $K_d=0$ 时的稳态误差 e_{ss}，并选择适当的 K_d 使 $e_{ss}=0$。

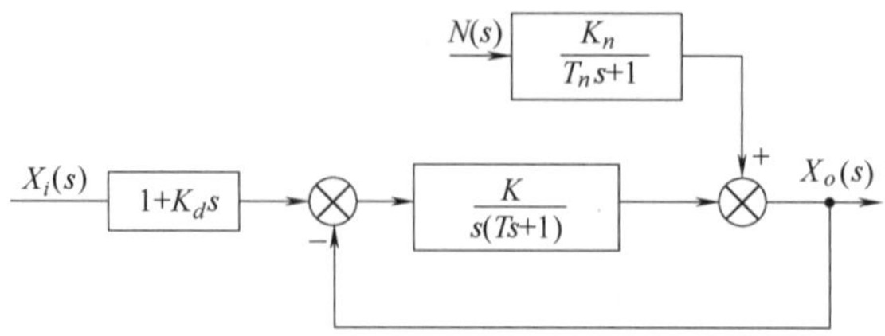

图 3-38

22. 已知控制系统的闭环传递函数 $G(s)=\dfrac{5}{s^2+3s+9}$，试用 MATLAB 画出该系统的单位脉冲响应、单位阶跃响应和单位斜坡响应曲线。

23. 已知一单位负反馈系统开环传递函数为 $G(s)=\dfrac{3}{s(s+2)}$，试用 MATLAB 计算单位阶跃输入时系统的峰值时间及超调量。

24. 已知一单位反馈稳定系统的开环传递函数为 $G(s)=\dfrac{10(2s+1)}{s^2+s+20}$，试用 MATLAB 计算系统的静态位置误差系数 K_p、速度误差系数 K_v 和加速度误差系数 K_a。

25. 已知一单位反馈稳定系统的开环传递函数为 $G(s)=\dfrac{10}{s(5s+1)}$，试用 MATLAB 求：

① 单位阶跃响应曲线及单位阶跃输入信号的稳态误差；

② 单位斜坡响应曲线及单位斜坡输入信号的稳态误差。

3-5 证明题

1. 已知稳定系统的闭环传递函数为：

$$\frac{X_o(s)}{X_i(s)}=\frac{a_{n-1}s+a_n}{s^n+a_1s^{n-1}+\cdots+a_{n-1}s+a_n}$$

试证明：系统对斜坡输入的稳态误差为零。

2. 在图 3-39 所示稳定系统中，假设输入是斜坡信号 $x_i(t)=at$（式中 a 为任意常数），试证明通过适当地调节 K_i 值，该系统对斜坡输入响应的稳态误差能达到零。

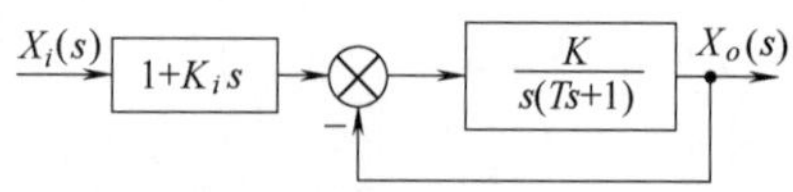

图 3-39

3. 如图 3-40（a）所示的稳定控制系统，证明系统对单位斜坡输入的稳态误差 $e_{ss}=2\xi/\omega_n$。如果单位斜坡输入量先通过一个比例加微分环节再送入系统，如图 3-40（b）所示，试证明适当选取 k 值后，系统跟踪斜坡输入量的稳态误差可以消除。

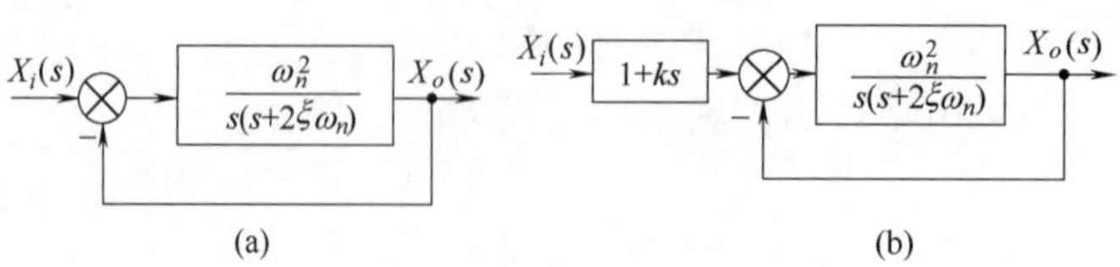

图 3-40

第 4 章　频率特性分析

频域分析法借助系统的频率特性分析系统的性能，不直接求解系统的微分方程，而是运用系统的开环频率特性间接分析闭环响应。频率特性反映了系统固有的动态性能，它也是系统的数学模型之一，与输入信号没有关系。

本章介绍频率特性的概念、频率特性的求法、频率特性的物理意义及数学本质、典型环节的频率特性的图示法（系统开环奈氏图及伯德图的绘制）、闭环频域性能指标等。

4-1　频率特性的概念

4-1-1　基本概念

(1) 频率响应

控制系统对正弦信号（或谐波信号）的稳态响应称为频率响应。系统的频率响应是与输入信号同频率的正弦信号，幅值、相位发生了变化。

例 4-1　机械系统如图 4-1 所示，k 为弹簧刚度系数，单位是 N/m；B 是阻尼系数，单位是 N·s/m。当输入正弦力 $f(t)=F\sin(\omega t)$ 时，求其位移 $x(t)$ 的稳态输出。式中，F 是力的振幅，单位是 N。

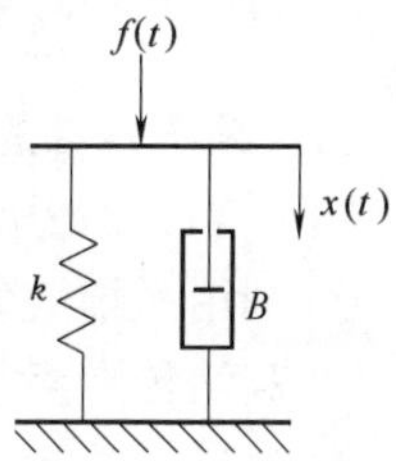

图 4-1　机械系统

解：该机械系统的传递函数为：

$$\frac{X(s)}{F(s)}=\frac{1}{Bs+k}=\frac{1/k}{\frac{B}{k}s+1}=\frac{1/k}{Ts+1}$$

输入信号的拉氏变换为 $F(s)=F\omega/(s^2+\omega^2)$，输出 $x(t)$ 的拉氏变换为：

$$X(s)=\frac{1/k}{Ts+1}\times\frac{F\omega}{s^2+\omega^2}=\frac{a}{Ts+1}+\frac{bs+c}{s^2+\omega^2}$$

式中，a、b、c 为待定系数。取拉氏反变换加以整理可得到位移输出 $x(t)$ 为：

$$x(t)=\frac{F/k}{\sqrt{1+\omega^2T^2}}\sin[\omega t-\arctan(\omega T)]+\frac{\omega TF/k}{1+\omega^2T^2}e^{-t/T}$$

稳态响应：

$$x(t)\big|_{t\to\infty}=\frac{1/k}{\sqrt{1+\omega^2T^2}}F\sin[\omega t-\arctan(\omega T)]=A(\omega)F\sin[\omega t+\varphi(\omega)]$$

式中，$A(\omega)$ 为幅值；$\varphi(\omega)$ 为相角。

(2) 频率特性

线性系统或环节在正弦函数作用下，稳态输出与输入之比对频率的关系特性称为频率特性，又称作正弦传递函数，用 $G(j\omega)$ 表示。

频率特性是个复数，可以分别用幅值和相角来表示。

$$G(j\omega)=\frac{x(t)}{f(t)}=\frac{X\mathrm{Im}e^{j\omega t}e^{j\varphi(\omega)}}{F\mathrm{Im}e^{j\omega t}}=A(\omega)e^{j\varphi(\omega)}$$

$G(j\omega)$ 的幅值 $A(\omega)$ 称为系统的幅频特性，$G(j\omega)$ 的相角 $\varphi(\omega)$ 称为系统的相频特性，$G(j\omega)$ 包含着输出和输入的幅值比和相位差，故又称为幅相频率特性。

例 4-2 当频率 $\omega_1=2\text{rad/s}$ 和 $\omega_2=20\text{rad/s}$ 时，试确定下列频率特性的幅值和相角：

① $G_1(j\omega)=\frac{10}{j\omega}$；

② $G_2(j\omega)=\frac{1}{j\omega(0.1j\omega+1)}$。

解： ① $A_1(\omega_1)=\frac{10}{\omega_1}=5$，$\varphi_1(\omega_1)=-90°$

$A_1(\omega_2)=\frac{10}{\omega_2}=0.5$，$\varphi_1(\omega_2)=-90°$

② $A_2(\omega_1)=\frac{1}{\omega_1\sqrt{(0.1\omega_1)^2+1}}=0.49$，$\varphi_2(\omega_1)=-90°-\arctan(0.1\omega_1)=-101.3°$

$A_2(\omega_2)=\frac{1}{\omega_1\sqrt{(0.1\omega_2)^2+1}}=0.022$，$\varphi_2(\omega_2)=-90°-\arctan(0.1\omega_2)=-153.4°$

4-1-2 频率特性的求取及表示方法

(1) 频率特性的求取方法

频率特性一般可通过如下三种方法得到：

① 利用系统微分方程或传递函数，求正弦输入信号的稳态输出；

② 利用传递函数求取（用纯虚数 $j\omega$ 代替复变量 s）；

③ 通过实验测得。

例 4-3 已知系统传递函数为 $G(s)=\frac{K}{Ts+1}$，求其频率特性。

解： 将传递函数中的复变量 s 用纯虚数 $j\omega$ 来代替，可得：

$$G(j\omega)=\frac{K}{Tj\omega+1}=|G(j\omega)|e^{\angle G(j\omega)}=A(\omega)e^{j\varphi(\omega)}$$

幅频特性为：

$$A(\omega)=\left|\frac{K}{jT\omega+1}\right|=\frac{K}{\sqrt{1+\omega^2T^2}}$$

相频特性为：

$$\varphi(\omega)=\angle\frac{K}{Tj\omega+1}=-\arctan(\omega T)$$

(2) 频率特性的表示方法

① **复数表示法** 频率特性是一个复变函数，如图 4-2 所示。

$$G(j\omega)=U(\omega)+jV(\omega)$$

$U(\omega)$ 是 $G(j\omega)$ 的实部，称实频特性；$V(\omega)$ 是虚部，称虚频特性。

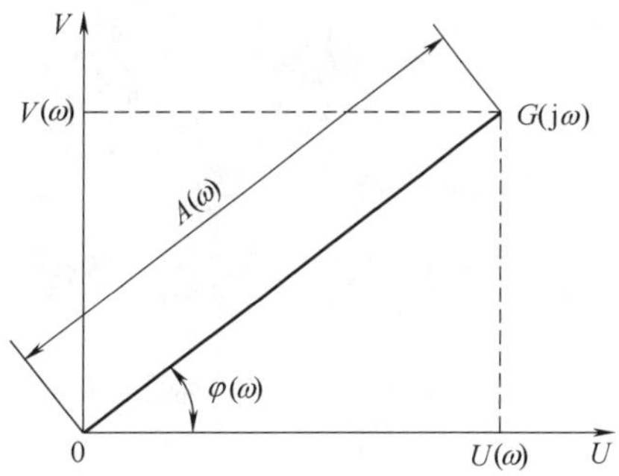

图 4-2 $G(j\omega)$ 的矢量图

② **指数表示法**

$$G(j\omega)=A(\omega)e^{j\varphi(\omega)}$$

由图 4-2 可得：

$$U(\omega)=A(\omega)\cos\varphi(\omega);V(\omega)=A(\omega)\sin\varphi(\omega)$$

幅频特性为：

$$A(\omega)=|G(j\omega)|=\sqrt{[U(\omega)]^2+[V(\omega)]^2}$$

相频特性为：

$$\varphi(\omega)=\angle G(j\omega)=\arctan\frac{V(\omega)}{U(\omega)}$$

例 4-4 求下列函数的幅频特性 $A(\omega)$、相频特性 $\varphi(\omega)$、实频特性 $U(\omega)$ 和虚频特性 $V(\omega)$：

① $G_1(j\omega)=\dfrac{5}{30j\omega+1}$；

② $G_2(j\omega)=\dfrac{1}{j\omega(0.1j\omega+1)}$。

解：① $G_1(j\omega)=\dfrac{5-150j\omega}{900\omega^2+1}$：

实频特性 $U_1(\omega)=\dfrac{5}{900\omega^2+1}$，虚频特性 $V_1(\omega)=\dfrac{-150\omega}{900\omega^2+1}$，

幅频特性 $A_1(\omega)=\dfrac{5}{\sqrt{900\omega^2+1}}$，相频特性 $\varphi_1(\omega)=-\arctan(30\omega)$。

② $G_2(j\omega)=\dfrac{-0.1\omega-j}{\omega(0.01\omega^2+1)}$：

实频特性 $U_2(\omega)=\dfrac{-0.1}{0.01\omega^2+1}$，虚频特性 $V_2(\omega)=\dfrac{-1}{\omega(0.01\omega^2+1)}$，

幅频特性 $A_2(\omega)=\dfrac{1}{\omega\sqrt{0.01\omega^2+1}}$，相频特性 $\varphi_2(\omega)=-90^\circ-\arctan(0.1\omega)$。

例 4-5 某系统传递函数为 $G(s)=\dfrac{7}{3s+2}$，当输入为 $\dfrac{1}{7}\sin\left(\dfrac{2}{3}t+45^\circ\right)$ 时，试求其稳态输出。

解：系统的频率特性为：

$$G(j\omega)=\frac{7}{3j\omega+2}$$

则幅频特性为 $A(\omega)=\dfrac{7}{\sqrt{9\omega^2+4}}$，相频特性为 $\varphi(\omega)=-\arctan\dfrac{3\omega}{2}$。

已知 $x_i(t)=\dfrac{1}{7}\sin\left(\dfrac{2}{3}t+45^\circ\right)$，$\omega=\dfrac{2}{3}\text{rad/s}$，则：

$$\frac{1}{7}A\left(\frac{2}{3}\right)=\frac{1}{7}\times\frac{7}{\sqrt{9\left(\frac{2}{3}\right)^2+4}}=\frac{\sqrt{2}}{4},\ \varphi\left(\frac{2}{3}\right)=-\arctan\left(\frac{3}{2}\times\frac{2}{3}\right)=-45^\circ$$

系统的稳态输出为：

$$x_o(t)=\frac{\sqrt{2}}{4}\sin\left(\frac{2}{3}t+45^\circ-45^\circ\right)=\frac{\sqrt{2}}{4}\sin\left(\frac{2}{3}t\right)$$

例 4-6 某系统的传递函数 $G(s)=\dfrac{5}{0.25s+1}$，当输入为 $5\cos(4t-30^\circ)$ 时，试求系统的稳态输出。

解：系统的频率特性为：

$$G(j\omega)=\frac{5}{0.25j\omega+1}$$

则幅频特性为 $A(\omega)=\dfrac{5}{\sqrt{(0.25\omega)^2+1}}$，相频特性为 $\varphi(\omega)=-\arctan(0.25\omega)$。

又有 $x_i(t)=5\cos(4t-30^\circ)$，$\omega=4\text{rad/s}$，则：

$$5A(4)=5\frac{5}{\sqrt{(0.25\times4)^2+1}}=\frac{25}{2}\sqrt{2},\ \varphi(4)=-\arctan(0.25\times4)=-45^\circ$$

系统的稳态输出为：

$$x_o(t)=\frac{25\sqrt{2}}{2}\cos(4t-30^\circ-45^\circ)=\frac{25\sqrt{2}}{2}\cos(4t-75^\circ)$$

例 4-7 已知如图 4-3 所示的电路，如输入端作用电压为 $u_i=U_i\sin(\omega t)$，试求通过电阻的稳态电流 $i(t)$。

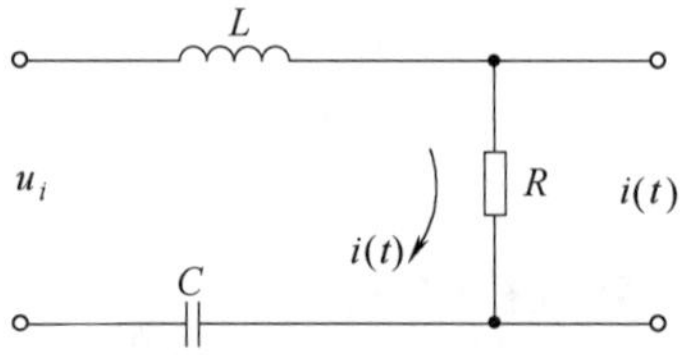

图 4-3 例 4-7 图

解：求得系统的闭环传递函数为：

$$\frac{I(s)}{U_i(s)}=\frac{Cs}{LCs^2+RCs+1}$$

则系统的频率特性为：

$$\frac{I(j\omega)}{U_i(j\omega)}=\frac{Cj\omega}{1-LC\omega^2+RCj\omega}$$

幅频特性为：

$$A(\omega)=\frac{C\omega}{\sqrt{(1-LC\omega^2)^2+(RC\omega)^2}}$$

相频特性为：

$$\varphi(\omega)=\begin{cases}\dfrac{\pi}{2}+\arctan\dfrac{-RC\omega}{1-LC\omega^2}, & 1-LC\omega^2>0\\ \dfrac{\pi}{2}+(-\pi)+\arctan\dfrac{-RC\omega}{1-LC\omega^2}, & 1-LC\omega^2<0\end{cases}$$

系统的稳态输出为：

$$i(t)\big|_{t\to\infty}=\frac{C\omega U_i}{\sqrt{(1-LC\omega^2)^2+(RC\omega)^2}}\left[\sin(\omega t)+\frac{\pi}{2}+\arctan\frac{-RC\omega}{1-LC\omega^2}\right],1-LC\omega^2>0$$

$$i(t)\big|_{t\to\infty}=\frac{C\omega U_i}{\sqrt{(1-LC\omega^2)^2+(RC\omega)^2}}\left[\sin(\omega t)+\frac{\pi}{2}+(-\pi)+\arctan\frac{-RC\omega}{1-LC\omega^2}\right],1-LC\omega^2<0$$

例 4-8 系统方框图如图 4-4 所示。当系统的输入 $x_i(t)=2\sin t$ 时，测得系统的输出 $x_o(t)=4\sin(t-45^\circ)$，试确定该系统的参数 ξ、ω_n。

解：系统的闭环传递函数为：

$$G(s)=\frac{\omega_n^2}{s^2+2\xi\omega_n s+\omega_n^2}$$

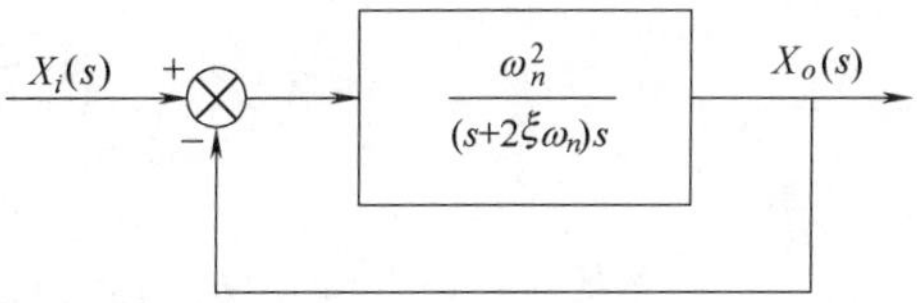

图 4-4　例 4-8 图

系统的频率特性为：

$$G(\mathrm{j}\omega)=\frac{\omega_n^2}{\omega_n^2-\omega^2+\mathrm{j}2\xi\omega_n\omega}$$

其中，系统的幅频特性为：

$$A(\omega)=\frac{\omega_n^2}{\sqrt{(\omega_n^2-\omega^2)^2+(2\xi\omega_n\omega)^2}}$$

相频特性为：

$$\varphi(\omega)=-\arctan\frac{2\xi\omega\omega_n}{\omega_n^2-\omega^2}$$

$$G(s)=\frac{\omega_n^2}{(s+2\xi\omega_n)s}$$

已知输入 $x_i(t)=2\sin t$，输出为 $x_o(t)=4\sin(t-45°)$，则有：

$$\varphi(1)=-\arctan\frac{2\xi\omega_n}{\omega_n^2-1}=-45°$$

$$A(1)=\frac{\omega_n^2}{\sqrt{(\omega_n^2-1^2)^2+(2\xi\omega_n)^2}}=\frac{4}{2}=2$$

则有：

$$\omega_n=1.24\mathrm{rad/s},\ \xi=0.22$$

③ **图示法**　频率特性常用的几何表示方法（图示法）有奈奎斯特（Nyquist）图、伯德（Bode）图等。

4-1-3　频率特性的物理意义和数学本质

(1) $G(\mathrm{j}\omega)$ 的物理意义

① 频率特性表示了系统对不同频率的正弦信号的“复观能力”或“跟踪能力”。

② 系统含有储能元件，频率特性随频率而变化。

③ 频率特性反映系统本身的特点，取决于系统结构本身，与外界因素无关。

(2) $G(\mathrm{j}\omega)$ 的数学本质

$G(\mathrm{j}\omega)$ 是表达系统运动关系的数学模型。系统不同形式数学模型之间的关系如图 4-5 所示。

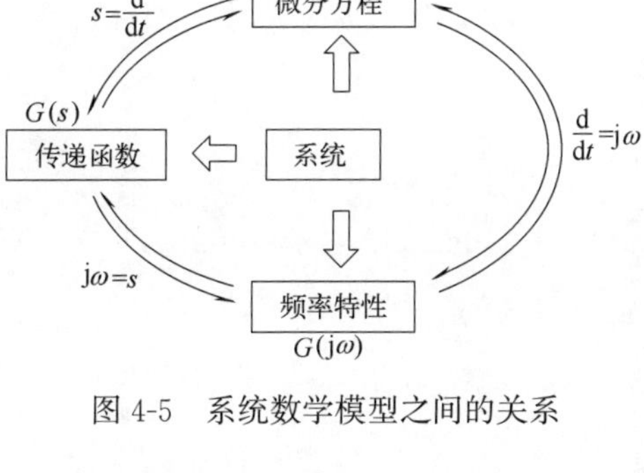

图 4-5　系统数学模型之间的关系

4-2 频率特性的图示法

4-2-1 幅相频率特性曲线（Nyquist 图）

当频率 ω 在 $0\sim+\infty$变化时，$G(\mathrm{j}\omega)$ 终端在复平面上移动描绘的轨迹，称为极坐标图或奈奎斯特（Nyquist）图，简称奈氏图。

(1) 典型环节的幅相频率特性曲线

① **比例环节** 奈氏图为实轴上的一个点。

② **一阶惯性环节** 奈氏图是个半圆，圆心在实轴上的 0.5 处，半径等于 0.5。

③ **微分环节** 奈氏图是一根沿虚轴正段变化的直线。

④ **积分环节** 奈氏图是一根沿虚轴负段变化的直线。

⑤ **二阶振荡环节** 奈氏图从第Ⅳ象限开始，随 ω 增大，沿顺时针方向旋转，穿过虚轴，在第Ⅲ象限内终止于坐标原点。

⑥ **一阶复合微分环节** 奈氏图在Ⅰ象限是和虚轴平行的直线。

⑦ **二阶复合微分环节** 奈氏图从第Ⅰ象限开始，随 ω 增大，沿逆时针方向旋转，穿过虚轴，在第Ⅱ象限内无限趋近于负实轴无穷远。

⑧ **延时环节** 奈氏图是一个单位圆。

(2) 幅相频率特性曲线的绘制步骤

① 令 $s=\mathrm{j}\omega$，将传递函数写成频率特性的形式；

② 写出系统的幅频特性 $A(\omega)$、相频特性 $\varphi(\omega)$，或实频特性 $U(\omega)$、虚频特性 $V(\omega)$；

③ 在 $0\leqslant\omega\leqslant+\infty$范围内，描点分别求出 $A(\omega)$、$\varphi(\omega)$ 或 $U(\omega)$、$V(\omega)$；

④ 将③中求出的各点标出并连线，标出 ω 增大的方向。

(3) 控制系统的开环幅相频率特性曲线的绘制

对于一般线性定常系统，其频率特性为：

$$
\begin{aligned}
G(\mathrm{j}\omega)&=\frac{b_0(\mathrm{j}\omega)^m+b_1(\mathrm{j}\omega)^{m-1}+\cdots+b_{m-1}\mathrm{j}\omega+b_m}{a_0(\mathrm{j}\omega)^n+a_1(\mathrm{j}\omega)^{n-1}+\cdots+a_{n-1}\mathrm{j}\omega+a_n}\quad(m<n)\\
&=\frac{K(\mathrm{j}\omega\tau_1+1)(\mathrm{j}\omega\tau_2+1)\cdots}{(\mathrm{j}\omega)^\lambda(\mathrm{j}\omega T_1+1)(\mathrm{j}\omega T_2+1)\cdots}
\end{aligned}
$$

开环幅频特性为：

$$
A(\omega)=\frac{K\sqrt{1+(\omega\tau_1)^2}\sqrt{1+(\omega\tau_2)^2}\cdots}{\omega^\lambda\sqrt{1+(\omega T_1)^2}\sqrt{1+(\omega T_2)^2}\cdots}
$$

开环相频特性为：

$$
\begin{aligned}
\varphi(\omega)=&\lambda\left(-\frac{\pi}{2}\right)+[\arctan(\omega\tau_1)+\arctan(\omega\tau_2)+\cdots]\\
&-[\arctan(\omega T_1)+\arctan(\omega T_2)+\cdots]
\end{aligned}
$$

起点（即低频段）：

$$
\omega\to0,\ G(\mathrm{j}\omega)=\frac{K}{\omega^\lambda}\angle\lambda\left(-\frac{\pi}{2}\right)
$$

$\lambda=0$，奈氏图起始于实轴上；$\lambda=1$，奈氏图起始段平行于虚轴负半轴；$\lambda=2$，奈氏图起始段平行于实轴负半轴；$\lambda=3$，奈氏图起始段平行于虚轴正半轴，如图 4-6（a）所示。

终点（即高频段）：

$$\omega\to\infty,\ G(j\omega)\approx\frac{K\tau_1\tau_2\cdots}{T_1T_2\cdots\omega^{n-m}}\angle(n-m)\left(-\frac{\pi}{2}\right)$$

$$n>m,\ |G(j\omega)|=0\angle(n-m)\left(-\frac{\pi}{2}\right)$$

奈氏图在相角为（$n-m$）$\left(-\frac{\pi}{2}\right)$处（$n>m$）终止于原点，在相角为 0°处（$n=m$）终止于原点，如图 4-6（b）所示。

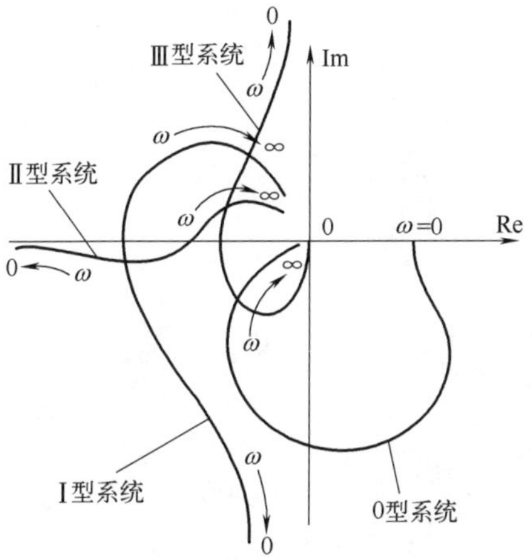

(a) 奈氏图的起点

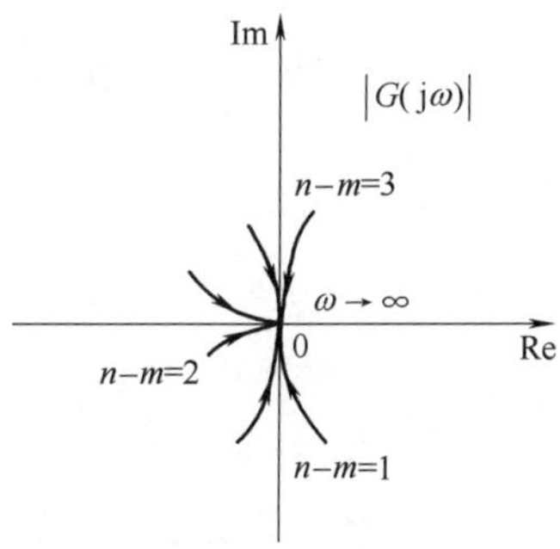

(b) 奈氏图的终点

图 4-6　开环奈氏图的起点与终点

和负实轴的交点：该点相频特性 $\varphi(\omega)=-180°$，求得 ω，然后得到该点的幅频特性 $A(\omega)$，即交点坐标；或者令该点的虚频特性 $V(\omega)=0$，得到 ω，然后得到对应的实频特性 $U(\omega)$，即和负实轴的交点坐标。

和虚轴的交点：该点的相频特性 $\varphi(\omega)=-90°$（或$-270°$），求得 ω，然后得到该点的幅频特性 $A(\omega)$；或者令该点的实频特性 $U(\omega)=0$，得到 ω，然后得到该点虚频特性 $V(\omega)$，即和虚轴的交点坐标。

例 4-9　已知系统的开环传递函数，试概略绘制下列系统的开环奈氏图：

① $G_k(s)=\dfrac{1}{(s+1)(2s+1)}$；

② $G_k(s)=\dfrac{1}{s(s+1)(2s+1)}$。

解： ① 系统由 2 个惯性环节串联组成，惯性环节的相频特性（ω 为 $0\to+\infty$）变化为 $0°\to-90°$。奈氏图起点：$A(0)=1$，$\varphi(0)=0$；奈氏图终点：$A(\infty)=0$，$\varphi(\infty)=2\times(-90°)$。

系统开环频率特性为：

$$G(j\omega)=\frac{1}{(j\omega+1)(2j\omega+1)}=\frac{1-2\omega^2-3j\omega}{(\omega^2+1)(4\omega^2+1)}$$

系统的实频特性为：

$$U(\omega)=\frac{1-2\omega^2}{(\omega^2+1)(4\omega^2+1)}$$

系统的虚频特性为：

$$V(\omega)=\frac{-3\omega}{(\omega^2+1)(4\omega^2+1)}\mathrm{j}$$

和虚轴的交点 $U(\omega)=\frac{1-2\omega^2}{(\omega^2+1)(4\omega^2+1)}=0$，得到 $\omega=\frac{\sqrt{2}}{2}\mathrm{rad/s}$，代入得到 $V(\omega)=\frac{-\sqrt{2}}{3}\mathrm{j}$。绘制系统开环奈氏图起于（1，0）点，过第Ⅳ象限顺时针穿过$\left(0,\ -\frac{\sqrt{2}}{3}\mathrm{j}\right)$点，经第Ⅲ象限在 $2\times(-90°)$ 终止于原点（0，0），如图 4-7（a）所示。

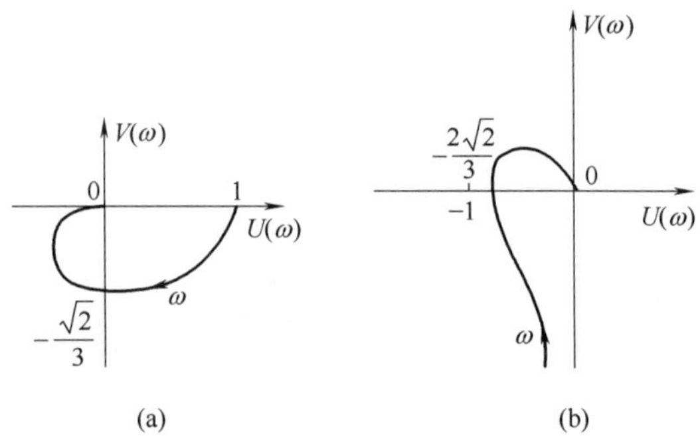

图 4-7 例 4-9 图

② 系统由 1 个积分环节和 2 个惯性环节串联组成，系统的相频特性（ω 为 0→+∞）变化为−90°→−270°。奈氏图起点：$A(0)=-\infty$，$\varphi(0)=-90°$；奈氏图终点：$A(\infty)=0$，$\varphi(\infty)=3\times(-90°)$。

系统开环频率特性为：

$$G(\mathrm{j}\omega)=\frac{1}{\mathrm{j}\omega(\mathrm{j}\omega+1)(2\mathrm{j}\omega+1)}=-\frac{3+(1-2\omega^2)\mathrm{j}}{\omega(\omega^2+1)(4\omega^2+1)}$$

系统的实频特性为：

$$U(\omega)=-\frac{3}{\omega(\omega^2+1)(4\omega^2+1)}$$

系统的虚频特性为：

$$V(\omega)=\frac{-(1-2\omega^2)}{\omega(\omega^2+1)(4\omega^2+1)}\mathrm{j}$$

和实轴的交点 $V(\omega)=\frac{-(1-2\omega^2)}{\omega(\omega^2+1)(4\omega^2+1)}=0$，得到 $\omega=\frac{\sqrt{2}}{2}\mathrm{rad/s}$，代入得到 $U(\omega)=\frac{-2\sqrt{2}}{3}$；绘制系统开环奈氏图起始于虚轴负半轴，经第Ⅲ象限顺时针越过点$\left(-\frac{2\sqrt{2}}{3},\ 0\mathrm{j}\right)$，穿过第Ⅱ象限在 $3\times(-90°)$ 终止于原点（0，0），如图 4-7（b）所示。

4-2-2 对数幅频、相频特性曲线（伯德图）

伯德（Bode）图的横坐标与纵坐标如图 4-8 所示。

(1) 典型环节的对数幅频、相频特性曲线（伯德图）

① **比例环节** 对数幅频特性曲线是一条 $20\lg K$（dB）的水平线；对数相频特性曲线是 0°线。

② **一阶惯性环节**（渐近线） 对数幅频特性曲线低频段渐近线是 0dB 线，高频段渐近线

是斜率为 -20dB/dec 的直线（在图中可表示为 [-20]），转折频率（或转角频率）为 $\omega=1/T$；对数相频特性曲线在 $0°\sim-90°$之间，转折频率（或转角频率）处 $\varphi(\omega)=-45°$。

③ **微分环节**　对数幅频特性曲线是一条过点（1，0）的斜率为 20dB/dec 的直线；对数相频特性曲线是一条相角为 90°的直线。

④ **积分环节**　对数幅频特性曲线是一条过点（1，0）的斜率为 -20dB/dec 的直线；对数相频特性曲线是一条相角为 $-90°$的直线。

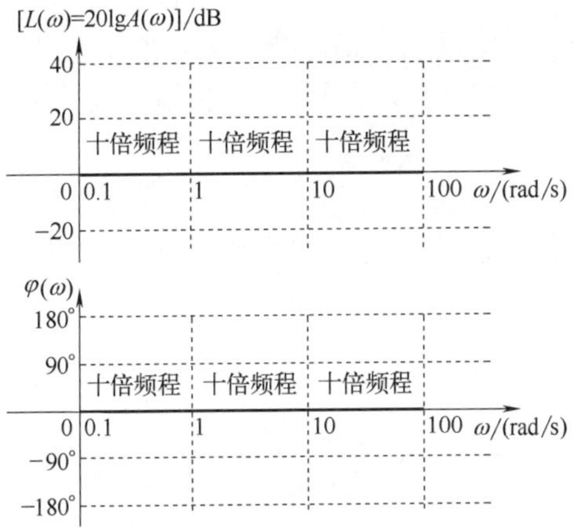

图 4-8　伯德图的横坐标、纵坐标

⑤ **二阶振荡环节**（渐近线）　对数幅频特性曲线低频渐近线是 0dB 线，高频段渐近线是斜率为 -40dB/dec 的直线，转折（转角）频率为 $\omega=1/T=\omega_n$；对数相频特性曲线在 $0°\sim-180°$之间，转折频率（或转角频率）处 $\varphi(\omega)=-90°$。

⑥ **一阶复合微分环节**（渐近线）　对数幅频特性曲线低频段渐近线是 0dB 线，高频段渐近线是斜率为 $+20$dB/dec 的直线，转折频率（或转角频率）为 $\omega=1/\tau$；对数相频特性曲线在 $0°\sim+90°$之间，转折频率（或转角频率）处 $\varphi(\omega)=+45°$。

⑦ **二阶复合微分环节**（渐近线）　对数幅频特性曲线低频段渐近线是 0dB 线，高频段渐近线是斜率为 $+40$dB/dec 的直线，转折（转角）频率为 $\omega=1/\tau=\omega_n$；对数相频特性曲线在 $0°\sim+180°$之间，转折频率（或转角频率）处 $\varphi(\omega)=+90°$。

⑧ **延时环节**　对数幅频特性曲线是一条 0dB 线；对数相频特性曲线 $\varphi(\mathrm{j}\omega)=-\omega\tau$。

总结：

① 积分环节和微分环节的传递函数互为倒数，其对数幅频特性曲线、对数相频特性曲线分别是以 0dB 线、0°线为对称轴的镜像对称的形式。

② 一阶惯性环节和一阶复合微分环节的传递函数互为倒数，其对数幅频特性曲线、对数相频特性曲线分别是以 0dB 线、0°线为对称轴的镜像对称的形式。

③ 二阶复合微分环节与二阶振荡环节的传递函数互为倒数，其对数幅频特性曲线、相频特性曲线分别是以 0dB 线、0°线为对称轴的镜像对称的形式。

(2) 绘制开环对数频率特性曲线的一般步骤

多个环节串联时，对数幅频特性 $L(\omega)$ 等于各个环节对数幅频特性的代数和；对数相频特性 $\varphi(\omega)$ 等于各个环节对数相频特性的代数和。

由此得到绘制开环对数频率特性曲线的一般步骤如下。

① 把传递函数中各环节化成典型环节标准形式，即“尾 1”标准型；

$$G(s)H(s)=\frac{K\prod_{i=1}^{m}(\tau_i s+1)}{s^{\gamma}\prod_{i=1}^{n-\gamma}(T_i s+1)}$$

② 将传递函数化为各个环节频率特性的形式；

③ 找出各环节的转折频率，以便确定它们的渐近线；

④ 作出各环节的对数幅频特性曲线；

⑤ 将各环节的对数幅频特性曲线叠加；

⑥ 作各环节的对数相频特性曲线并叠加。

例 4-10　绘制传递函数为 $G(s)=\dfrac{400(s+1)}{s(s+10)(s^2+2s+4)}$ 的伯德图。

解：① 首先化成典型环节标准形式（尾 1 标准型），即：

$$G(s)=\frac{10(s+1)}{s(0.1s+1)\left(\frac{s^2}{4}+\frac{1}{2}s+1\right)}$$

② 化成频率特性：

$$G(\mathrm{j}\omega)=\frac{10(\mathrm{j}\omega+1)}{\mathrm{j}\omega(0.1\mathrm{j}\omega+1)\left[\left(\frac{\mathrm{j}\omega}{4}\right)^2+\mathrm{j}\frac{\omega}{2}+1\right]}$$

③ 找出各环节的转折频率：

一阶惯性环节：转折频率 $\omega_3=10\mathrm{rad/s}$；

一阶复合微分环节：转折频率 $\omega_4=1\mathrm{rad/s}$；

二阶振荡环节：转折频率 $\omega_5=2\mathrm{rad/s}$，阻尼比 $\xi=0.5$。

④ 绘制各环节的对数幅频特性渐近线：比例环节对数幅频特性 $L_1(\omega)=20\lg K=20\mathrm{dB}$，如图 4-9（a）所示；积分环节对数幅频特性 $L_2(\omega)=-20\lg\omega$，如图 4-9（b）所示；一阶惯

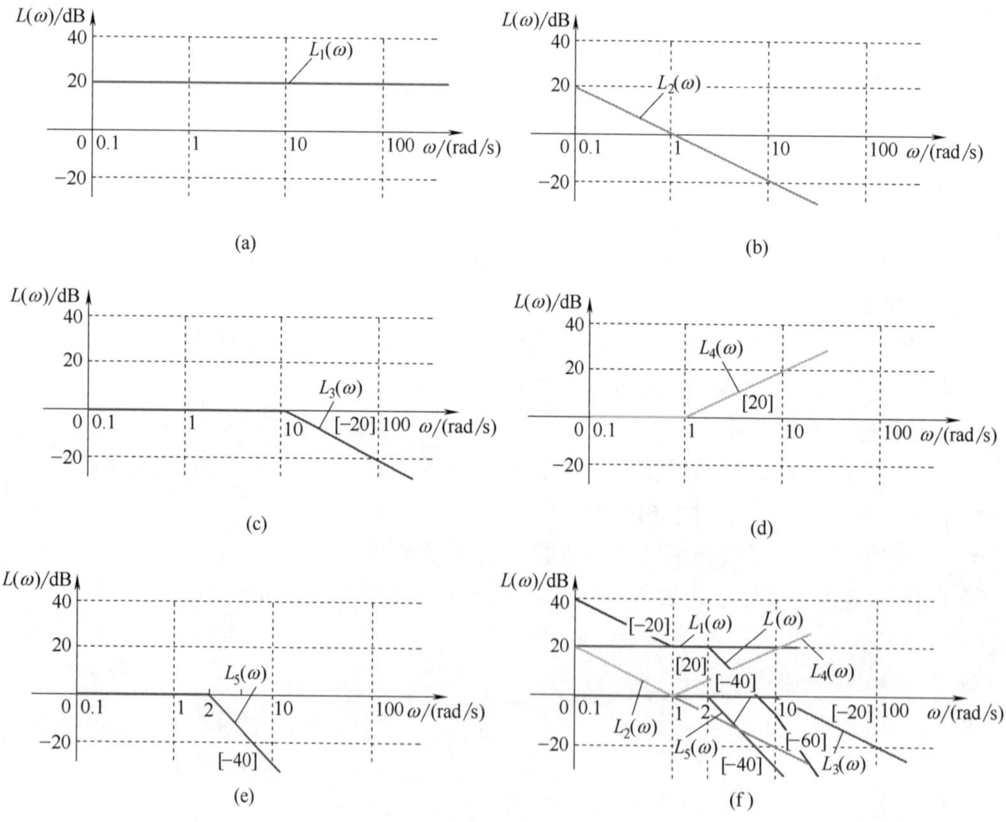

图 4-9　例 4-10 对数幅频特性图

性环节对数幅频特性 $L_3(\omega)$，如图 4-9（c）所示；一阶复合微分环节对数幅频特性 $L_4(\omega)$，如图 4-9（d）所示；二阶振荡环节对数幅频特性 $L_5(\omega)$，如图 4-9（e）所示。

⑤ 将各环节的对数幅频特性渐近线叠加，如图 4-9（f）所示。

⑥ 作各环节的对数相频特性曲线并叠加，得到系统的对数幅频、对数相频（幅相频率）特性曲线如图 4-10 所示。

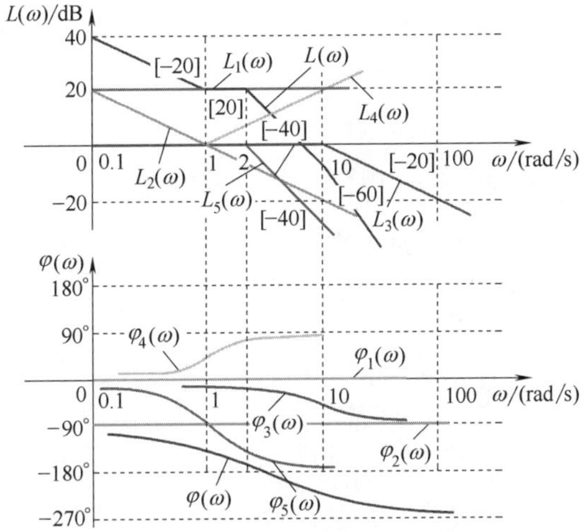

图 4-10　例 4-10 对数幅相频率特性曲线

(3) 最小相位系统

最小相位传递函数　在复平面［s］右半面上没有零点（使传递函数的分子为零的 s 值）和极点的传递函数。

非最小相位传递函数　在复平面［s］右半面上至少有一个极点或零点的传递函数。

最小相位系统　具有最小相位传递函数的系统。

非最小相位系统　具有非最小相位传递函数的系统。

例 4-11　已知最小相位系统的对数幅频特性曲线如图 4-11，确定系统的传递函数。

解：系统传递函数为：

$$G(s)=\frac{K\left(\dfrac{s}{\omega_1}+1\right)}{s^2\left(\dfrac{s}{\omega_2}+1\right)}=\frac{K}{s^2}\times\frac{\dfrac{s}{\omega_1}+1}{\dfrac{s}{\omega_2}+1}$$

低频段：$20\lg\dfrac{K}{\omega^2}=0\text{dB}$，$\omega=10\text{rad/s}$，

则 $K=100$。

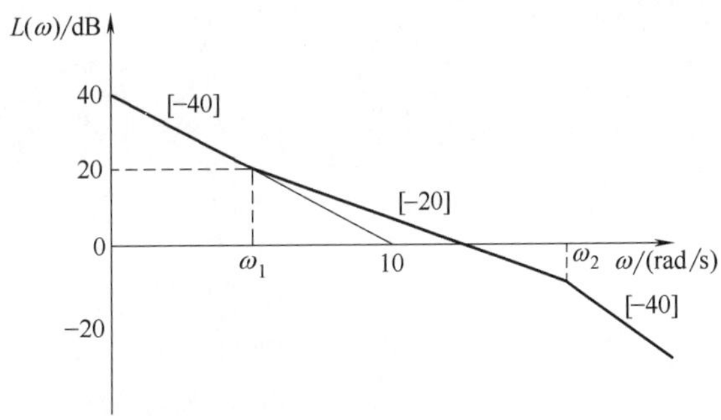

图 4-11　例 4-11 图

∴系统的传递函数为：

$$G(s)=\frac{100\left(\dfrac{s}{\omega_1}+1\right)}{s^2\left(\dfrac{s}{\omega_2}+1\right)}$$

例 4-12　最小相位系统的对数幅频特性曲线如图 4-12，写出系统的传递函数。

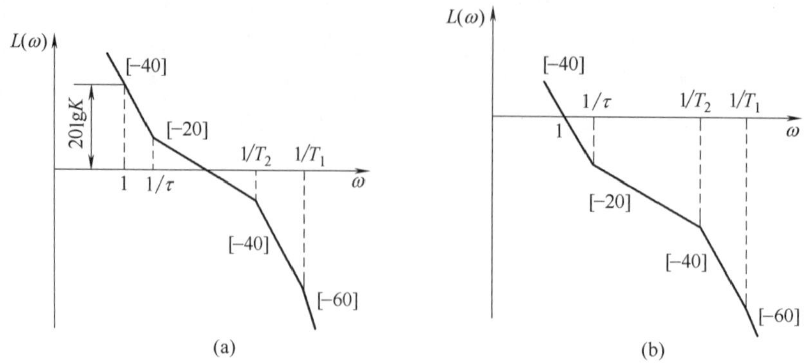

图 4-12　例 4-12 图

解： 图 4-12（a）所示系统的传递函数为：

$$G(s)=\frac{K(\tau s+1)}{s^2(T_1s+1)(T_2s+1)}$$

图 4-12（b）所示系统传递函数为：

$$G(s)=\frac{\tau s+1}{s^2(T_1s+1)(T_2s+1)}$$

4-3　频域性能指标及其与时域性能指标间的关系

图 4-13 为反馈控制系统的典型闭环幅频特性曲线 $M(\omega)$。

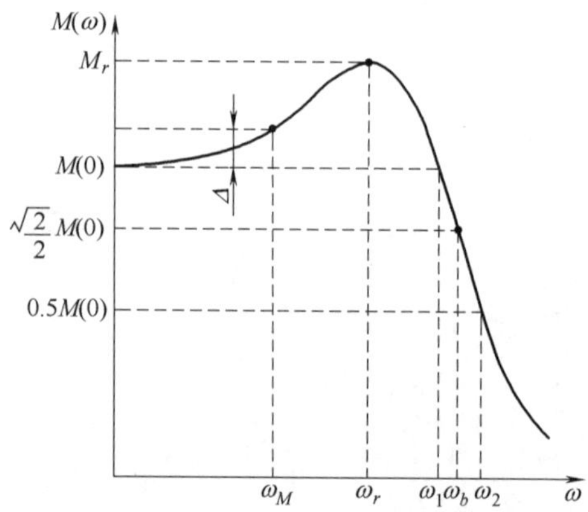

图 4-13　典型闭环幅频特性曲线

(1) 零频幅值

零频幅值 $M(0)$ 指频率接近于零时，系统输出的幅值与输入幅值之比。$M(0)$ 对应时域性能指标中的稳态误差 e_{ss}，$M(0)\to 1$，则 $e_{ss}\to 0$。

(2) 复现带宽频率

若 Δ 作为低频输入信号的允许误差，$M(\omega_M)-M(0)$ 第一次达到 Δ 时的频率值 ω_M 称为复现带宽频率。若允许误差 Δ 越小，说明低频输入信号的精度越高。

$0\sim\omega_M$ 频率范围为复现带宽。

(3) 谐振频率及谐振峰值

谐振峰值 $M_r=\dfrac{1}{2\xi\sqrt{1-\xi^2}}$，对应二阶系统的最大超调量，反映瞬态响应的相对稳定性。

谐振频率 $\omega_r=\omega_n\sqrt{1-2\xi^2}$，反映系统响应的快速性。

例 4-13　已知系统的方框图如图 4-14 所示。试确定系统的谐振峰值 M_r、谐振频率 ω_r。

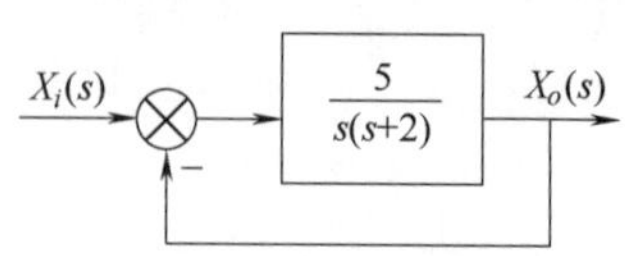

图 4-14　例 4-13 图

解： 系统的闭环频率特性为：

$$\frac{X_o(j\omega)}{X_i(j\omega)}=\frac{5}{(j\omega)^2+2j\omega+5}$$

已知 $\omega_n=\sqrt{5}$，$\xi=\frac{2}{2\omega_n}=\frac{\sqrt{5}}{5}$，因此：

$$M_r=\frac{1}{2\xi\sqrt{1-\xi^2}}=\frac{1}{\frac{2}{\sqrt{5}}\sqrt{1-\frac{1}{5}}}=1.25$$

$$\omega_r=\omega_n\sqrt{1-2\xi^2}=\sqrt{5}\times\sqrt{1-\frac{2}{5}}=1.732\text{rad/s}$$

例 4-14　已知某二阶反馈控制系统的最大超调量为 25%，试求系统的阻尼比和谐振峰值。

解：已知 $M_p=e^{-\frac{\xi\pi}{\sqrt{1-\xi^2}}}=0.25$，得 $\xi=0.4$。则：

$$M_r=\frac{1}{2\xi\sqrt{1-\xi^2}}=\frac{1}{2\times0.4\sqrt{1-0.4^2}}=1.36$$

(4) 截止频率和带宽

系统闭环频率特性的幅值由 $M(0)$ 下降到 $0.707M(0)$，也就是下降到 $M(0)/\sqrt{2}$ 时的频率称截止频率，用 ω_b 表示。

带宽为 $0\sim\omega_b$。

带宽表征控制系统的响应速度：截止频率 ω_b 越大，控制系统的频带宽度（带宽）越大，系统响应的快速性越好。

带宽表征系统对高频噪声的滤波特性：频带越宽，高频噪声信号的抑制能力越差。

本章小结

(1) 基本要求

① 了解系统频域分析法分析系统性能的方法、频率响应的概念。

② 理解系统频率特性的基本概念、系统幅相频率特性与输入信号的关系、频率特性求取方法，明确频率特性与传递函数的关系，理解频率特性的物理意义和数学本质、闭环频域性能指标与时域性能指标间的关系。

③ 掌握典型环节的频率特性的图示法，即系统开环奈氏图及伯德图的绘制。

(2) 本章要点

① 控制系统频率特性的基本概念。

② 幅相频率特性图（奈氏图）和对数频率特性图（伯德图）的表达。

练 习 题

4-1 选择题

1. 从线性系统的频率特性来看，下列说法正确的是（　　）

A 相对于输入信号而言，输出信号的幅值和相位都没有变化

B 相对于输入信号而言，输出信号的幅值增大、相位滞后

C 相对于输入信号而言，输出信号的幅值和相位都有变化，变化规律取决于系统的结构和参数

D 相对于输入信号而言，输出信号的幅值改变，但相位不变

2. 系统的传递函数为 $G(s)=\dfrac{2}{s+2}$，当输入 $x_i(t)=2\sin(2t)$ 时，其稳态输出的幅值为（　　）

A $\sqrt{2}$　　B $\dfrac{\sqrt{2}}{2}$　　C 2　　D 4

3. 某系统传递函数为 $G(s)=\dfrac{k}{s+\tau}$，则转角频率为（　　）

A $\dfrac{1}{\tau}$　　B τ　　C $\dfrac{k}{\tau}$　　D $k\tau$

4. 系统的正弦响应是指（　　）

A 不论输入为何种信号，输出都为正弦时的情况

B 对系统输入一系列不同频率正弦信号时，输出的响应变化情况

C 对系统输入一个固定频率的正弦信号时，输出的响应变化情况

D 对系统输入一系列幅值不同的正弦信号时，输出的响应变化情况

5. 二阶振荡环节 $G(s)=\dfrac{\omega_n^2}{s^2+2\xi\omega_n s+\omega_n^2}$ 的幅频特性为（　　）

A ξ 越大，谐振峰越高　　B ω_n 越大，谐振峰越高

C ω_n 越小，谐振峰越高　　D ξ 越小，谐振峰越高

6. 系统的频率特性为 $G(\mathrm{j}\omega)=\dfrac{1}{\mathrm{j}\omega(0.1\mathrm{j}\omega+1)}$，当 $\omega=20\mathrm{rad/s}$ 时，其幅值和相角分别为（　　）

A 0.022，$-63.43°$　　B 0.447，$-153.43°$

C 0.022，$-153.43°$　　D 0.447，$-63.43°$

7. 幅相频率特性曲线与负实轴交点的频率，对应着对数相频特性曲线与（　　）线的交点频率。

A 0°　　B $-90°$　　C $-180°$　　D $-270°$

8. 绘制控制系统的开环对数幅频渐近线时，一阶复合微分环节在转折频率处斜率变化是（　　）

A 减少 20dB/dec　　B 增加 40dB/dec

C 减少 40dB/dec　　D 增大 20dB/dec

9. 二阶系统（$0<\xi\leqslant 0.707$）频域指标中，谐振峰值 M_r 为（　　）

A $\dfrac{1}{2\xi\sqrt{1-\xi^2}}$　　B $\dfrac{1}{\xi\sqrt{1-\xi^2}}$

C $\dfrac{1}{2\xi\sqrt{1-4\xi^2}}$　　D $\dfrac{1}{\xi\sqrt{1-2\xi^2}}$

10. 系统的传递函数 $G(s)=10e^{-0.1s}$，则系统的频率特性为（　　）

A $G(j\omega)=10e^{-j\omega}$　　B $G(j\omega)=10e^{-0.1j\omega}$

C $G(j\omega)=10(-0.1\omega)$　　D $G(j\omega)=-10\omega$

11. 控制系统开环传递函数 $G(s)=\dfrac{10}{s^2+s+2}$，其转角频率是（　　）

A $\omega=\sqrt{2}$ rad/s　　B $\omega=2$rad/s　　C $\omega=\dfrac{1}{2}$rad/s　　D $\omega=5$rad/s

12. 系统的传递函数为 $G(s)=\dfrac{K}{s(Ts+1)}$，其相位角 $\varphi(\omega)$ 可表达为（　　）

A $-\arctan(T\omega)$　　B $-90^\circ-\arctan(T\omega)$

C $90^\circ-\arctan(T\omega)$　　D $\arctan(T\omega)$

13. 延时环节 $e^{-\tau s}(\tau>0)$，其相频特性和幅频特性是（　　）

A $\varphi(\omega)=90^\circ$，$L(\omega)=0$dB　　B $\varphi(\omega)=-\tau\omega$，$L(\omega)=1$dB

C $\varphi(\omega)=90^\circ$，$L(\omega)=\omega\tau$dB　　D $\varphi(\omega)=-\tau\omega$，$L(\omega)=0$dB

14. 已知系统传递函数 $G(s)=\dfrac{K}{1+Ts}e^{-\tau s}$，其幅频特性 $A(\omega)$ 应为（　　）

A $\dfrac{K}{1+T\omega}e^{-\tau}$　　B $\dfrac{K}{1+T\omega}e^{-\tau\omega}$

C $\dfrac{K^2}{1+T^2\omega^2}e^{-\tau\omega}$　　D $\dfrac{K}{\sqrt{1+T^2\omega^2}}$

15. 图 4-15 对应的环节为（　　）

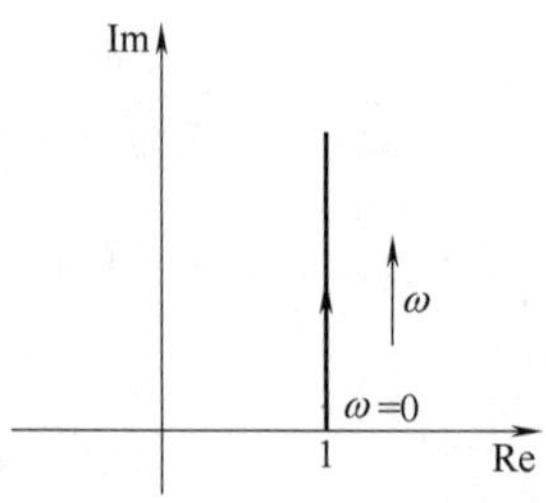

图 4-15

A Ts　　B $\dfrac{1}{1+Ts}$　　C $1+Ts$　　D $\dfrac{1}{Ts}$

16. 二阶振荡环节 $G(s)=\dfrac{\omega_n^2}{s^2+2\xi\omega_n s+\omega_n^2}$（$0<\xi<1$）中，下面三个频率关系为（　　）

A $\omega_n>\omega_d<\omega_r$　　B $\omega_n<\omega_d<\omega_r$

C $\omega_n=\omega_r<\omega_d$　　D $\omega_n>\omega_d>\omega_r$

17. 最小相位系统是指（　　）

A 系统传递函数所有零点在［s］平面的右半平面；所有极点在［s］平面的左半平面

B 系统传递函数的所有零点和极点均在［s］平面右半平面

C 系统传递函数的所有零点在［s］平面的右半平面；所有极点也在［s］平面的右半平面

D 系统传递函数的所有零点和极点均在［s］平面左半平面

18. 某控制元件的对数幅频特性曲线如图 4-16 所示，则它的传递函数为（　　）

A $G(s)=\dfrac{10s}{20s+1}$　　　　B $G(s)=\dfrac{0.1s}{1+20s}$

C $G(s)=\dfrac{0.1}{1+0.05s}$　　　　D $G(s)=\dfrac{0.1s}{1+0.05s}$

19. 对数幅频特性渐近线如图 4-17 所示，它对应的传递函数为（　　）

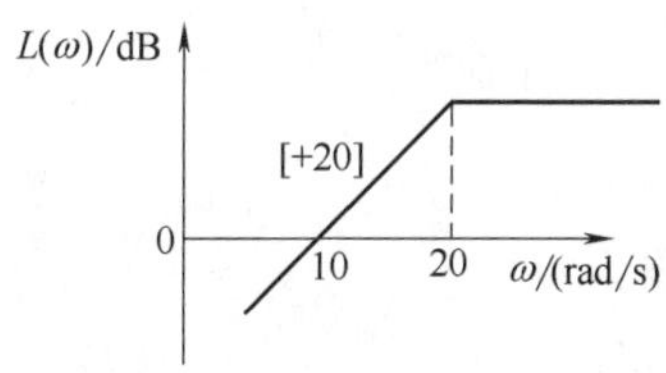

图 4-16

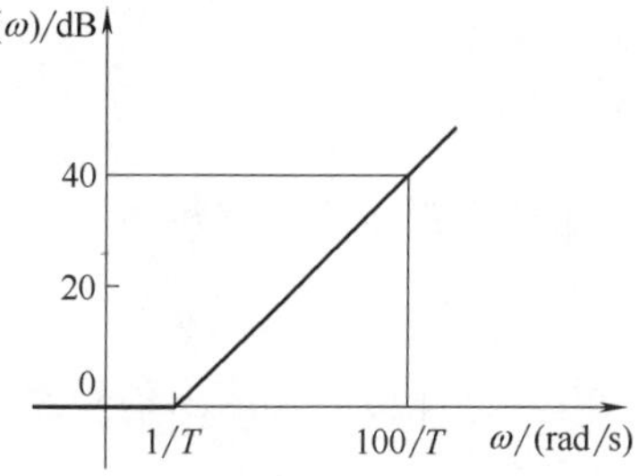

图 4-17

A $G(s)=1+Ts$　　　　B $G(s)=\dfrac{1}{1+Ts}$

C $G(s)=\dfrac{1}{Ts}$　　　　D $G(s)=2(1+Ts)$

20. 若系统的伯德图在 $\omega=5\mathrm{rad/s}$ 处出现转折（如图 4-18 所示），这说明系统中有（　　）环节。

A $5s+1$　　　　B $(5s+1)^2$

C $0.2s+1$　　　　D $\dfrac{1}{(0.2s+1)^2}$

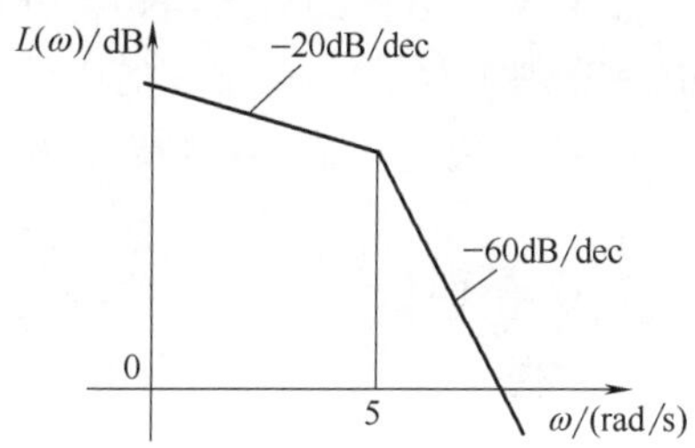

图 4-18

21. 幅相频率特性曲线与对数频率特性曲线的关系是（　　）

A 幅相频率特性曲线上的单位圆相当于对数频率特性曲线上的−20dB 线

B 幅相频率特性曲线上的单位圆相当于对数频率特性曲线上的+20dB 线

C 幅相频率特性曲线上的单位圆相当于对数频率特性曲线上的 0dB 线

D 幅相频率特性曲线上的单位圆相当于对数频率特性曲线上的+1dB 线

22. 单位反馈系统的开环伯德图已知，其幅频特性在低频段是一条斜率为−20dB/dec 的渐近线，且延长线与 0dB 线的交点频率为 5，则当输入为 $x_i(t)=0.5t$ 时，其稳态误差为（　　）

A 0.1　　　　B 0.2　　　　C 0　　　　D 0.5

23. 一系统的传递函数为 $G(s)=\dfrac{10}{s+2}$，则其截止频率 ω_b 为（　　）

A 5rad/s　　B 0.5rad/s　　C 2rad/s　　D 10rad/s

24. 下列传递函数中，属于最小相位传递函数的是（　　）

A $G(s)=\frac{-0.5s+1}{(0.1s+1)(0.01s+1)}$　　B $G(s)=\frac{0.5s+1}{(0.1s+1)(0.01s-1)}$

C $G(s)=\frac{0.5s+1}{(0.1s+1)(0.01s+1)}$　　D $G(s)=\frac{0.5s+1}{(0.1s-1)(0.01s-1)}$

25. 为了降低噪声干扰，有效的方法是（　　）

A 提高系统的型次　　B 降低系统的型次

C 提高截止频率　　D 降低截止频率

26. 系统的截止频率愈大，（　　）

A 对高频噪声滤除性能愈好

B 上升时间愈小

C 快速性愈差

D 稳态误差愈小

27. 已知系统开环传递函数为 $G(s)=\frac{1}{s(s+1)(s+2)}$，其高频段的相位角为（　　）

A 0°　　B −90°　　C −180°　　D −270°

28. 有一典型环节，其输出信号在相位上比输入信号超前 90°，这种典型环节是（　　）

A 微分环节　　B 比例环节

C 积分环节　　D 惯性环节

4-2　填空题

1. 频率响应是系统对________信号的________。

2. 若系统传递函数 $G(s)$ 的所有________均在 $[s]$ 平面的________，则系统称为最小相位系统。

3. 若某一系统的对数幅频特性曲线由两段渐近线构成，在低频段是一条水平线，高频段是一条斜率为−20dB/dec 的直线，该系统是一个________。

4. 若系统是非最小相位系统，该系统的传递函数一定有________在 $[s]$ 平面的右半平面。

5. 对于线性系统，当在其输入端加一个正弦信号时，输出端得到的稳态响应的幅值和相位要改变，而________不发生变化。

6. 系统频率特性是指系统或环节在________作用下，稳态输出与________之比对________的关系特性；频率特性包括________特性和相频特性。

7. 系统的传递函数为 $G(s)=\frac{10}{2s+5}$，则其截止频率 ω_b 为______。

8. 系统的传递函数为 $G(s)=\frac{5}{s^2(3s+1)}$，则其相位角 $\varphi(\omega)$ 可表达为________。

9. 系统的传递函数为 $G(s)=\frac{\frac{2}{3}}{\frac{1}{3}s+1}$，当输入 $x_i(t)=3\sin(3t)$时，其稳态输出的幅值为________。

10. 积分环节传递函数为$\frac{1}{s}$，其相频特性 $\varphi(\omega)=$________，幅频特性 $A(\omega)$________。

11. 某系统传递函数 $G(s)=\frac{9}{2s+16}$，则转角频率为________。

12. 系统的传递函数为 $G(s)=\frac{3}{s(4s+1)}$，其幅频特性为________。

13. 幅相频率特性曲线的（-1,j0）点，对应着对数幅频特性曲线的________线、相频特性曲线的________线。

14. 绘制控制系统的开环对数幅频渐近线时，二阶振荡环节在转折频率处斜率变化是________。

15. 若系统的传递函数 $G(s)=\frac{1}{2s+1}e^{-0.1s}$，则系统的频率特性为________。

16. 微分环节的相频特性是________。

17. 二阶振荡环节 $G(s)=\frac{\omega_n^2}{s^2+2\xi\omega_n s+\omega_n^2}$（$0<\xi<1$），其谐振频率 $\omega_r=$________。

18. 正弦信号经过高于 0 阶的线性系统后，其________与________均发生变化，而频率不发生变化。

19. 系统的传递函数为 $G(s)=\frac{10}{Ts+1}$，则该系统的幅频特性 $A(\omega)=$________。

20. 如果两系统的传递函数存在关系 $G_1(s)=\frac{1}{G_2(s)}$，则两系统对数幅频特性曲线 $L_1(\omega)$ 和 $L_2(\omega)$ 关于________线对称，其对数相频特性曲线 $\varphi_1(\omega)$ 和 $\varphi_2(\omega)$ 关于________线对称。

21. 奈奎斯特图的负实轴对应于伯德图上的________。

4-3 简答题

1. 什么是控制系统频率特性？
2. 控制系统的频率特性的表示方法有哪些？
3. 什么是系统的对数幅相频率特性？
4. 什么是奈奎斯特曲线？
5. 什么是最小相位系统？
6. 控制系统的频域性能指标有哪些？
7. 表示系统频率特性的图示法有哪些？

4-4 计算题

1. 试求图 4-19 所示系统的频率特性。

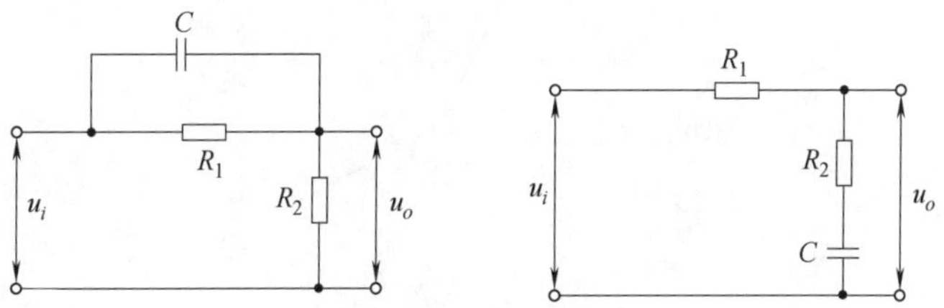

(a)　　(b)

图 4-19

2. 已知系统开环传递函数 $G(s)H(s)=\frac{10}{s(2s+1)}$，试计算 $\omega=0.5$ 时系统开环幅频特性 $A(\omega)$ 和相频特性 $\varphi(\omega)$。

3. 某单位反馈系统的开环传递函数为 $G(s)=\frac{10}{s+1}$，试求下列输入时输出 x_o 的稳态响应表达式：

① $x_i(t)=\sin(t+30°)$；

② $x_i(t)=2\cos(2t-45°)$。

4. 某系统方框图如图 4-20 所示，求下列输入信号作用时，系统的稳态输出 $x_o(t)$：

① $x_i(t)=\sin(2t)$；

② $x_i(t)=\sin(t+30°)-2\cos(2t-45°)$。

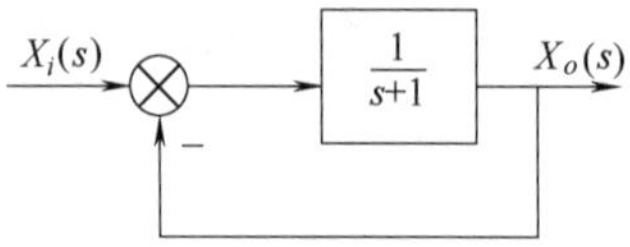

图 4-20

5. 若系统单位阶跃响应为 $x_o(t)=1-1.8e^{-4t}+0.8e^{-9t}(t\geqslant 0)$,试求系统频率特性。

6. 已知系统的传递函数为 $G(s)=\frac{10}{1+0.5s}$，求频率为 1Hz、幅值为 10 的正弦输入信号作用下，系统的稳态输出 $x_o(t)$ 的幅值与相角。

7. 已知单位反馈系统的开环频率特性为 $G(j\omega)=\frac{K}{j\omega(1+0.1j\omega)}$：

① 若满足系统谐振峰值 $M_r=1.4$，求此时系统的增益 K 值。

② 求在此增益 K 值下，该系统的阻尼比 ξ 和无阻尼固有频率 ω_n 为何值。

8. 某单位反馈的二阶Ⅰ型系统，其最大超调量为 16.3%，峰值时间为 114.6ms，试求其开环传递函数，并求出闭环谐振峰值 M_r 和谐振频率 ω_r。

9. 对于图 4-21 所示的系统，试求出满足 $M_r=1.04$、$\omega_r=11.55\text{rad/s}$ 的 K 和 a 值。

10. 用分贝数（dB）表达下列各量：

① 2； ② 5； ③ 10； ④ 40； ⑤ 100； ⑥0.01；⑦1。

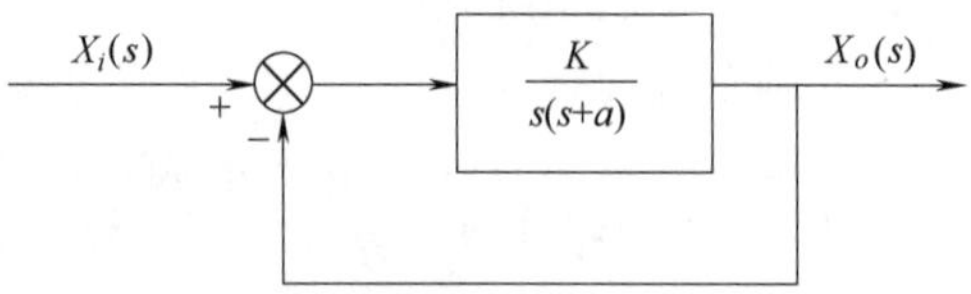

图 4-21

11. 已知一系统开环对数幅频特性曲线渐近线如图 4-22 所示，试写出系统开环传递函数。

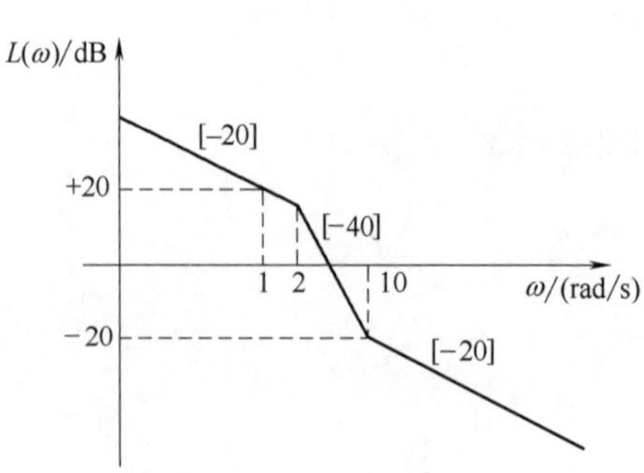

图 4-22

12. 对于图 4-23 所示的最小相位系统，试写出其传递函数。

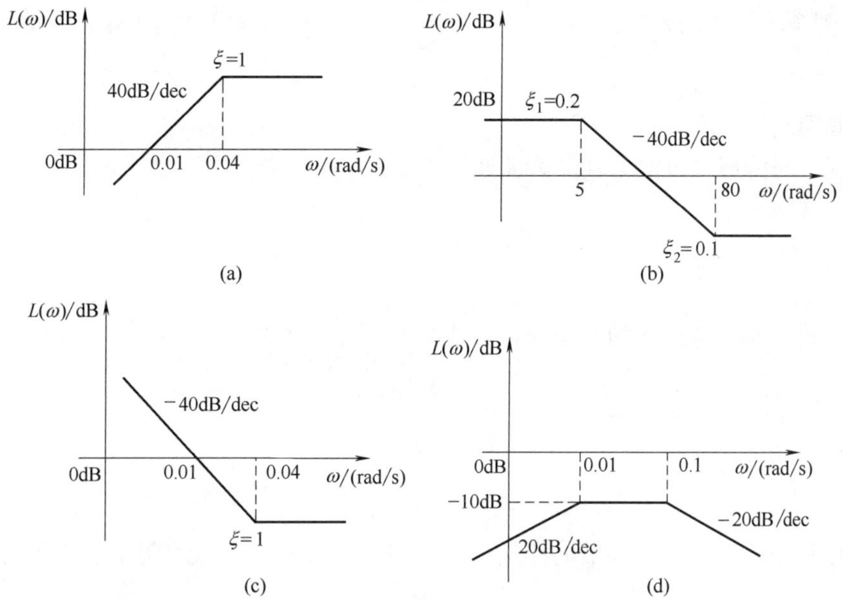

图 4-23

13. 图 4-24 均是最小相位系统的开环对数幅频特性曲线，试写出其开环传递函数。

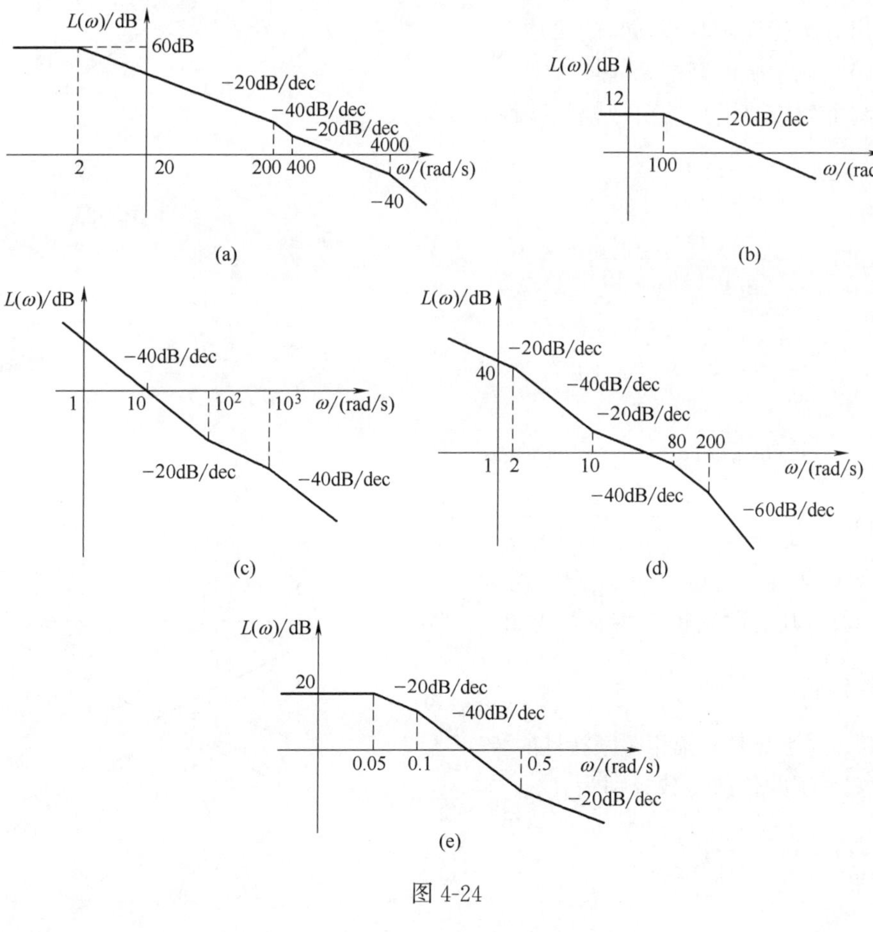

图 4-24

14. 已知系统的传递函数为 $G(s)=\dfrac{2.5}{s^2+5s+3}$，试用 MATLAB 计算系统的谐振峰值和谐振频率。

4-5　画图题

1. 绘制下列传递函数的奈奎斯特曲线。

① $G(s)=K/s$；

② $G(s)=K/s^2$；

④ $G(s)=K/s^3$。

2. 试绘制下列传递函数的奈奎斯特曲线。

① $G(s)=\dfrac{5}{(2s+1)(8s+1)}$；

② $G(s)=\dfrac{10(1+s)}{s^2}$。

3. 已知某相位超前校正环节的传递函数为 $G(s)=\dfrac{Ts}{Ts+1}$，试绘制奈奎斯特曲线。

4. 已知系统开环传递函数 $G(s)=\dfrac{10(s^2-2s+5)}{(s+2)(s-0.5)}$，试概略绘制奈奎斯特曲线。

5. 已知最小相位系统的开环对数幅频特性如图 4-25 所示。

① 写出开环传递函数 $G(s)$ 的表达式；

② 概略绘制系统的奈奎斯特图。

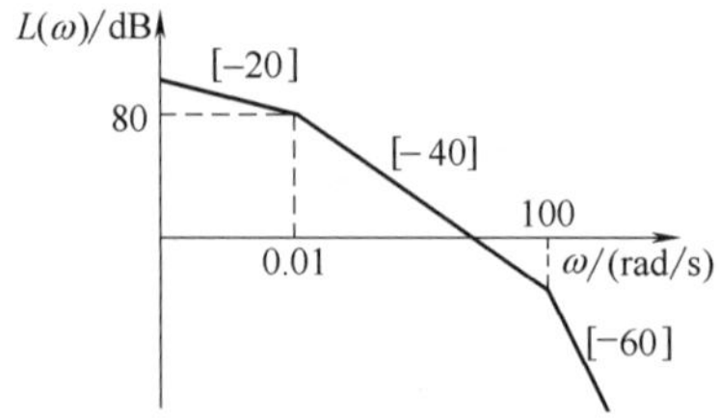

图 4-25

6. 绘制下列传递函数的对数幅频特性曲线渐近线。

① $G(s)=\dfrac{2}{(2s+1)(8s+1)}$；

② $G(s)=\dfrac{200}{s^2(s+1)(10s+1)}$；

③ $G(s)=\dfrac{40(s+0.5)}{s(s+0.2)(s^2+s+1)}$；

④ $G(s)=\dfrac{20(3s+1)}{s^2(6s+1)(s^2+4s+25)(10s+1)}$；

⑤ $G(s)=\dfrac{8(s+0.1)}{s(s^2+s+1)(s^2+4s+25)}$。

7. 已知 $G_1(s)$、$G_2(s)$ 和 $G_3(s)$ 均为最小相位传递函数，其对数幅频特性渐近线如图 4-26 所示，试绘制传递函数 $G_4(s)=\dfrac{G_1(s)G_2(s)}{1+G_2(s)G_3(s)}$ 的对数幅频、对数相频和幅相频率特性曲线。

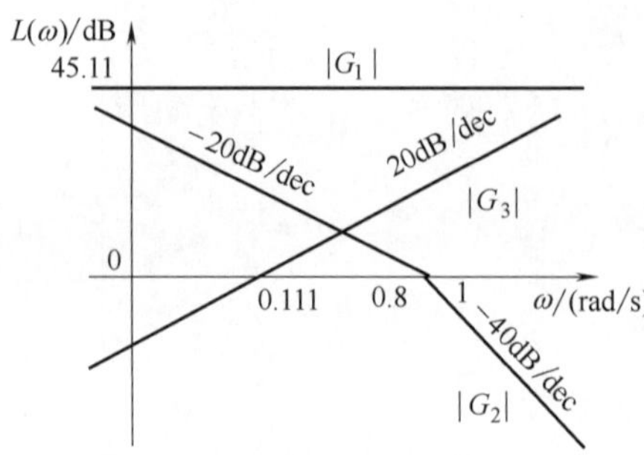

图 4-26

8. 已知系统的传递函数分别为：

①$G_1(s)=\dfrac{T_1s+1}{T_2s+1}$；②$G_2(s)=\dfrac{-T_1s+1}{T_2s+1}$；

③$G_3(s)=\dfrac{T_1 s-1}{T_2 s+1}$。

其中，$T_1>T_2>0$，试比较上述三个系统的频率特性有何不同。

9. 已知系统的开环传递函数为：

$$G_0(s)=\frac{k(T_0 \mathrm{j}\omega+1)}{(T_1 \mathrm{j}\omega+1)(T_2 \mathrm{j}\omega+1)(T_3 \mathrm{j}\omega+1)(T_4 \mathrm{j}\omega+1)}$$

其中，$T_1>T_2>T_3>T_0>T_4$，画出系统的开环伯德图。

10. 单位负反馈系统开环传递函数 $G(s)=\dfrac{3\times(5s+2)}{s(s^2+2s+2)(s+1)}$，试用 MATLAB 画出该系统的伯德图和奈奎斯特图。

第 5 章 控制系统的稳定性

稳定性是控制系统及动力学系统的一项重要指标，是控制系统正常工作的首要条件，因此在研究控制系统的性能之前，必须先判断控制系统是否稳定。

本章研究线性定常系统的稳定性问题，介绍控制系统稳定的充要条件、劳斯-赫尔维茨稳定判据、奈奎斯特稳定判据及控制系统的稳定性裕量。

5-1 控制系统稳定性的概念及条件

5-1-1 稳定性的概念

在使控制系统偏离稳定平衡状态的扰动消除之后，控制系统若能够以足够的精度逐渐恢复到原来的状态，则称该系统是具有稳定性的。

稳定性是控制系统去掉扰动后，自身的一种恢复能力，取决于控制系统的结构参数，而与初始条件及外作用无关。

对一个系统输入脉冲函数 $x_i(t)=\delta(t)$（扰动）：

$$\lim_{t\to\infty} x_o(t)=\begin{cases}0,\text{系统稳定}\\ \text{不为零,系统不稳定}\end{cases}$$

又因 $\lim\limits_{t\to\infty} x_o(t)=L^{-1}[X_o(s)]=L^{-1}[G(s)X_i(s)]=L^{-1}[G(s)]$，所以控制系统的稳定与否取决于系统的传递函数，即仅与系统的内部结构和物理参数有关，与系统的输入信号无关。

5-1-2 控制系统稳定的条件

稳定系统的特征方程根必须全部具有负实部，或者说系统稳定的充要条件为：系统传递函数的极点全部位于［s］复平面的左半部（或者特征方程的根均在［s］复平面的左半部）。

若有部分闭环极点位于虚轴上，而其余极点全部在［s］复平面左半部时，则为临界稳定状态。

一般情况下，确定系统稳定性的方法有两种：代数判据（劳斯-赫尔维茨稳定判据）和几何判据（奈奎斯特稳定判据）。

5-2 劳斯-赫尔维茨稳定判据（代数判据）

劳斯（Routh）稳定判据和赫尔维茨（Hurwitz）稳定判据均属代数判据。通过闭环特征方程系数判断极点所在区域，从而判断闭环系统的稳定性。

5-2-1 赫尔维茨稳定判据

控制系统闭环特征方程式是 $D(s)=a_n s^n+a_{n-1}s^{n-1}+\cdots+a_1 s+a_0=0$，若特征方程系数同时满足以下两个条件，控制系统稳定。

① 系统特征方程式的各项系数全部为正值；

② 由各项系数组成的赫尔维茨 n 阶行列式中各阶子行列式 Δ_1，Δ_2，…，Δ_n 都大于零。其中赫尔维茨行列式如下：

$$\Delta_n=\begin{vmatrix} \Delta_1 & \Delta_2 & \Delta_3 & & & & \\ a_{n-1} & a_{n-3} & a_{n-5} & a_{n-7} & \cdots & & 0 \\ a_n & a_{n-2} & a_{n-4} & a_{n-6} & \cdots & & 0 \\ 0 & a_{n-1} & a_{n-3} & a_{n-5} & \cdots & & 0 \\ 0 & a_n & a_{n-2} & a_{n-4} & \cdots & & 0 \\ \vdots & 0 & a_{n-1} & a_{n-3} & \cdots & & 0 \\ 0 & \vdots & \vdots & \vdots & & & 0 \\ 0 & & & \cdots & & a_1 & 0 \\ 0 & & & \cdots & & a_2 & a_0 \end{vmatrix}$$

例 5-1 控制系统的闭环特征方程为 $2s^4+s^3+20s^2+7s+10=0$，试用赫尔维茨稳定判据判别控制系统的稳定性。

解：由控制系统的特征方程式可知各项系数：

$$a_4=2, a_3=1, a_2=20, a_1=7, a_0=10$$

① $a_i>0$；

② 赫尔维茨行列式：

$$\Delta_4=\begin{vmatrix} \Delta_1 & \Delta_2 & \Delta_3 & \Delta_4 \\ 1 & 7 & 0 & 0 \\ 2 & 20 & 10 & 0 \\ 0 & 1 & 7 & 0 \\ 0 & 2 & 20 & 10 \end{vmatrix}$$

$$\Delta_1=a_3=1>0; \Delta_2=\begin{vmatrix} a_3 & a_1 \\ a_4 & a_2 \end{vmatrix}=a_3a_2-a_4a_1=1\times20-2\times7=6>0$$

$$\Delta_3=\begin{vmatrix} a_3 & a_1 & 0 \\ a_4 & a_2 & a_0 \\ 0 & a_3 & a_1 \end{vmatrix}=a_3a_2a_1-a_4a_1^2-a_3^2a_0=1\times20\times7-2\times7\times7-1\times1\times10=32>0$$

控制系统特征方程系数同时满足 2 个条件，则系统稳定。

例 5-2 控制系统的特征方程为 $s^3+14s^2+20s+K=0$，试用赫尔维茨稳定判据求使控制系统稳定的 K 值范围。

解：

系统特征方程各项系数为：$a_3=1$，$a_2=14$，$a_1=20$，$a_0=K$。

① $a_i>0$，则要求 $K>0$；

② 赫尔维茨行列式：

$$\Delta_3=\begin{vmatrix}\Delta_1 & \Delta_2 & \Delta_3\\ 14 & K & 0\\ 1 & 20 & 0\\ 0 & 14 & K\end{vmatrix}$$

$$\Delta_1=14>0;\Delta_2=\begin{vmatrix}a_2 & a_0\\ a_3 & a_1\end{vmatrix}=a_2a_1-a_3a_0=14\times20-1\times K>0$$

得到：$K<280$。联立得使控制系统稳定的 K 值范围是：$0<K<280$。

5-2-2　劳斯稳定判据

(1) 控制系统稳定

控制系统闭环特征方程式为 $D(s)=a_ns^n+a_{n-1}s^{n-1}+\cdots+a_1s+a_0=0$，若控制系统稳定，闭环特征方程式的系数必须同时满足以下 2 个条件：

① 系统特征方程式的各项系数全部为正值；

② 由各项系数组成的劳斯表第一列各数均为正数。

其中，劳斯表如下：

$$\begin{array}{c|ccccc}
s^n & a_n & a_{n-2} & a_{n-4} & a_{n-6} & \cdots\\
s^{n-1} & a_{n-1} & a_{n-3} & a_{n-5} & a_{n-7} & \cdots\\
s^{n-2} & b_1 & b_2 & b_3 & b_4 & \cdots\\
s^{n-3} & c_1 & c_2 & c_3 & c_4 & \cdots\\
s^{n-4} & d_1 & d_2 & d_3 & d_4 & \cdots\\
\vdots & \vdots & \vdots & \vdots & \vdots & \\
s^0 & \cdots & & & &
\end{array}$$

表中：

$$b_1=-\frac{1}{a_{n-1}}\begin{vmatrix}a_n & a_{n-2}\\ a_{n-1} & a_{n-3}\end{vmatrix},\ b_2=-\frac{1}{a_{n-1}}\begin{vmatrix}a_n & a_{n-4}\\ a_{n-1} & a_{n-5}\end{vmatrix},\ b_3=-\frac{1}{a_{n-1}}\begin{vmatrix}a_n & a_{n-6}\\ a_{n-1} & a_{n-7}\end{vmatrix},\ \cdots$$

$$c_1=-\frac{1}{b_1}\begin{vmatrix}a_{n-1} & a_{n-3}\\ b_1 & b_2\end{vmatrix},\ c_2=-\frac{1}{b_1}\begin{vmatrix}a_{n-1} & a_{n-5}\\ b_1 & b_3\end{vmatrix},\ c_3=-\frac{1}{b_1}\begin{vmatrix}a_{n-1} & a_{n-7}\\ b_1 & b_4\end{vmatrix},\ \cdots$$

$$d_1=-\frac{1}{c_1}\begin{vmatrix}b_1 & b_2\\ c_1 & c_2\end{vmatrix},\ d_2=-\frac{1}{c_1}\begin{vmatrix}b_1 & b_3\\ c_1 & c_3\end{vmatrix},\ \cdots$$

$$\cdots$$

例 5-3　系统的闭环特征方程式为 $s^5+4s^4+14s^3+24s^2+10s+8=0$，试用劳斯稳定判据判断系统是否稳定。

解：闭环特征方程式各项系数：$a_5=1$，$a_4=4$，$a_3=14$，$a_2=24$，$a_1=10$，$a_0=8$。

① $a_i>0$；

② 劳斯表：

s^5	1	14	10
s^4	4	24	8
s^3	8	8	0
s^2	20	8	
s^1	4.8		
s^0	8		

劳斯表中第 1 列数全部大于 0，控制系统稳定。

例 5-4 已知单位反馈系统开环传递函数为：$G(s)=\dfrac{K}{s(0.1s+1)(0.2s+1)}$。

① 试用劳斯稳定判据确定系统稳定时 K 值的范围。

② 若要求闭环系统的根全部位于 $s=-1$ 垂线的左侧，K 应取多大?

解： ① 系统的闭环传递函数为：

$$\phi(s)=\frac{G(s)}{1+G(s)}=\frac{K}{s(0.1s+1)(0.2s+1)+K}$$

$$=\frac{50K}{s(s+10)(s+5)+50K}$$

得闭环系统的特征方程式：

$$D_1(s)=s(s+10)(s+5)+50K=s^3+15s^2+50s+50K$$

闭环特征方程式各项系数：$a_3=1$，$a_2=15$，$a_1=50$，$a_0=50K$。

a. $a_i>0$，故 $K>0$。

b. 劳斯表：

s^3	1	50
s^2	15	$50K$
s^1	$\dfrac{15\times 50-50K}{15}$	
s^0	$50K$	

若控制系统稳定，则使劳斯表中第 1 列数全部大于 0，即 $\dfrac{15\times 50-50K}{15}>0$，$K>0$，得到：$0<K<15$。

② 若使所有根位于 $s=-1$ 垂线的左面，则将 $s=s_1-1$ 代入原特征方程，得到新的多项式：

$$(s_1-1)^3+15(s_1-1)^2+50(s_1-1)+50K=s_1^3+12s_1^2+23s_1+50K-36=0$$

闭环特征方程式各项系数：$a_3=1$，$a_2=12$，$a_1=23$，$a_0=50K-36$。

a. $a_i>0$，故 $50K-36>0$，即 $K>0.72$。

b. 劳斯表：

s^3	1	23
s^2	12	$50K-36$
s^1	$\dfrac{12\times 23-50K+36}{12}$	
s^0	$50K-36$	

要使系统稳定，必须满足：

$$\begin{cases}\dfrac{12\times 23-50K+36}{12}>0 & (K<6.24)\\ 50K-36>0 & (K>0.72)\end{cases}$$

所以要使闭环系统的极点全部位于 $s=-1$ 垂线以左，K 应满足：$0.72<K<6.24$。

例 5-5　已知控制系统如图 5-1 所示，试确定使系统稳定的 K 的取值范围。

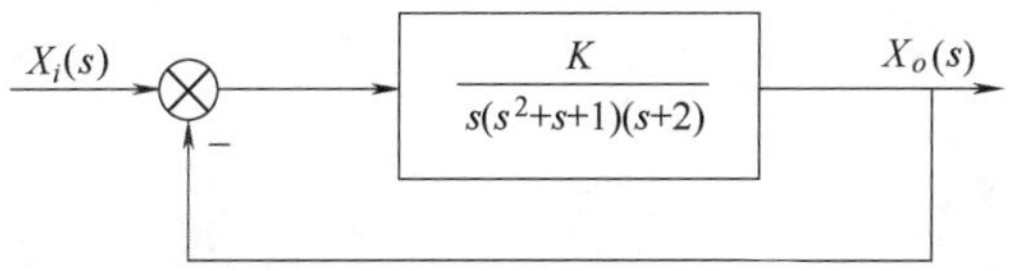

图 5-1　例 5-5 图

解：由方框图得到系统的闭环传递函数为：

$$\frac{X_o(s)}{X_i(s)}=\frac{\dfrac{K}{s(s^2+s+1)(s+2)}}{1+\dfrac{K}{s(s^2+s+1)(s+2)}}=\frac{K}{s(s^2+s+1)(s+2)+K}$$

系统的闭环特征方程为：

$$D(s)=s^4+3s^3+3s^2+2s+K=0$$

闭环特征方程式各项系数：$a_4=1$，$a_3=3$，$a_2=3$，$a_1=2$，$a_0=K$。

① $a_i>0$，故 $K>0$。

② 劳斯表：

$$\begin{array}{c|ccc} s^4 & 1 & 3 & K\\ s^3 & 3 & 2 & \\ s^2 & \dfrac{3\times 3-2}{3}=\dfrac{7}{3} & K & \\ s^1 & \dfrac{\dfrac{7}{3}\times 2-3K}{\dfrac{7}{3}}=\dfrac{14-9K}{7} & & \\ s^0 & K & & \end{array}$$

其中

$$\frac{14-9K}{7}>0,\ K>0$$

要使系统稳定，必须满足：$0<K<\dfrac{14}{9}$。

(2) 控制系统不稳定

控制系统闭环特征方程存在正实根的数目就是劳斯表中第一列各系数符号改变的次数（[s] 平面右半平面根的个数）。

例 5-6　已知控制系统的特征方程式为 $s^5+3s^4+2s^3+s^2+5s+6=0$，试判断控制系统的稳定性。

解：各项系数：$a_5=1$，$a_4=3$，$a_3=2$，$a_2=1$，$a_1=5$，$a_0=6$。

① $a_i>0$；

② 劳斯表：

$$
\begin{array}{c|ccc}
s^5 & 1 & 2 & 5 \\
s^4 & 3 & 1 & 6 \\
s^3 & \dfrac{2\times3-1}{3}=\dfrac{5}{3} & \dfrac{3\times5-1\times6}{3}=3 & \\
s^2 & \dfrac{\dfrac{5}{3}\times1-3\times3}{\dfrac{5}{3}}=-\dfrac{22}{5} & 6 & \\
s^1 & \dfrac{58}{11} & & \\
s^0 & 6 & &
\end{array}
$$

劳斯表中第一列数值有负数，控制系统不稳定。

第一列中数值在$\frac{5}{3}\rightarrow-\frac{22}{5}\rightarrow\frac{58}{11}$处符号发生了两次改变，说明闭环系统有两个正极点。

(3) 劳斯稳定判剧的特殊情况

① 劳斯表中的第一列项为零，而其余项不为零，这时系统不稳定。若要继续分析根的分布，可以用一个小的整数 ε 代替零，继续计算；或者可以在已有的特征式上乘以一个 $(s+a)$，其中 $a>0$，这是一个稳定的极点，乘上去不改变原系统的稳定性，但改变了原特征式的系数，使劳斯表中不出现零。

例 5-7 控制系统闭环特征方程式为 $s^4+2s^3+3s^2+6s+1=0$，试判断系统的稳定性及存在正极点的个数。

解法一：各项系数：$a_4=1$，$a_3=2$，$a_2=3$，$a_1=6$，$a_0=1$。

① $a_i>0$；

② 劳斯表（用一个小正数 ε 代替第一列的零）：

$$
\begin{array}{c|ccc}
s^4 & 1 & 3 & 1 \\
s^3 & 2 & 6 & \\
s^2 & \varepsilon & 1 & \\
s^1 & 6-\dfrac{2}{\varepsilon} & & \\
s^0 & 1 & &
\end{array}
$$

控制系统不稳定。

因为 ε 很小，$6-\frac{2}{\varepsilon}<0$，所以表中第一列变号两次，故控制系统有两个正极点。

解法二：闭环特征方程乘以一个 $(s+a)$，其中 $a>0$。

$$(s^4+2s^3+3s^2+6s+1)(s+a)=0$$

$$s^5+(2+a)s^4+(3+2a)s^3+(6+3a)s^2+(1+6a)s+a=0$$

为了方便计算，令 $a=1$，则闭环特征方程为：

$$D(s)=s^5+3s^4+5s^3+9s^2+7s+1=0$$

各项系数：$a_5=1$，$a_4=3$，$a_3=5$，$a_2=9$，$a_1=7$，$a_0=1$。

① $a_i>0$；

② 劳斯表：

s^5	1	5	7
s^4	3	9	1
s^3	2	$\frac{3\times7-1\times1}{3}=\frac{20}{3}$	
s^2	$\frac{2\times9-3\times\frac{20}{3}}{2}=-1$	1	
s^1	$\frac{-1\times\frac{20}{3}-2\times1}{-1}=\frac{26}{3}$		
s^0	1		

劳斯表中第一列数值有负数，控制系统不稳定。

第一列中数值在 $2\rightarrow-1\rightarrow\frac{26}{3}$处符号发生了两次改变，说明闭环系统有两个正极点。

② 劳斯表中出现全零行。如果［s］平面上存在一些“对称”的根，这些根可能是一对（或几对）大小相等、符号相反的实根，或一对（或几对）共轭虚根，或呈对称位置的共轭复根。劳斯表中某一行全部为 0，借助“辅助方程”继续计算：将不为 0 的最后一行各元素组成辅助方程，对辅助方程的 s 求导，得到各项系数代入劳斯表中全为 0 的行继续计算。

例 5-8　已知系统的闭环特征方程式 $D(s)=s^6+s^5+6s^4+5s^3+9s^2+4s+4=0$，试用劳斯稳定判据判断系统的稳定性。

解：各项系数：$a_6=1$，$a_5=1$，$a_4=6$，$a_3=5$，$a_2=9$，$a_1=4$，$a_0=4$。

① $a_i>0$；

② 列劳斯表如下：

s^6	1	6	9	4
s^5	1	5	4	0
s^4	1	5	4	0
s^3	0	0	0	0
s^2				
s^1				
s^0				

第四行全为 0，构造辅助方程 $P(s)=s^4+5s^2+4$，并对 s 求导，得：

$$\frac{\mathrm{d}P(s)}{\mathrm{d}s}=4s^3+10s$$

用它来代替全都为 0 的这一行，然后继续进行计算。劳斯表变为：

s^6	1	6	9	4
s^5	1	5	4	0
s^4	1	5	4	0
s^3	4	10	0	0
s^2	2.5	4		
s^1	3.6			
s^0	4			

第一列元素全部为正，故系统特征方程在 [s] 平面右半部无极点，但存在共轭虚根。可从辅助方程 $4s^3+10s=0$ 解得：$s_1=0$，$s_2=-\frac{5}{2}$。

故共轭虚根为：$s_{2,3}=\pm\sqrt{2.5}\mathrm{j}$。

系统存在共轭虚根和原点的根，表明了系统处于临界稳定状态，实际上系统是不能工作的。

例 5-9 系统的闭环特征方程式为 $s^6+s^5-2s^4-3s^3-7s^2-4s-4=0$，试用劳斯稳定判据判断系统的稳定性，并指出根的分布情况。

解： 闭环系统的特征方程各项系数：$a_6=1$，$a_5=1$，$a_4=-2$，$a_3=-3$，$a_2=-7$，$a_1=-4$，$a_0=-4$。

① 闭环特征方程系数出现负的，即各项系数 a_i 不全大于 0，控制系统不稳定。

② 列劳斯表：

s^6	1	−2	−7	−4
s^5	1	−3	−4	
s^4	1	−3	−4	
s^3	4	−6		
s^2	−1.5	−4		
s^1	−16.7			
s^0	−4			

劳斯表第一列中数值 4→−1.5→−16.7→−4 符号只改变一次，只有一个正实部极点。

5-3 奈奎斯特稳定判据（几何判据）

用频率特性的图解方法——奈氏图或伯德图判断控制系统的稳定性。

若单位反馈系统开环传递函数为 $G(s)$，用 $G(s)=\frac{M(s)}{N(s)}$表示，那么系统闭环传递函数为：

$$\phi(s)=\frac{G(s)}{1+G(s)}=\frac{M(s)}{M(s)+N(s)}$$

则控制系统的闭环特征方程式为 $D(s)=1+G(s)=1+\frac{M(s)}{N(s)}=\frac{M(s)+N(s)}{N(s)}$。

显然，闭环特征方程式 $D(s)$ 与系统的开环特征方程式 $N(s)$ 之间存在着确定的关系。奈奎斯特稳定判据正是将开环频率特性 $G(\mathrm{j}\omega)H(\mathrm{j}\omega)$ 与控制系统的闭环极点联系起来的判据，根据开环频率特性确定控制系统的稳定性、相对稳定性及改善控制系统稳定性的途径。

5-3-1　奈奎斯特稳定判据应用方法

当 ω 从 $0\to+\infty$ 变化时，开环频率特性曲线 $G(j\omega)H(j\omega)$ 包围点（$-1,j0$）的次数 N 和系统开环右极点个数 P 之间满足 $Z=N-\frac{P}{2}=0$，则闭环控制系统稳定，否则闭环控制系统不稳定。

Z——闭环右极点个数，为正整数或零；

N——ω 从 $0\to+\infty$ 变化时，$G(j\omega)H(j\omega)$ 包围（$-1,j0$）点的次数，逆时针方向 $N>0$，顺时针方向 $N<0$；

P——开环右极点个数，为正整数或零。

若 $G(j\omega)H(j\omega)$ 曲线刚好通过（$-1,j0$）点，表明闭环控制系统有极点位于虚轴上，控制系统处于临界稳定状态，工程上属于不稳定情况。

5-3-2　奈奎斯特稳定判据应用举例

(1) 开环传递函数没有 $s=0$ 的极点

例 5-10　单位负反馈系统的开环传递函数为：

① $G(s)=\dfrac{4}{0.1s+1}$；

② $G(s)=\dfrac{2}{s-1}$。

试用奈奎斯特稳定判据判断控制系统的稳定性。

解： ① 作出开环奈氏图，如图 5-2（a）所示。

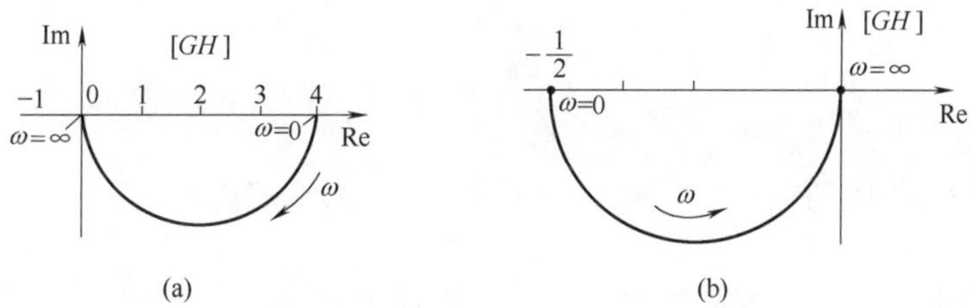

图 5-2　例 5-10 图

曲线不包围（$-1,j0$）点，$N=0$；开环无右极点，$P=0$；$N=+\frac{P}{2}=0$，控制系统稳定。

② 作出开环奈氏图，如图 5-2（b）所示。曲线逆时针包围（$-1,j0$）点半周，即 $N=\frac{1}{2}$；开环有 1 个右极点，$P=1$；$N=+\frac{P}{2}$，控制系统稳定。

控制系统开环有右极点，开环不稳定，闭环系统不一定不稳定。

(2) 开环传递函数中有 $s=0$ 的极点

当含有积分环节时，开环奈氏曲线不封闭，无法识别曲线对（$-1,j0$）点的包围情况，作辅助曲线：以无穷大为半径，从奈氏曲线的起始端沿逆时针方向绕过 $\gamma\times90°$ 作圆和实轴相交，这个圆就是辅助曲线。γ 是开环传递函数中含有积分环节的个数。

例 5-11 Ⅱ型系统开环传递函数 $G(s)H(s)=\frac{2}{s^2(10s+1)}$，试判断闭环系统的稳定性。

解：开环传递函数无右极点，$P=0$。

作系统开环奈氏图如图 5-3 所示，作辅助曲线：从起点沿逆时针方向绕过 $2\times 90^\circ$作圆和实轴相交。$N=-1\neq +\frac{P}{2}$，控制系统不稳定。

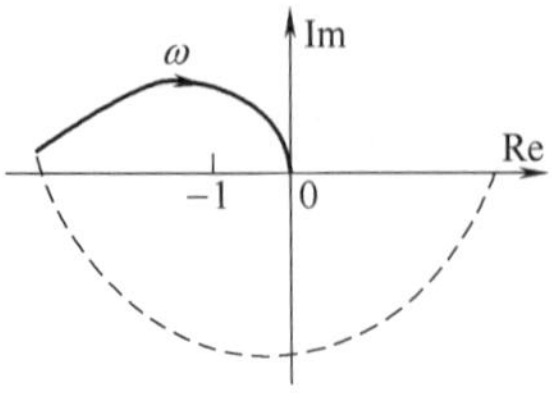

图 5-3 例 5-11 图

例 5-12 试根据奈奎斯特稳定判据，判断图 5-4 所示系统的稳定性。

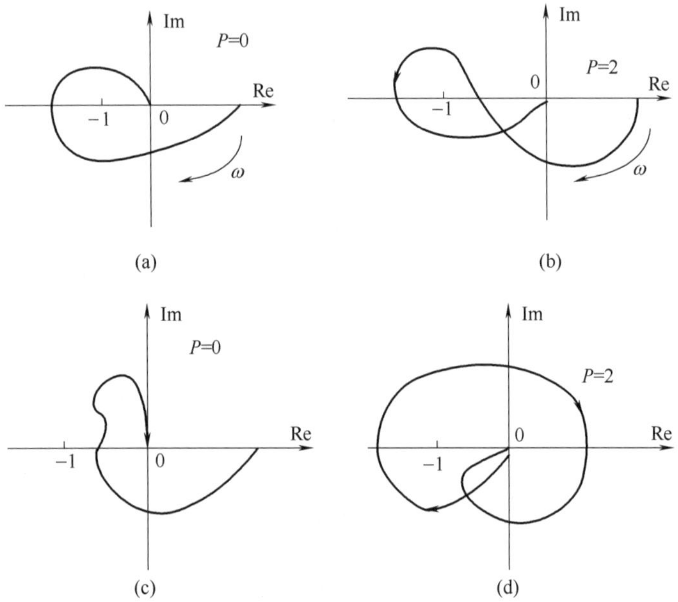

图 5-4 例 5-12 图

解：图 5-4（a）中：$P=0$，$N=-1$，$N\neq +\frac{P}{2}$，系统不稳定。

图 5-4（b）中：$P=2$，$N=1$，$N=+\frac{P}{2}$，系统稳定。

图 5-4（c）中：$P=0$，$N=0$，$N=+\frac{P}{2}$，系统稳定。

图 5-4（d）中：$P=2$，$N=-1$，$N\neq +\frac{P}{2}$，系统不稳定。

(3) 穿越

穿越就是开环奈氏曲线在（-1,j0）点左边穿过负实轴。

正穿越：由上而下穿过$-1\to-\infty$实轴段，相角增大。负穿越：由下而上穿过$-1\to-\infty$实轴段，相角减小。若曲线始于或止于（-1,j0）点以左的实轴上，则穿越次数为半次。

奈奎斯特稳定判据：当ω从$0\to+\infty$时，若开环频率特性曲线在（-1,j0）点以左实轴上的正穿越次数减去负穿越次数等于$+\frac{P}{2}$，则控制系统稳定，否则控制系统不稳定。其中，P 为开环右极点数。

例 5-13　系统的开环频率特性曲线如图 5-5 所示，试用穿越的概念判断控制系统的稳定性。

解：已知 $P=2$，奈奎斯特图在 $(-1,j0)$ 以左逆时针穿过负实轴 1 次。即：正穿越 1 次，负穿越 0 次，穿越之差为 1，$\frac{P}{2}=\frac{2}{2}=1$，系统稳定。

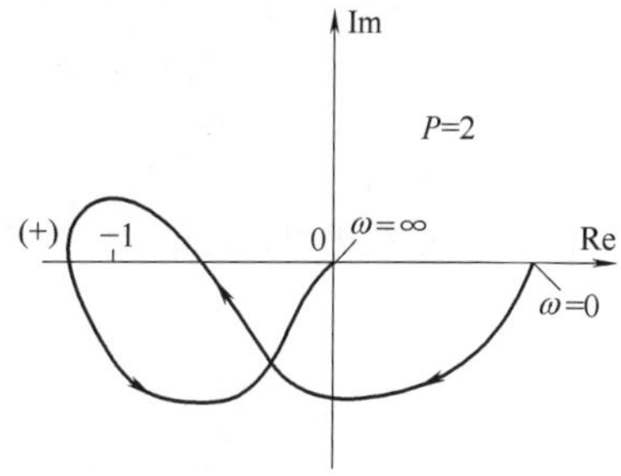

图 5-5　例 5-13 图

(4) 对数频率特性的稳定判据

奈氏图和伯德图的对应关系：

① 奈氏图上的单位圆就是伯德图上的 0dB 线；

② 奈氏图上的负实轴就是伯德图上的−180°线。

正穿越：在伯德图上 $L(\omega)>0$dB 时，相频特性曲线自下而上穿过−180°线，相角增大，正穿越 1 次。

负穿越：在伯德图上 $L(\omega)>0$dB 时，相频特性曲线由上而下穿过−180°线，相角减小，负穿越 1 次。

控制系统稳定的充要条件是：在开环伯德图上 $L(\omega)>0$dB 的所有频段内，相频特性曲线 $\varphi(\omega)$ 在−180°线上正负穿越次数代数和等于 $+\frac{P}{2}$，P 为开环右极点数。

若开环传递函数中含有积分环节 $s=0$ 时，作辅助曲线。将伯德图中对数相频特性曲线的起始端（$\omega\to 0$ 端）与其他环节（除去积分环节）在 $\omega\to 0$ 时的相角和 φ_0 连接起来，再检查是否穿越−180°线。

例 5-14　系统开环传递函数为 $G(s)=\dfrac{100\left(\frac{s}{2}+1\right)}{s(s+1)\left(\frac{s}{10}+1\right)\left(\frac{s}{20}+1\right)}$，试用伯德图判断闭环系统的稳定性。

解：画伯德图，各个环节的转折频率分别为：

一阶复合微分环节：$\omega_1=2$rad/s。

一阶惯性环节：$\omega_2=1$rad/s；$\omega_3=10$rad/s；$\omega_4=20$rad/s。

画出各个环节的对数幅频、对数相频特性曲线，叠加得伯德图，见图 5-6。

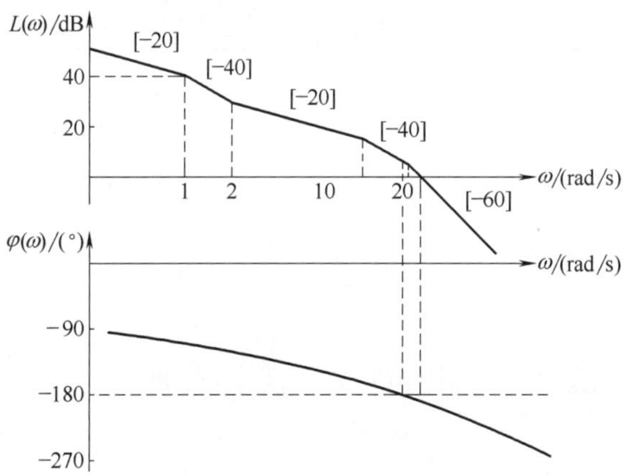

图 5-6　例 5-14 图

判断闭环系统的稳定性：

开环传递函数中没有右极点，$P=0$；

$L(\omega)>0\text{dB}$，相频特性曲线穿越$-180°$线-1次，正负穿越次数的代数和不等于$+\dfrac{P}{2}$，控制系统不稳定。

控制系统开环无右极点，开环稳定，闭环系统不一定稳定。

5-4 稳定性裕量

系统稳定与否是由系统的极点是不是在［s］平面的左半平面决定的。在对控制系统进行分析时，除了分析系统稳定与否外，还要分析系统稳定的程度（裕量）。系统的开环奈氏图对（-1,j0）点的靠近程度，表征了系统的稳定程度，即相对稳定性。

5-4-1 相位裕量

相位裕量（图 5-7）是在幅值交界频率 ω_c 处使系统达到不稳定边缘所需要附加的相角滞后量（或超前量），记作 γ：

$$\gamma=\varphi(\omega_c)-(-180°)=180°+\varphi(\omega_c)$$

幅值交界频率 ω_c：$G(\mathrm{j}\omega)H(\mathrm{j}\omega)$ 曲线与单位圆相交时的频率，$|G(\mathrm{j}\omega_c)H(\mathrm{j}\omega_c)|=1$，$\omega_c$ 又称幅值穿越频率及开环截止频率、开环剪切频率。

5-4-2 幅值裕量

幅值裕量（图 5-7）是在相位交界频率 ω_g 处开环频率特性幅值的倒数，记为 K_g：

$$K_g=\frac{1}{|G(\mathrm{j}\omega_g)H(\mathrm{j}\omega_g)|}$$

在伯德图上，幅值裕量以分贝值表示，可记作 K_g（dB）：

$$K_g(\text{dB})=20\lg K_g=20\lg\frac{1}{|G(\mathrm{j}\omega_g)H(\mathrm{j}\omega_g)|}=-20\lg|G(\mathrm{j}\omega_g)H(\mathrm{j}\omega_g)|$$

相位交界频率 ω_g：开环奈氏图与实轴相交时的频率，$\angle G(\mathrm{j}\omega_g)H(\mathrm{j}\omega_g)=-180°$，$\omega_g$ 又称相位穿越频率。

在伯德图上，$K_g>0$，用$-20\lg|G(\mathrm{j}\omega_g)H(\mathrm{j}\omega_g)|$表示，正幅值裕量必须在 0dB 线以下。

例 5-15 已知单位反馈系统开环传递函数为 $G(s)=\dfrac{K}{(s+1)^3}$，试确定 K 分别为 4 和 10 时系统的稳定裕量。

解：系统开环频率特性 $G(\mathrm{j}\omega)=\dfrac{K}{(\mathrm{j}\omega+1)^3}$；幅频特性 $A(\omega)=\dfrac{K}{(1+\omega^2)^{\frac{3}{2}}}$；相频特性 $\varphi(\omega)=-3\arctan\omega$。

由 $\varphi(\omega_g)=-3\arctan\omega_g=-180°$，得 $\omega_g=\sqrt{3}\,\text{rad/s}$。

$K=4$ 时：

$$A(\omega_g)=\frac{4}{[1+(\sqrt{3})^2]^{\frac{3}{2}}}=0.5,K_g=\frac{1}{A(\omega_g)}=\frac{1}{0.5}=2$$

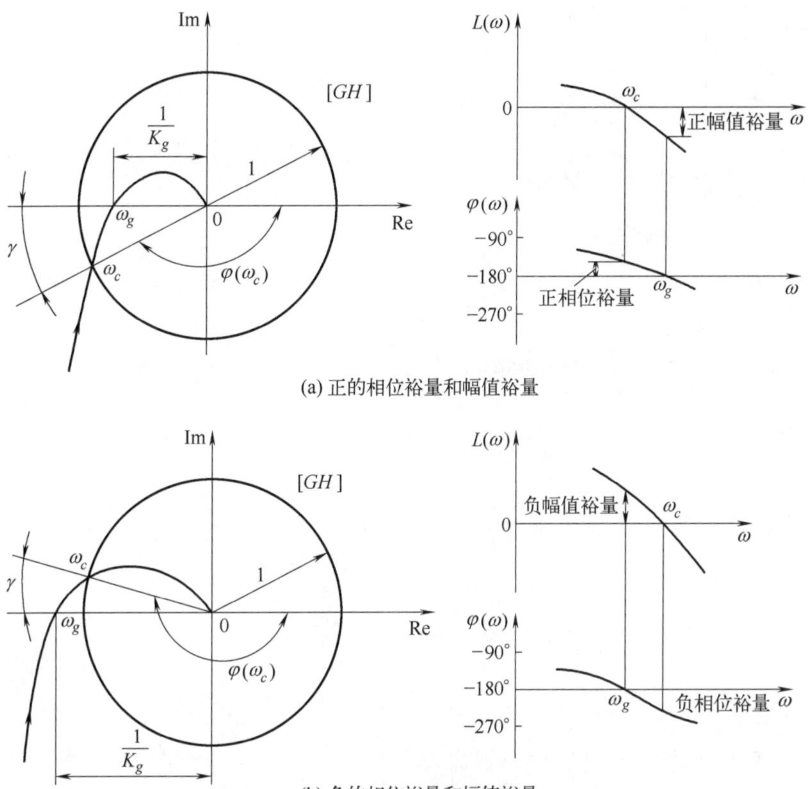

(a) 正的相位裕量和幅值裕量

(b) 负的相位裕量和幅值裕量

图 5-7　相位裕量和幅值裕量

由 $A(\omega_c)=\dfrac{4}{(1+\omega_c^{\ 2})^{\frac{3}{2}}}=1$，得：

$$\omega_c=\sqrt{16^{\frac{1}{3}}-1}=1.2328\text{rad/s}，\varphi(\omega_c)=-152.9°，\gamma=27.1°$$

$K=10$ 时：

$$A(\omega_g)=\frac{10}{[1+(\sqrt{3})^2]^{\frac{3}{2}}}=1.25，K_g=\frac{1}{A(\omega_g)}=\frac{1}{1.25}=0.8$$

$A(\omega_c)=\dfrac{10}{(1+\omega_c^{\ 2})^{\frac{3}{2}}}=1$，$\omega_c=\sqrt{100^{\frac{1}{3}}-1}=1.908\text{rad/s}$，$\varphi(\omega_c)=-187.0°$，$\gamma=-7.0°$

分别作出 $K=4$ 和 $K=10$ 的开环幅相曲线，如图 5-8 所示。

$K=4$ 时，$K_g>1$，$\gamma>0$，系统闭环稳定。

$K=10$ 时，$K_g<1$，$\gamma<0$，系统闭环不稳定。

例 5-16　典型二阶系统如图 5-9 所示，试确定系统的相位裕量 γ。

解：典型二阶系统的开环频率特性 $G(\mathrm{j}\omega)=\dfrac{\omega_n^{\ 2}}{\mathrm{j}\omega(\mathrm{j}\omega+2\xi\omega_n)}$；幅频特性 $A(\omega)=\dfrac{\omega_n^{\ 2}}{\omega\sqrt{\omega^2+4\xi^2\omega_n^{\ 2}}}$；相频特性 $\varphi(\omega)=-\arctan\dfrac{\omega}{2\xi\omega_n}-90°$。

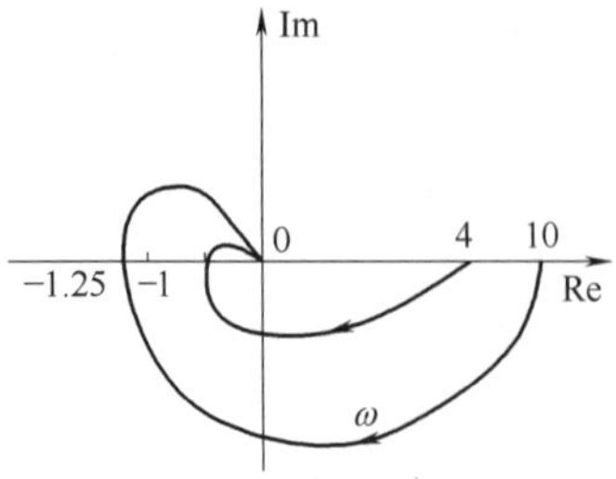

图 5-8 例 5-15 图

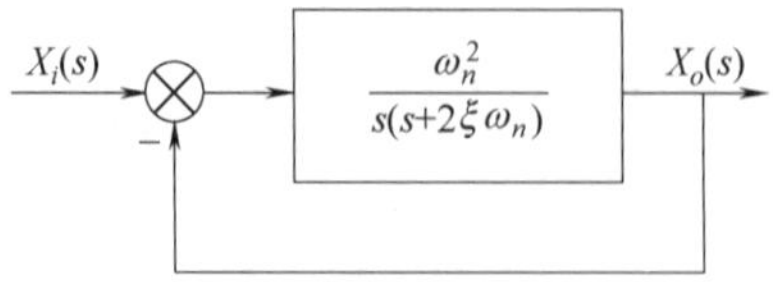

图 5-9 例 5-16 图

$A(\omega_c)=\dfrac{\omega_n^2}{\omega_c\sqrt{\omega_c^2+4\xi^2\omega_n^2}}=1$，得到：

$$\omega_c=\omega_n(\sqrt{4\xi^4+1}-2\xi^2)^{\frac{1}{2}}$$

$$\gamma=180°+\varphi(\omega_c)=90°-\arctan\frac{\omega_c}{2\xi\omega_n}=\arctan\frac{2\xi\omega_n}{\omega_c}=\arctan\left[2\xi\left(\frac{1}{\sqrt{4\xi^4+1}-2\xi^2}\right)^{\frac{1}{2}}\right]$$

本章小结

(1) 基本要求

① 了解控制系统不稳定时存在右极点数目的计算方法、特殊情况下的劳斯稳定判据及应用、穿越的概念。

② 理解稳定性的概念、稳定的充分必要条件，由奈奎斯特稳定判据得到的对数频率特性的稳定判据，奈奎斯特图和伯德图上的正穿越、负穿越表达，开环频域性能指标——幅值裕量和相位裕量。

③ 掌握控制系统稳定性的判断方法，即闭环特征方程式的极点全部在［s］平面左半部；由闭环特征方程式的系数判断闭环极点所在区域，从而判断系统稳定的方法，即代数判据（劳斯-赫尔维茨稳定判据）；由开环奈奎斯特图及开环右极点数目判断闭环系统稳定的方法，即几何判据（奈奎斯特稳定判据）。

(2) 本章要点

① 控制系统稳定的充分必要条件；控制系统稳定的判断方法。

② 劳斯稳定判据、赫尔维茨稳定判据、奈奎斯特稳定判据。

练 习 题

5-1 选择题

1. 系统的稳定性取决于（　　）

A 系统的干扰　　B 系统的干扰点位置

C 系统传递函数极点分布　　D 系统的输入

2. 通过直接观察，下列闭环传递函数所表示的系统稳定的是（　　）

A $G(s)=\frac{10(s+5)}{s^3-4s^2+s}$　　B $G(s)=\frac{s+1}{(s+1)(s^2-4)}$

C $G(s)=\frac{10(s+5)}{s^3+4s+3}$　　D $G(s)=\frac{10}{(s+3)^2(s+1)}$

3. 以下系统稳定的是（　　）

A 系统特征方程的根均在［s］复平面的左半平面

B 系统特征方程的根均在［s］复平面的右半平面

C 系统特征方程的各项系数均为正号

D 系统特征方程的根部分在［s］复平面的左半平面，部分在［s］复平面的右半平面

4. 对于二阶系统（$0<\xi<0.7$），若保持 ω_n 不变而减小 ξ，则系统的（　　）

A 灵敏性好，且相对稳定性也好

B 灵敏性不好，但相对稳定性好

C 灵敏性好，但相对稳定性差

D 灵敏性不好，并且相对稳定性也差

5. 若系统是稳定的，则系统在初始条件或扰动影响下其（　　）

A 稳态响应随着时间的推移而逐渐衰减并趋向于零

B 稳态响应随着时间的推移而逐渐增大并趋向于无穷

C 瞬态响应随着时间的推移而逐渐衰减并趋向于零

D 瞬态响应随着时间的推移而逐渐增大并趋向于无穷

6. 关于系统稳定性的正确说法是（　　）。

A 如果开环稳定，那么闭环也稳定

B 如果开环不稳定，那么闭环也不可能稳定

C 如果开环不稳定，那么闭环可能稳定，也可能不稳定

D 如果开环稳定，那么闭环不稳定

7. 图 5-10 所示为 3 个系统的极点分布图，据此可断定系统稳定的是（　　）。

8. 若一单位反馈系统的开环传递函数为 $G(s)=\frac{a_0}{s(a_2s^2+a_1)}$，则由系统稳定的必要条件可知（　　）

A 系统稳定的充分必要条件是常数 a_0、a_1、a_2 均大于 0

B 不论 a_0、a_1、a_2 取何值都不能使系统稳定

C 总可以通过选择适当的 a_0、a_1、a_2 值而使系统稳定

D 在 $a_1>0$ 且 $a_2>0$，a_0 无要求时系统稳定

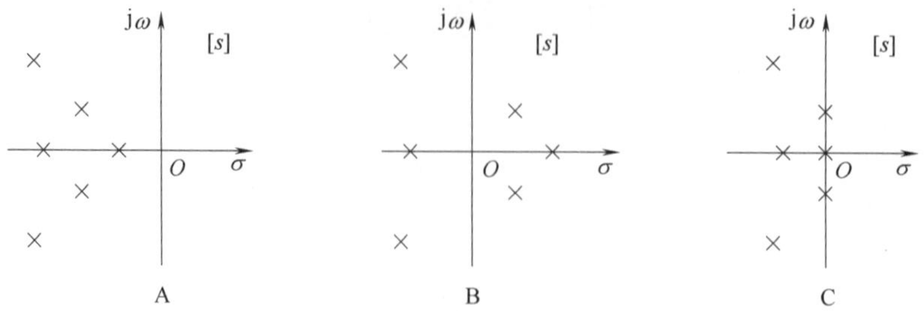

图 5-10

9. 某单位反馈系统的开环传递函数为$\dfrac{s+5}{s(s+3)(s+4)}$，系统的特征方程为（　　）

A $s^3+7s^2+12s=0$　　B $s(s+3)(s+5)=0$

C $s^2+7s+12=0$　　D $s^3+7s^2+13s+5=0$

10. 在闭环控制系统中，通过增大开环增益 K 可使（　　）

A 系统的精度提高，并且稳定性也提高

B 系统的精度下降，但稳定性提高

C 系统的精度下降，稳定性也下降

D 系统的精度提高，但稳定性下降

11. 在设计控制系统时，稳定性判断（　　）

A 不必判断　　B 绝对必要

C 有时是必要的　　D 根据系统而定

12. 劳斯判据应用于控制系统稳定性判断时是针对（　　）

A 闭环系统的传递函数

B 开环系统的传递函数

C 闭环系统中开环传递函数的特征方程

D 闭环系统的特征方程

13. 系统的特征方程 $D(s)=s^3+14s^2+40s+40\tau=0$，此系统稳定的 τ 值范围为（　　）

A $\tau>0$　　B $0<\tau<14$　　C $\tau>14$　　D $\tau<0$

14. 设 ω_c 为幅值交界频率，$\varphi(\omega_c)$ 为开环频率特性幅值为 1 时的相位角，则相位裕量为（　　）

A $180°-\varphi(\omega_c)$　　B $\varphi(\omega_c)$　　C $180°+\varphi(\omega_c)$　　D $90°+\varphi(\omega_c)$

15. 为了增加系统的稳定性裕量，可以（　　）

A 减小系统的增益　　B 增大系统的增益

C 减小输入信号　　D 使用开环系统

16. 下面列出四个最小相位系统的 γ 和 K_g，则稳定的系统是（　　）

A $\gamma=15°$，$K_g=0$dB　　B $\gamma=35°$，$K_g=26$dB

C $\gamma=20°$，$K_g=-30$dB　　D $\gamma=-45°$，$K_g=5$dB

17. 若系统开环传递函数在［s］右半面无极点，则闭环系统稳定的充要条件为其开环的奈奎斯特曲线，当 ω 从 0 到 $+\infty$ 变化时（　　）

A 包围（-1,j0）点　　B 不包围原点

C 包围原点　　　　　　　　　　　　　　D 不包围（$-1,j0$）点

18. 设单位反馈系统开环传递函数为 $G(s)=1+0.3s$，其（　　）

A 幅相频率特性曲线是一条与虚轴平行的直线，闭环是稳定的

B 幅相频率特性曲线是一条与实轴平行的直线，闭环是稳定的

C 幅相频率特性曲线是一条与虚轴平行的直线，闭环是不稳定的

D 幅相频率特性曲线是一条与实轴平行的直线，闭环是不稳定的

19. 利用奈奎斯特稳定判据判断系统的稳定性时，$Z=P-N$ 中的 Z 表示意义为（　　）

A 闭环传递函数零点在［s］左半平面的个数

B 闭环传递函数极点在［s］右半平面的个数

C 开环传递函数零点在［s］左半平面的个数

D 开环传递函数极点在［s］右半平面的个数

20. 关于劳斯-赫尔维茨稳定判据和奈奎斯特稳定判据，以下叙述中正确的是（　　）

A 劳斯-赫尔维茨稳定判据属于代数判据，是用来判断开环稳定性的

B 奈奎斯特稳定判据属于几何判据，是用来判断闭环稳定性的

C 奈奎斯特稳定判据是用来判断开环稳定性的

D 以上叙述均不正确

21. 设系统的特征方程 $D(s)=3s^4+10s^3+5s^2+s+2=0$，此系统（　　）

A 稳定　　　　B 临界稳定　　　　C 不稳定　　　　D 不确定

22. 单位反馈系统开环传递函数为 $G(s)=\dfrac{K}{s(s+1)(s+2)}$，当 K 增大时，对系统性能的影响是（　　）

A 阶跃输入误差增大　　　　　　　　B 稳定性降低

C 频宽降低　　　　　　　　　　　　D 阶跃输入误差减小

23. 以下频域性能指标中根据系统开环来定义的是（　　）

A 谐振频率　　　　　　　　　　　　B 带宽与截止频率

C 幅值裕量 K_g 与相位裕量 γ　　　　D 谐振峰值

24. 以下性能指标中不能反映系统响应速度的指标为（　　）

A 截止频率　　　　　　　　　　　　B 无阻尼固有频率

C 谐振频率　　　　　　　　　　　　D 相位穿越频率

25. 根据以下最小相位系统的相位裕量，相对稳定性最好的系统为（　　）

A $\gamma=70^\circ$　　　　　　　　　　　B $\gamma=-50^\circ$

C $\gamma=0^\circ$　　　　　　　　　　　　D $\gamma=30^\circ$

26. 为提高某二阶欠阻尼系统的相对稳定性，可（　　）

A 加大 ω_n　　　　　　　　　　　　B 减小 ω_n

C 加大 ξ　　　　　　　　　　　　　D 减小 ξ

27. 判断系统稳定性的参数为（　　）

A K_g　　　　B ω_n　　　　C ω_c　　　　D K_a

5-2　填空题

1. 一个单位反馈系统的前向通道传递函数为 $\dfrac{K}{s^3+5s^2+4s}$，则该闭环系统的特征方程为

________，开环增益为________。

2. 一个系统稳定的必要和充分条件是：其特征方程的所有的根都必须为________或________，也即稳定系统的全部根均应在［s］复平面的________。

3. 用奈奎斯特稳定判据判别系统稳定性的充要条件是 $Z=P-N=0$，其中，Z 为闭环传递函数________，P 为开环传递函数________。

4. 对于最小相位系统，其开环频率特性具有________相位裕量与________幅值裕量，其________是稳定的。

5. 如果一个系统的开环是稳定的，则闭环________；如果开环不稳定，则闭环________。

6. 在伯德图上，幅值裕量表示为当系统相频特性曲线达到________的幅值距零分贝线的距离。

5-3 简答题

1. 简述控制系统稳定性的定义、控制系统稳定的充要条件。

2. 控制系统稳定的判断方法有哪些？

3. 控制系统稳定性判断的代数判据是什么？判断稳定性的依据是什么？

4. 当单位反馈系统开环传递函数为 $G(s)=\dfrac{bs+1}{s(s-a)}$，其中 a、b 均为大于 0 的常数。试问要保证系统稳定时，a、b 应满足什么条件？

5. 简述系统相对稳定性的概念，何为相位裕量（画图说明），如何计算相位裕量，并在极坐标图上表示出来。

6. 将对数频率特性向右移十倍频程，开环剪切频率 ω_c（或称幅值穿越频率）如何变化？相位裕量 γ 如何变化？

5-4 计算题

1. 试判别图 5-11 所示系统的稳定性。

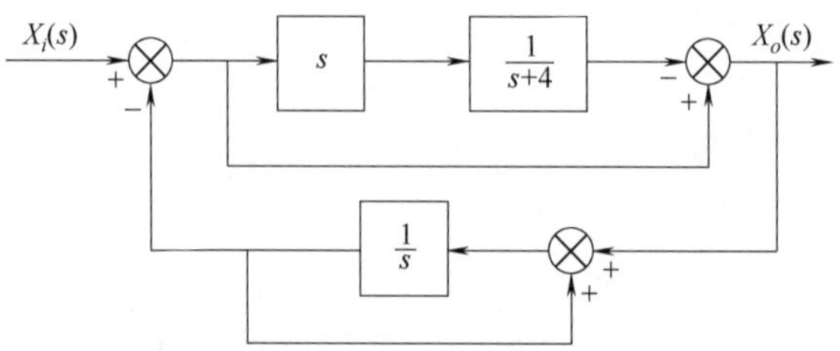

图 5-11

2. 已知单位反馈控制系统开环传递函数，试判断其稳定性。

① $G(s)H(s)=\dfrac{10}{s(s-1)(s+5)}$；

② $G(s)H(s)=\dfrac{10(s+1)}{s(s-1)(2s+3)}$。

3. 设单位反馈系统的开环传递函数为 $G(s)=\dfrac{K}{s(s+1)(s+2)}$，试确定使系统稳定的 K 值范围。

4. 某系统的开环传递函数为 $G(s)=\dfrac{K}{s^3+12s^2+20s}$，求使系统闭环后稳定的 K 值范围。

5. 设系统的闭环传递函数为 $\dfrac{X_o(s)}{X_i(s)}=\dfrac{s+K}{s^3+2s^2+4s+K}$，试确定使系统稳定的 K 值范围。

6. 已知反馈控制系统的闭环特征方程：

$$D(s)=0.0039s^4+0.35s^3+2.05s^2+1.135s+3=0$$

试用劳斯稳定判据和赫尔维茨稳定判据判别系统的稳定性。

7. 分别用劳斯稳定判据和赫尔维茨稳定判据确定具有下列特征方程的系统稳定时 K 的取值范围。

① $s^4+22s^3+10s^2+2s+K=0$；

② $s^4+20Ks^3+5s^2+(10+K)s+15=0$；

③ $s^3+(K+0.5)s^2+4Ks+50=0$；

④ $s^4+Ks^3+s^2+s+1=0$。

8. 图 5-12 是某垂直起降飞机的高度控制系统方框图，试确定使系统稳定的 K 值范围。

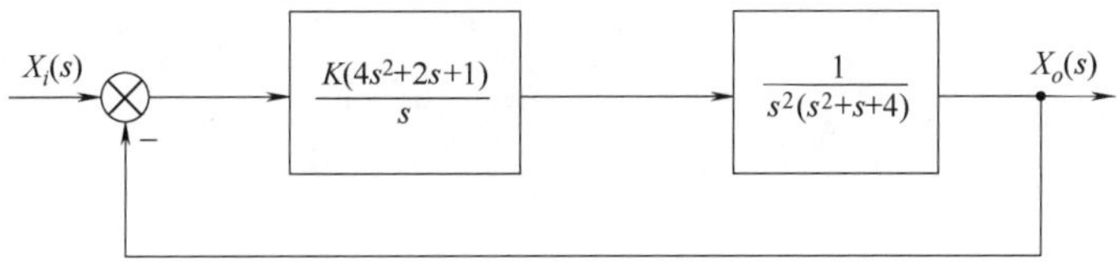

图 5-12

9. 某高速列车停车位置控制系统如图 5-13 所示。其中，$K_1=1$，$K_2=1000$，$K_3=0.001$，$a=0.1$，$b=0.1$。试求：当放大器增益 K_A 为何值时，系统才能稳定？

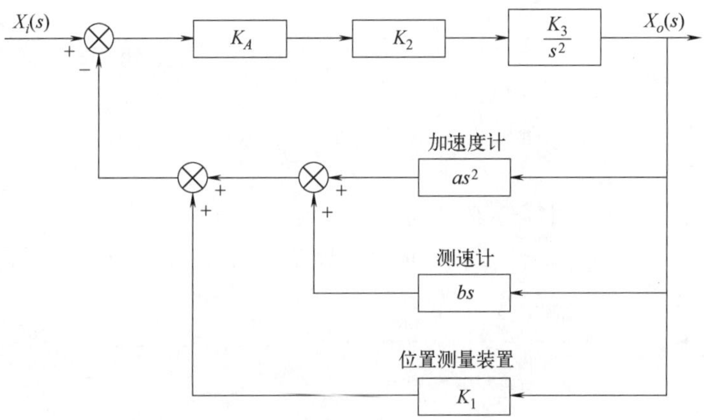

图 5-13

10. 有一控制系统，其数学模型由下述一组运动方程式描述：

$$e(t)=x_i(t)-x_o(t)$$

$$0.05\frac{\mathrm{d}x_1(t)}{\mathrm{d}t}+x_1(t)=2[e(t)-x_2(t)]$$

$$0.5\frac{\mathrm{d}^2x_o(t)}{\mathrm{d}t^2}+\frac{\mathrm{d}x_o(t)}{\mathrm{d}t}=50x_1(t)$$

$$x_2(t)=K_cx_1(t)$$

试求使系统稳定时 K_c 值的允许范围。

11. 图 5-14 是核反应堆石墨棒位置控制闭环系统，其目的在于获得希望的辐射水平，增益 4.4 是石墨棒位置和辐射水平的变换系数，辐射传感器时间常数为 0.1s，直流增益为 1，设控制器传递函数 $G_c(s)=1$。

① 求使系统稳定的功率放大器增益 K 的取值范围；

② 设 $K=20$，传感器的传递函数 $H(s)=\dfrac{1}{\tau s+1}$（τ 不一定是 0.1），求使系统稳定的 τ 的取值范围。

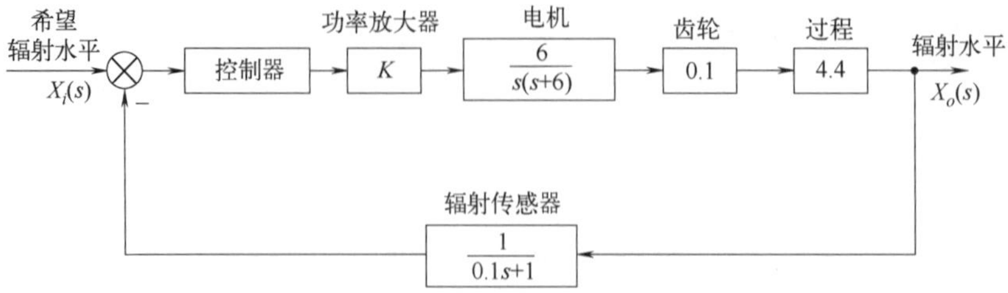

图 5-14

12. 判别图 5-15 所示系统的稳定性。

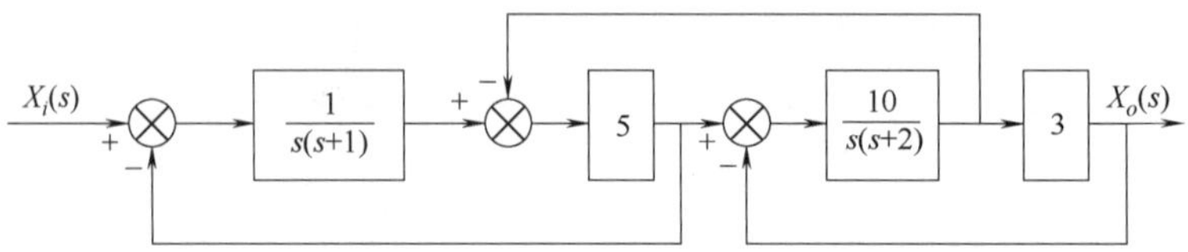

图 5-15

13. 试说明图 5-16 所示系统的稳定条件。

14. 如图 5-17 所示系统：

① 当开环增益 K 由 20 下降到何值时，系统临界稳定？

② 当 $K=20$，其中一个惯性环节的时间常数 T 由 0.1s 下降到何值时，系统临界稳定？

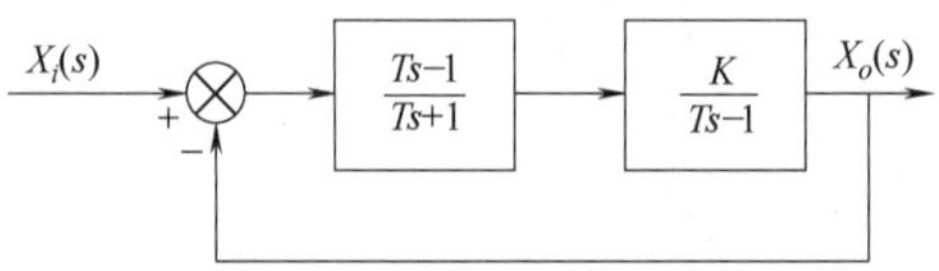

图 5-16

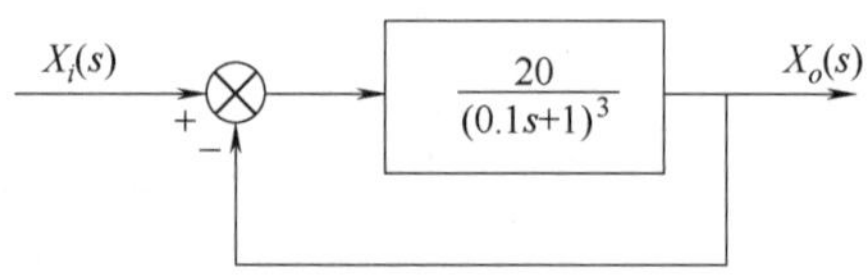

图 5-17

15. 若系统前向通道传递函数 $G(s)=\dfrac{10}{s(s-1)}$，反馈通道传递函数 $H(s)=1+K_n s$，确定闭环系统稳定时的 K_n 临界值。

16. 单位反馈系统的开环传递函数为 $G(s)=\dfrac{K}{s(s+3)(s+5)}$，要求系统特征根的实部不大于$-1$，试确定开环增益的取值范围。

17. 系统方框如图 5-18 所示，已知参数 $\xi=0.2$，$\omega_n=25\text{rad/s}$，试用劳斯稳定判据确定使闭环系统稳定的 K_1 取值范围。如果要求闭环系统的极点全部位于 $s=-1$ 垂线之左，问 K_1 值范围又应当取多大？

18. 对于图 5-19 所示的系统，试确定：

① 使系统稳定的 a 值；

② 使系统特征值均落在［s］平面中 $\text{Re}=-1$ 这条线以左的 a 值。

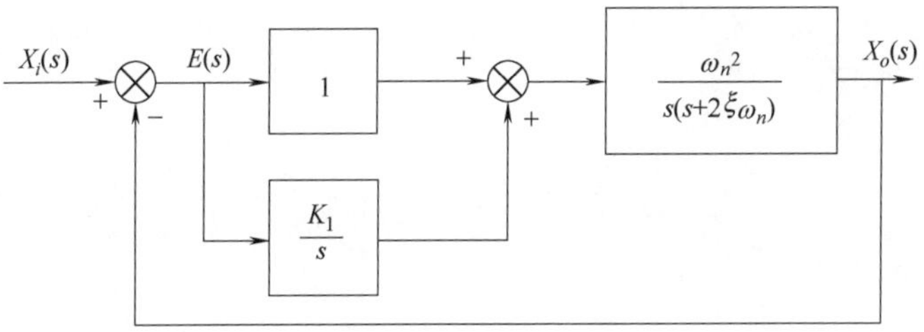

图 5-18

19. 若系统方框图如图 5-20 所示，试用劳斯稳定判据判别系统的稳定性。

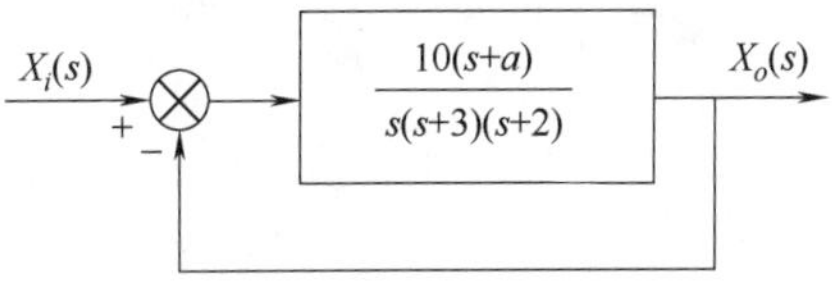

图 5-19

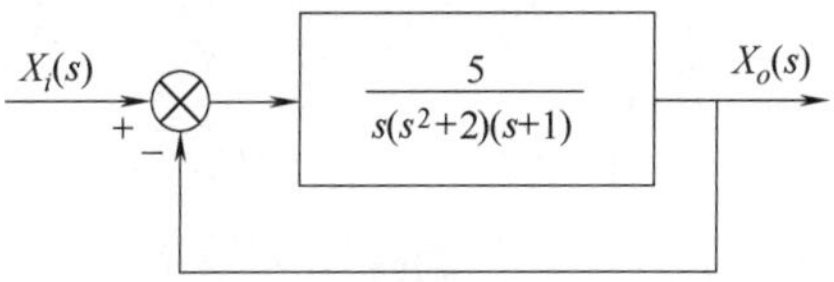

图 5-20

20. 控制系统的特征多项式为 $D(s)=s^5+2s^4+24s^3+48s^2-25s-50=0$，判断系统的稳定性，并判断正根个数。

21. 判别图 5-21 所示系统稳定性，若稳定，指出单位阶跃下 $e(\infty)$ 的值；若不稳定，则指出 [s] 右半平面根的个数。

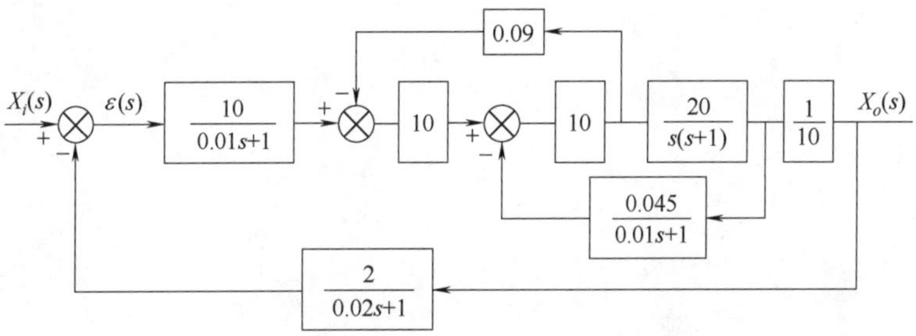

图 5-21

22. 闭环系统特征方程如下，试确定有几个根在 [s] 平面右半面。

① $s^4+10s^3+35s^2+50s+24=0$；

② $s^4+2s^3+10s^2+24s+80=0$；

③ $s^3-15s+126=0$；

④ $s^5+3s^4-3s^3-9s^2-4s-12=0$。

23. 已知系统的特征方程，试判别系统的稳定性，并确定在 [s] 平面右半面根的个数及纯虚根。

① $D(s)=s^5+2s^4+2s^3+4s^2+11s+10=0$；

② $D(s)=s^5+3s^4+12s^3+24s^2+32s+48=0$；

③ $D(s)=s^5+2s^4-s-2=0$；

④ $D(s)=s^5+2s^4+24s^3+48s^2-25s-50=0$。

24. 设两个系统的开环传递函数的奈奎斯特图分别如图 5-22（a）和（b）所示，试确定系统的稳定性。

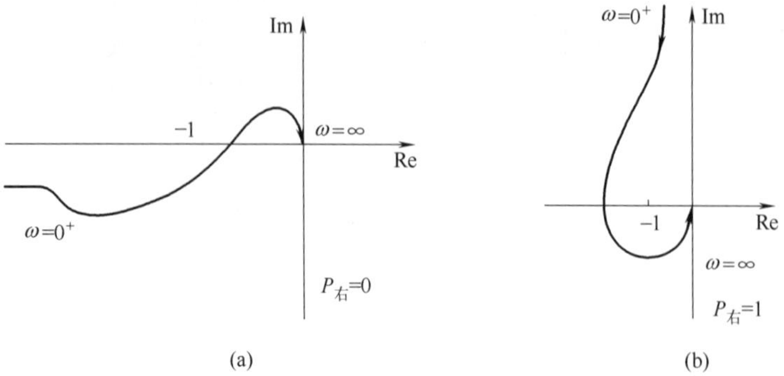

图 5-22

25. 已知下列系统的开环传递函数，各自对应的奈奎斯特图如图 5-23 所示。试根据奈奎斯特稳定判据，判断各闭环系统的稳定性。

① 图(a)：$G(s)=\dfrac{K}{(T_1s+1)(T_2s+1)(T_3s+1)}$；

② 图(b)：$G(s)=\dfrac{K}{s(T_1s+1)(T_2s+1)}$；

③ 图(c)：$G(s)=\dfrac{K}{s^2(Ts+1)}$；

④ 图(d)：$G(s)=\dfrac{K(T_1s+1)}{s^2(T_2s+1)}$　$(T_1>T_2)$；

⑤ 图(e)：$G(s)=\dfrac{K}{s^3}$；

⑥ 图(f)：$G(s)=\dfrac{K(T_1s+1)(T_2s+1)}{s^3}$；

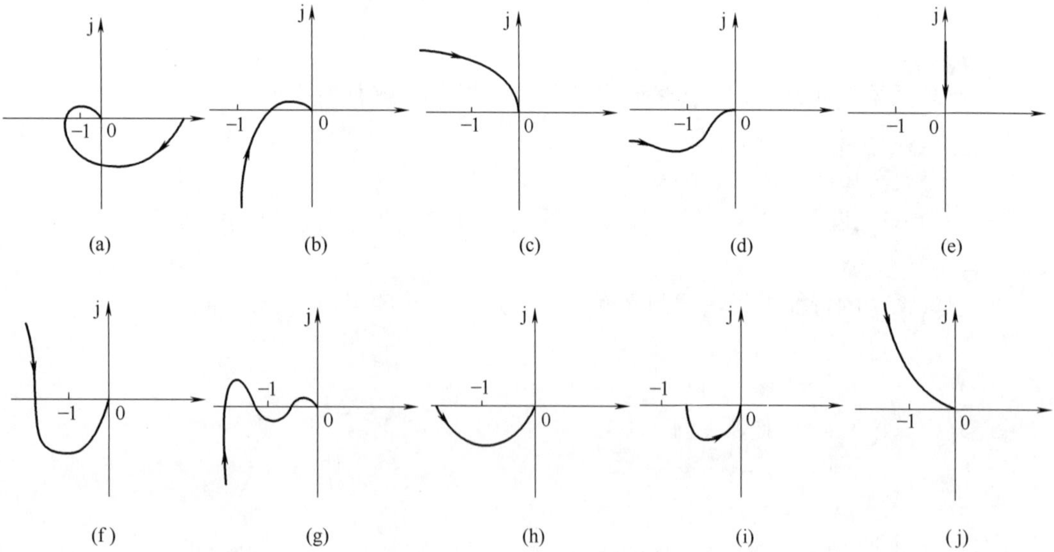

图 5-23

⑦ 图(g)：$G(s)=\dfrac{K(T_5s+1)(T_6s+1)}{s(T_1s+1)(T_2s+1)(T_3s+1)(T_4s+1)}$；

⑧ 图(h)：$G(s)=\dfrac{K}{T_1s-1}\quad (K>1)$；

⑨ 图(i)：$G(s)=\dfrac{K}{T_1s-1}\quad (K<1)$；

⑩ 图(j)：$G(s)=\dfrac{K}{s(Ts-1)}$。

26. 已知系统开环传递函数 $G(s)=\dfrac{10(s^2-2s+5)}{(s+2)(s-0.5)}$，试概略绘制奈奎斯特图，并根判断闭环系统的稳定性。

27. 某系统的方框图和开环奈氏图如图 5-24（a）、（b）所示，其中，$G(s)=\dfrac{1}{s(1+s)^2}$，$H(s)=\dfrac{s^3}{(s+1)^2}$，试用奈奎斯特稳定判据判断闭环系统稳定性。

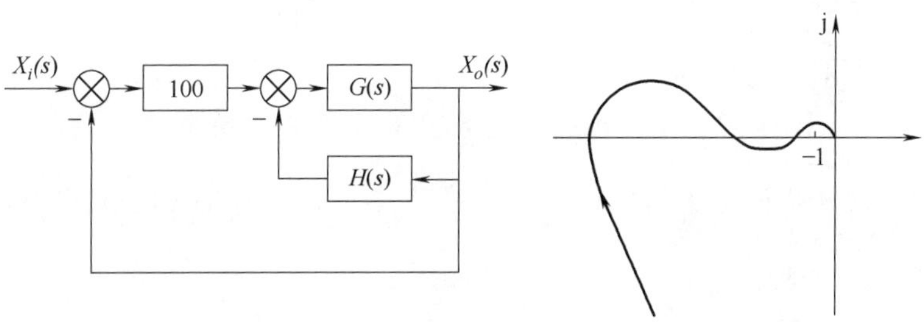

(a)　　(b)

图 5-24

28. 设单位反馈系统的开环传递函数为：

$$G(s)H(s)=\frac{10K(s+0.5)}{s^2(s+2)(s+10)}$$

试用奈奎斯特稳定判据确定该系统在 $K=1$ 和 $K=10$ 时的稳定性。

29. 已知反馈系统，其开环传递函数为：

① $G(s)=\dfrac{100}{s(0.2s+1)}$；

② $G(s)=\dfrac{50}{(0.2s+1)(s+2)(s+0.5)}$；

③ $G(s)=\dfrac{10}{s(0.1s+1)(0.25s+1)}$；

④ $G(s)=\dfrac{100\left(\dfrac{s}{2}+1\right)}{s(s+1)\left(\dfrac{s}{10}+1\right)\left(\dfrac{s}{20}+1\right)}$。

试用奈奎斯特稳定判据或对数稳定判据判断闭环系统的稳定性，并确定系统的相位裕量和幅值裕量。

30. 某最小相位系统的开环对数幅频特性如图 5-25 所示，要求：

① 写出系统开环传递函数；

② 利用相位裕量判断系统的稳定性；

③ 将其对数幅频特性向右平移十倍频程，试讨论对系统性能的影响。

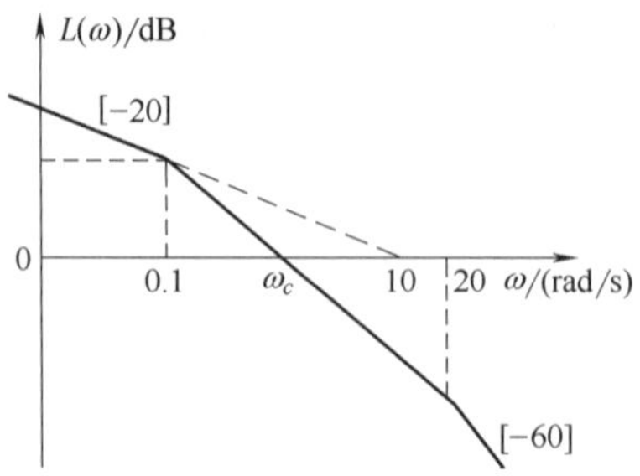

图 5-25

31. 对于典型二阶系统，已知 $M_p=15\%$，$t_s=3\mathrm{s}$，试计算相位裕量 γ。

32. 单位反馈系统的开环传递函数为 $G(s)=\dfrac{K}{s(T_1s+1)(T_2s+1)}$：

① 试分析 K 值对系统稳定性的影响；

② 确定当 $T_1=1$、$T_2=0.5$ 和 $K=0.75$ 时，系统的幅值裕量。

33. 已知系统的传递函数为 $G(s)=\dfrac{7s^2+2s+1}{4s^3+12s^2+4s+1}$，用 MATLAB 计算控制系统的极点和零点，判断系统的稳定性。

34. 已知单位负反馈系统的开环传递函数为 $G(s)=\dfrac{7}{s^3+9s^2+4s}$，用 MATLAB 绘制伯德图，求取幅值裕量和相位裕量，并判断系统的稳定性。

35. 已知单位负反馈系统的开环传递函数为 $G(s)=\dfrac{7}{s^3+7s^2+19s+3}$，用 MATLAB 绘制奈奎斯特图，求取幅值裕量和相位裕量，并判断系统的稳定性。

第 6 章　控制系统的综合与校正

控制系统的性能指标反映了系统性能的优劣。为了寻求能够全面满足这些性能指标的方案以及合理地确定校正元件的参数值，本章介绍控制系统校正的实质和方法、常见校正元件的特点、校正对系统的作用及 PID 校正器。

6-1　校正方式

校正的实质为使控制系统的传递函数发生改变，从而改变零点、极点分布，改变频率特性或根轨迹的形状。

在控制系统综合与校正时，采用的校正方法一般依据性能指标形式而定。

时域分析法中，系统的性能指标（时域特征量）有：峰值时间 t_p，调整时间 t_s，上升时间 t_r，最大超调量 M_p 及稳态误差 e_{ss}，静态误差系数 K_p、K_v、K_a 等。

频域分析法中，系统的性能指标（频域特征量）有：幅值裕量 K_g、相位裕量 γ、零频幅值 $M(0)$、谐振峰值 M_r、谐振频率 ω_r、截止频率 ω_b 及频带宽度（带宽或频宽）等。

如果性能指标以系统的频域特征量给出时，采用频域法校正，即串联校正；如果性能指标以时域特征量给出时，采用时域法校正，即并联校正。

(1) 串联校正

校正装置 $G_c(s)$ 串联在前向通道中，一般放在前向通道的前端，即低功率部分。串联校正可以分为：相位超前校正、相位滞后校正、相位滞后-超前校正。

特点：结构简单，设计容易，对参数变化敏感。

(2) 并联校正

按校正环节 $G_c(s)$ 的并联方式分为：反馈校正、顺馈校正。

反馈校正特点：控制精度较高，抑制参数变化，设计较复杂。

顺馈校正特点：可消除扰动影响；可用于随动系统，进行无差控制；与其他控制联合使用效果好。

(3) 复合校正

把顺馈控制和反馈控制结合起来的校正称为复合校正，可以分为：按扰动补偿的复合校正、按输入补偿的复合校正。

6-2　串联校正

串联校正法是频域校正法，频域校正法的实质是在系统中加入频率特性形状合适的校正装置，使开环系统频率特性形状变成所期望的形状：低频段增益充分大，以保证稳态误差要求；中频段对数幅频特性斜率一般为－20dB/dec，并占据充分宽的频带，以保证具备适当的相位裕量；高频段增益尽快减小，以削弱噪声影响，若系统原有部分高频段已符合该种要求，则校正时可保持高频段形状不变，以简化校正装置的形式。

设计串联校正装置的步骤如下：

① 根据系统对稳态误差的要求，确定开环增益 K；

② 计算系统校正前的相位裕量和幅值裕量；

③ 确定校正装置的参数；

④ 确定校正后的截止频率；

⑤ 确定校正后的传递函数；

⑥ 验算校正后的幅值裕量和相位裕量。

6-2-1 相位超前校正

相位超前网络的传递函数为：

$$G_c(s)=\alpha\frac{Ts+1}{\alpha Ts+1}$$

式中，$\alpha=\dfrac{R_2}{R_1+R_2}<1$。

超前网络基本上是一个高通滤波器，主要作用是改变频率特性曲线的形状，产生足够大的相位超前角，以补偿原来系统中元件造成的过大的相角滞后。

6-2-2 相位滞后校正

相位滞后网络的传递函数为：

$$G_c(s)=\frac{Ts+1}{\beta Ts+1}=\frac{1}{\beta}\times\frac{s+(1/T)}{s+(1/\beta T)}$$

式中，$\beta=\dfrac{R_1+R_2}{R_2}>1$。

相位滞后校正的实质：利用滞后网络幅值衰减特性，压低中频段，减小校正后的截止频率，挖掘系统自身的相角储备来满足校正后系统的相位裕量要求。

滞后网络基本上是一个低通滤波器，主要作用是利用它的负斜率段，使被校正系统高频段幅值衰减，幅值交界频率左移，从而获得充分的相位裕量。

6-2-3 相位滞后-超前校正

滞后-超前网络的传递函数为：

$$G_c(s)=\frac{(1+T_1s)(1+T_2s)}{\left(1+\frac{T_1}{\beta}s\right)(1+\beta T_2s)}=\frac{1+T_1s}{1+\frac{T_1}{\beta}s}\times\frac{1+T_2s}{1+\beta T_2s}\quad(\beta>1)$$

其中，$T_2>T_1$。

相位滞后-超前网络属于带通滤波器。超前校正可增加频宽、提高快速性、改善相对稳定性，但不利于稳态精度；滞后校正可提高平稳性及稳态精度，但快速性降低。同时采用滞后和超前校正，则可全面改善系统的控制性能。

6-2-4　PID 校正器

PID（比例-积分-微分）校正器又称为 PID 调节器、PID 控制器，利用系统误差、误差的微分和积分信号构成不同控制方式。其中，P 为比例单元，I 为积分单元，D 为微分单元；PD 为比例-微分，PI 为比例-积分，PID 为比例-积分-微分。从滤波的角度看，PD 是高通滤波器，属于超前校正装置；PI 是低通滤波器，属于滞后校正装置；PID 是带通滤波器，属于滞后-超前校正装置。

（1）比例（P）控制

比例（P）控制器的传递函数为：$G_c(s)=K_p$。其可提高系统的开环增益而不影响相位，减小稳态误差，提高系统响应的快速性，但会降低其稳定性，故在系统校正中很少单独使用。

（2）比例-微分（PD）控制

比例-微分（PD）控制器传递函数为：

$$G_c(s)=K_p+T_d s=K_p\left(1+\frac{T_d}{K_p}s\right)$$

式中，T_d 是微分时间常数。PD 控制相当于相位超前校正。比例-微分控制反映误差信号的变化趋势，具有“预测”能力。它能在误差信号变化之前给出校正信号，防止系统出现过大的偏离和振荡，可以提高系统的快速性。另一方面，这种方式相当于系统增加开环零点，系统相位裕量增加，有利于增加系统稳定性。比例-微分控制器如图 6-1 所示。

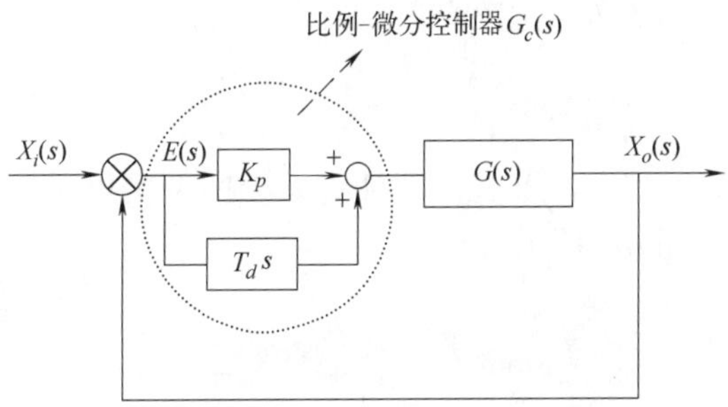

图 6-1　比例-微分控制器

缺点：系统抗高频干扰能力下降。

例 6-1　单位反馈系统开环增益 $G(s)=\dfrac{K}{s(0.1s+1)}$，要求校正后系统稳态速度误差系数 $K_v\geqslant 100$，相位裕量 $\gamma\geqslant 50°$，试确定校正装置。

解：① 计算放大系数 K。

$$e_{ss}=\lim_{s\to 0}sE(s)=\lim_{s\to 0}s\frac{X_i(s)}{1+G(s)H(s)}=\lim_{s\to 0}\frac{1}{sG(s)H(s)}$$

计算得 $K\geqslant 100$，取 $K=100$，所以开环传递函数为：$G(s)=\dfrac{100}{s(0.1s+1)}$。

② 计算相位裕量。

先求 ω_c：

$$L(\omega)=20\lg 100-20\lg\omega-20\lg\sqrt{\left(\frac{\omega}{10}\right)^2+1}$$

假定$\frac{\omega_c}{10}\gg 1$，得 $A(\omega)=\frac{100}{\omega_c \frac{\omega_c}{10}}=1$，$\omega_c=31.6\text{rad/s}$。

其相位裕量：

$$\gamma=180°+\varphi(\omega_c)=180°+\left(-90°-\arctan\frac{31.6}{10}\right)=17.6°$$

相位裕量不满足要求。

设计 PD 控制器传递函数为：$G_c(s)=1+\frac{1}{31.6}s$。则校正后的相位裕量为：

$$\gamma=180°+\varphi(\omega_c)=180°+\left(-90°-\arctan\frac{31.6}{10}+45°\right)=17.6°+45°=52.6°$$

此时相位裕量为 52.6°>50°，满足要求。

(3) 积分（I）控制

积分（I）控制器的传递函数为：

$$G_c(s)=\frac{1}{T_i s}$$

式中，T_i 是积分时间常数。

积分控制可减小或消除稳态误差，但产生−90°的滞后相角，对系统稳定性不利。

(4) 比例-积分（PI）控制

比例-积分（PI）控制器的传递函数为：

$$G_c(s)=K_p+\frac{1}{T_i s}=\frac{K_p T_i s+1}{T_i s}$$

PI 控制相当于相位滞后校正，PI 控制器使得系统的型次提高，可有效改善系统的稳态精度。比例-积分控制器如图 6-2 所示。

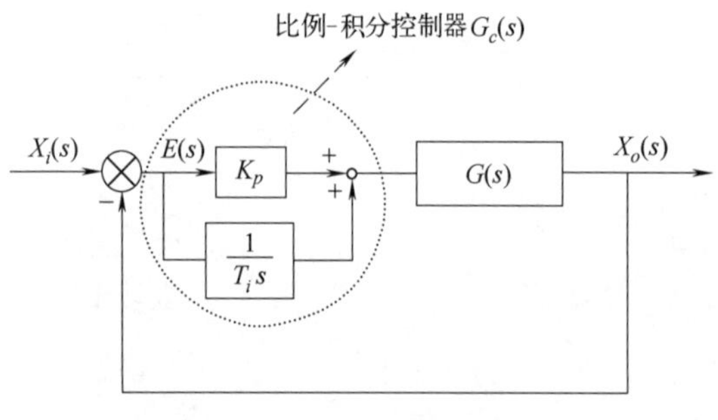

图 6-2 比例-积分控制器

缺点：相角的损失使系统的相位裕量有所下降，导致系统的相对稳定性降低。

例 6-2 设单位反馈系统的开环传递函数为：

$$G(s)H(s)=\frac{100}{(0.1s+1)(0.01s+1)}$$

为了提高系统的稳态精度，希望将系统改成Ⅰ型系统，并使系统的相位裕量 $\gamma>40°$，试设计校正装置以满足要求。

解：原系统的开环传递函数为 $G(s)H(s)=\dfrac{100}{(0.1s+1)(0.01s+1)}$，计算其相位裕量：

$$20\lg|G(j\omega_c)H(j\omega_c)|=0\Rightarrow\omega_c\approx100\sqrt{10}=316.23\text{rad/s}$$
$$\gamma=180^\circ+\arctan(-0.1\times\omega_c)+\arctan(-0.01\times\omega_c)$$
$$\Rightarrow\gamma\approx180^\circ-88.234^\circ-72.49^\circ=19.276^\circ$$

相位裕量不满足要求。

设计 PI 校正器传递函数 $G_c(s)=0.1+\dfrac{1}{s}=\dfrac{0.1s+1}{s}$，则校正后系统开环传递函数为：

$$G(s)H(s)G_c(s)=\frac{100(0.1s+1)}{(0.1s+1)(0.01s+1)s}$$

校正后的系统变为Ⅰ型系统，再验证相位裕量是否满足要求。计算其相位裕量：

$$20\lg|G(j\omega_c')H(j\omega_c')G_c(j\omega_c')|=0\Rightarrow\omega_c'\approx100\text{rad/s}$$
$$\gamma=180^\circ+(-90^\circ)+\arctan(-0.01\times\omega_c')$$
$$\Rightarrow\gamma\approx180^\circ-90^\circ-45^\circ=45^\circ$$

所以校正后相位裕量 $\gamma=45^\circ>40^\circ$，满足要求。

(5) 比例-积分-微分（PID）控制

比例-积分-微分（PID）控制器传递函数为：

$$G_c(s)=K_p+\frac{1}{T_is}+T_ds=\frac{T_iT_ds^2+K_pT_is+1}{T_is}=\frac{\left(\dfrac{1}{T_1}s+1\right)\left(\dfrac{1}{T_2}s+1\right)}{T_is}$$

PID 校正相当于相位滞后-超前校正。当 $T_i>T_d$ 时，PID 控制在低频段起积分作用，可改善系统的稳态性能；当 $T_i<T_d$ 时，PID 控制在中高频段起微分作用，可改善系统的动态性能。比例-积分-微分控制器如图 6-3 所示。

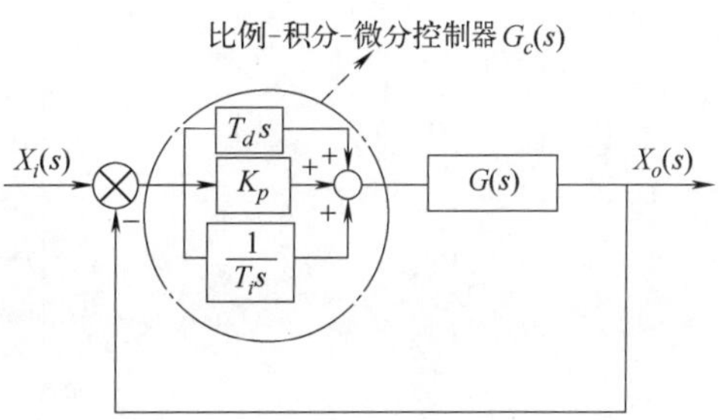

图 6-3　比例-积分-微分控制器

例 6-3　单位反馈控制系统传递函数为 $G(s)=\dfrac{100}{s(10s+1)}$，试设计 PID 控制器，使系统的闭环极点为 $-2\pm j$、-5。

解：设 PID 控制器传递函数为：

$$G_c(s)=K_p+T_ds+\frac{1}{T_is}$$

则系统的闭环传递函数为：

$$\frac{X_o(s)}{X_i(s)}=\frac{\left(K_p+T_ds+\dfrac{1}{T_is}\right)\dfrac{100}{s(10s+1)}}{1+\left(K_p+T_ds+\dfrac{1}{T_is}\right)\dfrac{100}{s(10s+1)}}$$
$$=\frac{100\left(K_p+T_ds+\dfrac{1}{T_is}\right)}{s(10s+1)+100\left(K_p+T_ds+\dfrac{1}{T_is}\right)}$$

则闭环特征方程为 $s(10s+1)+100\left(K_p+T_ds+\frac{1}{T_is}\right)=0$，整理得到：

$$10T_is^3+(T_i+100T_iT_d)s^2+100K_pT_is+100=0$$

由系统的闭环极点为 $-2\pm \mathrm{j}$、-5 及对应系数相等：

$$\begin{aligned}(s+5)(s+2-\mathrm{j})(s+2+\mathrm{j})&=s^3+9s^2+25s+25\\&=10T_is^3+(T_i+100T_iT_d)s^2+100K_pT_is+100\end{aligned}$$

得到 $\frac{10T_i}{4}=1$，$\frac{T_i+100T_iT_d}{4}=9$，$25K_pT_i=25$，整理简化得：

$$T_i=0.4,\ T_d=0.89,\ K_p=2.5$$

得到 PID 控制器传递函数为：

$$G_c(s)=2.5+0.89s+\frac{1}{0.4s}$$

在工业过程控制系统中，广泛使用 PID 控制器，可以对被控对象进行调节，具有实现方便、成本低、效果好、适用范围广等优点，因而 PID 控制器在工业过程控制中得到了广泛的应用。PID 控制器各部分参数的选择，在系统现场调试中最后确定。通常，应使 I 部分发生在系统频率特性的低频段，以提高系统的稳态性能；而使 D 部分发生在系统频率特性的中频段，以改善系统的动态性能。PID 控制器特性见表 6-1。

表 6-1　PID 控制器特性

控制器	传递函数 $G_c(s)$	伯德图
PD 控制器	$G_c(s)=K_p+T_ds=K_p\left(1+\frac{T_ds}{K_p}\right)$	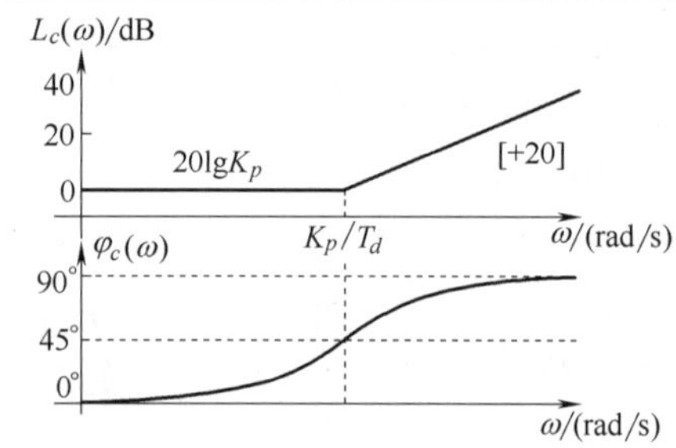
PI 控制器	$G_c(s)=K_p+\frac{1}{T_is}=\frac{K_pT_is+1}{T_is}$	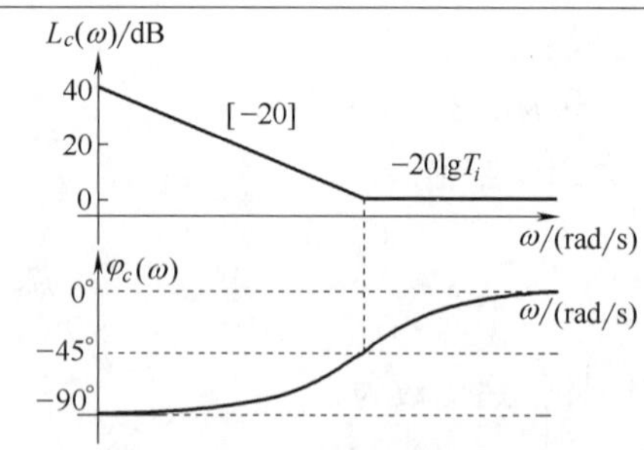
PID 控制器	$G_c(s)=K_p+\frac{1}{T_is}+T_ds=\frac{T_iT_ds^2+K_pT_is+1}{T_is}=\frac{\left(\frac{1}{T_1}s+1\right)\left(\frac{1}{T_2}s+1\right)}{T_is}$	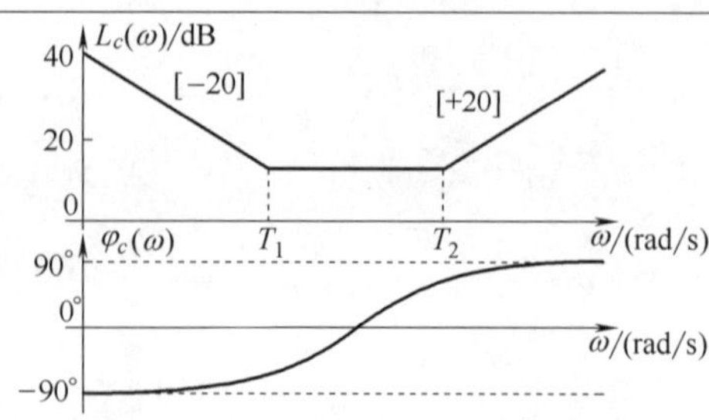

(6) 运算放大器

运算放大器是由一个高增益的放大器加上四端网络反馈组成的校正装置，也称为有源校正装置，具有体积小、重量轻、参数容易调整等特点，可以组成 PD、PI 及 PID 校正装置。运算放大器的一般形式如图 6-4 所示，其放大系数 A 很大，输入阻抗高。它有同相（+）和反相（−）两个输入端，一般组成负反馈线路时常用反相输入。分析它的工作特性时，假设放大系数 $A\to\infty$，n 点流入放大器的电流为零，则运算放大器的传递函数为 $G_c(s)=\dfrac{U_o(s)}{U_i(s)}=-\dfrac{Z_2(s)}{Z_1(s)}$，式中负号表示 $U_o(s)$ 和 $U_i(s)$ 的极性相反。改变式中的阻抗 $Z_1(s)$ 和 $Z_2(s)$，就可以得到不同的传递函数，因而运算放大器的功能也就不同。

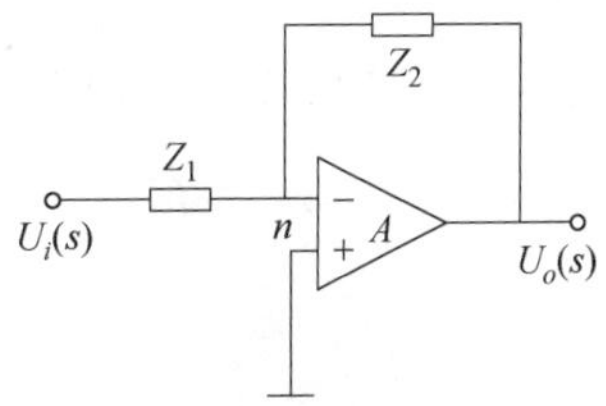

图 6-4　运算放大器工作线路

图 6-5 表示实现比例-微分（PD）、比例-积分（PI）和比例-积分-微分（PID）作用的放大器校正装置。

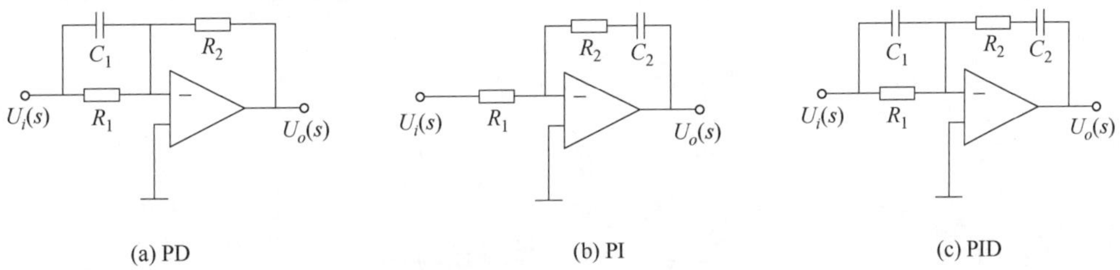

图 6-5　实现 PD、PI 和 PID 的校正装置

例 6-4　某系统的开环对数幅频特性如图 6-6 所示，其中虚线表示校正前的特性曲线，实线表示校正后的特性曲线。要求：

① 写出校正装置的传递函数 $G_c(s)$，并说明是哪种校正；

② 确定使校正后系统稳定的开环增益范围；

③ 当开环增益 $K=1$ 时，求校正后系统的相位裕量 γ 和幅值裕量 K_g。

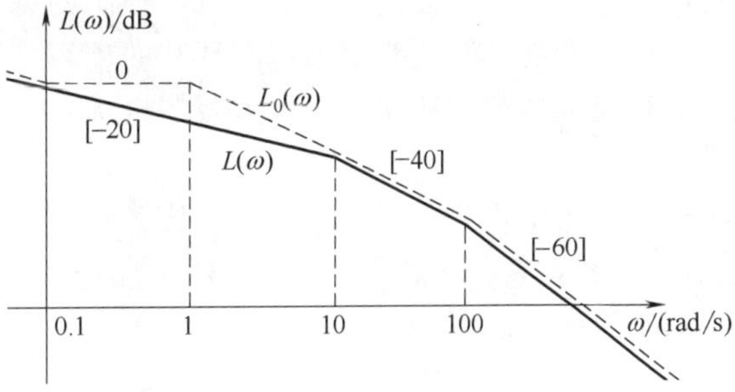

图 6-6　例 6-4 图

解：

① 由图 6-6 中的系统校正前、后开环对数幅频特性曲线，可得校正装置的传递函数为：

$$G_c(s)=\frac{(s+1)^2}{(10s+1)(0.1s+1)}$$

该校正为相位滞后-超前校正。

② 校正后系统开环传递函数为：

$$G(s)=\frac{K}{s(0.1s+1)(0.01s+1)}$$

校正后系统闭环特征方程为：

$$D(s)=s^3+110s^2+1000s+1000K=0$$

系统的各项系数 $a_i>0$，得 $1000K>0\Rightarrow K>0$。

列劳斯表：

$$
\begin{array}{c|cc}
s^3 & 1 & 1000 \\
s^2 & 110 & 1000K \\
s^1 & \dfrac{110000-1000K}{110} & \\
s^0 & 1000K &
\end{array}
$$

第 1 列全部大于 0，即$\dfrac{110000-1000K}{110}>0$，结合 $1000K>0$，得到：$0<K<110$。

③ 当开环增益 $K=1$ 时，系统开环传递函数：

$$G(s)=\frac{1}{s(0.1s+1)(0.01s+1)}$$

由 $A(\omega)=\dfrac{1}{\omega\sqrt{(0.1\omega)^2+1}\sqrt{(0.01\omega)^2+1}}=1$，可知幅值交界频率 $\omega_c=1\text{rad/s}$，$\varphi(\omega)=-90°-\arctan(0.1\omega)-\arctan(0.01\omega)=-180°$，可得相位交界频率 $\omega_g=31.6\text{rad/s}$。

所以有：

$$\gamma=180°+\varphi(\omega_c)=83.72°$$

$$K_g=\frac{1}{A(\omega_g)}=109.8$$

6-3 并联校正

6-3-1 反馈校正

反馈校正一般是指在主反馈环内，为改善系统的性能而加入反馈装置的校正方式，是工程控制中广泛采用的校正形式之一。从控制的观点看，反馈校正相比串联校正有更突出的优点，利用反馈能有效地改变被包围环节的动态结构参数，甚至在一定条件下能用反馈校正完全取代被包围环节，从而可以大大减弱这部分环节由于特性参数变化及各种干扰给系统带来的不利影响。

反馈校正中，若 $G_c(s)=K$，则称为位置（比例）反馈；若 $G_c(s)=Ks$，则称为速度（微分）反馈；若 $G_c(s)=Ks^2$，则称为加速度反馈。速度反馈和加速度反馈常用的元件有传感器、测速发电机、电流互感器等。

（1）利用反馈校正改变局部结构、参数

① 位置反馈改变系统的型次 图 6-7 中的$G(s)=\dfrac{K}{s}$，校正装置传递函数为 $G_c(s)=K_H$，则校正后系统的开环传递函数为：

$$G_K(s)=\frac{G(s)}{1+G(s)G_c(s)}=\frac{\dfrac{1}{K_H}}{\dfrac{s}{KK_H}+1}$$

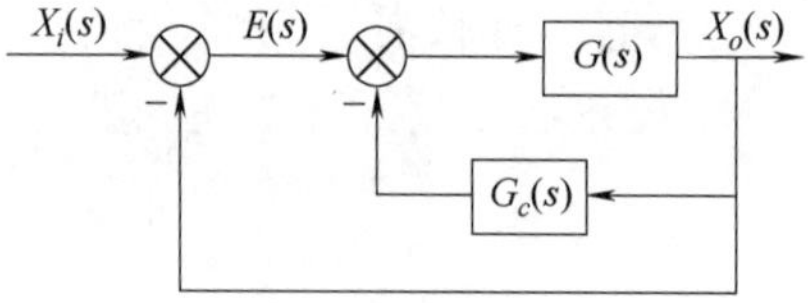

图 6-7 反馈校正

将原来的积分作用转变成惯性环节，降低了原系统的型次，降低了系统的稳态精度，但有可能提高系统的稳定性。

② **改变一阶系统的时间常数**

a. 位置反馈改变一阶系统的时间常数　若图 6-7 中的 $G(s)=\frac{K}{Ts+1}$，校正装置传递函数为 $G_c(s)=K_H$，则校正后系统的开环传递函数为：

$$G_K(s)=\frac{G(s)}{1+G(s)G_c(s)}=\frac{\frac{K}{Ts+1}}{1+\frac{KK_H}{Ts+1}}=\frac{\frac{K}{1+KK_H}}{\frac{T}{1+KK_H}s+1}$$

时间常数由原来的 T 变为 $T/(1+KK_H)$，系统的响应快速性也随之改变。

b. 速度反馈改变一阶系统的时间常数　若图 6-7 的 $G(s)=\frac{K}{Ts+1}$，校正装置传递函数为 $G_c(s)=K_Hs$，则校正后系统的开环传递函数为：

$$G_K(s)=\frac{G(s)}{1+G(s)G_c(s)}=\frac{\frac{K}{Ts+1}}{1+\frac{KK_Hs}{Ts+1}}=\frac{K}{(T+KK_H)s+1}$$

时间常数改变，因此导致系统的时间响应发生变化。

例 6-5　设图 6-8 所示系统中 $G(s)=\frac{10}{0.2s+1}$，欲加负反馈使系统带宽提高为原来的 10 倍，并保持总增益不变，求 K_n 和 K_0。

解： $$\frac{X_o(s)}{X_i(s)}=\frac{10K_0}{1+\frac{10K_n}{0.2s+1}}=\frac{10K_0}{0.2s+10K_n+1}$$

$$=\frac{\frac{10K_0}{10K_n+1}}{\frac{0.2}{10K_n+1}s+1}$$

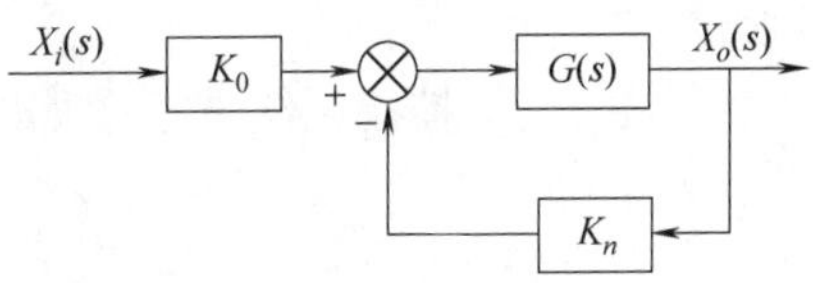

图 6-8　例 6-5 图

要求带宽提高为原来的 10 倍，且总增益不变，有：

$$\begin{cases}\frac{10K_0}{10K_n+1}=10\\ \frac{0.2}{10K_n+1}=0.02\end{cases}$$

解之，得 $\begin{cases}K_n=0.9\\ K_0=10\end{cases}$ 即为所求。

③ **速度反馈改变二阶系统的阻尼比**　若图 6-7 中的 $G(s)=\frac{\omega_n^2}{s(s+2\xi\omega_n)}$，校正装置传递函数为 $G_c(s)=K_Hs$，则校正后系统的开环传递函数为：

$$G_K(s)=\frac{G(s)}{1+G(s)G_c(s)}=\frac{\frac{\omega_n^2}{s(s+2\xi\omega_n)}}{1+\frac{\omega_n^2}{s(s+2\xi\omega_n)}K_Hs}=\frac{\omega_n^2}{s^2+(2\xi\omega_n+K_H\omega_n^2)s+\omega_n^2}$$

阻尼比由 ξ 增加到 $\xi'=\omega_n+\frac{1}{2}K_H\omega_n$，可以有效地减弱小阻尼环节的不利影响，用速度反馈增加阻尼比时，并不影响系统的无阻尼固有频率。

④ **增大回路的增益** 如图 6-9 所示，采用局部正反馈回路后的开环传递函数为：$G(s)=\dfrac{K}{1-KK_H}$。若取 $K_H\approx\dfrac{1}{K}$，则回路增益可以远远大于反馈前的 K，这是正反馈所独具的重要特性之一。

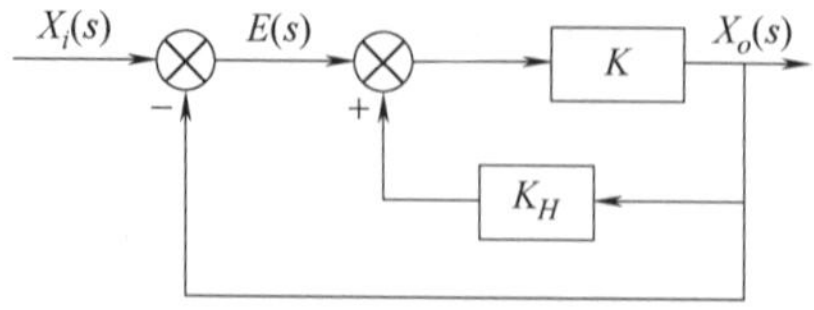

图 6-9 正反馈回路

(2) 利用反馈校正取代局部结构

图 6-7 所示校正后的开环频率特性为：$G_K(j\omega)=\dfrac{G(j\omega)}{1+G(j\omega)G_c(j\omega)}$。选择结构参数使得 $|G(j\omega)G_c(j\omega)|\gg1$，则 $G_K(j\omega)\approx\dfrac{1}{G_c(j\omega)}$，显然，反馈校正可达到用反馈环节 $\dfrac{1}{G_c(s)}$ 取代原环节 $G(s)$ 的目的。反馈校正的这种作用，在系统设计和调试中常被用来改造不希望有的某些环节，以及消除非线性、变参数的影响和抑制干扰。

6-3-2 顺馈校正

如图 6-10 所示的系统为顺馈校正，实际上相当于将输入信号先经过一个环节，进行一下“整形”，然后再加给控制系统，使控制系统既能满足动态性能的要求，又能保证稳态精度。

例 6-6 已知控制系统方框图如图 6-11 所示，试求采用虚线所画的顺馈控制时，系统在干扰作用下的传递函数，并求 $n(t)=\Delta\times1(t)$ 对输出 $x_o(t)$ 稳态值影响最小的 K 值。

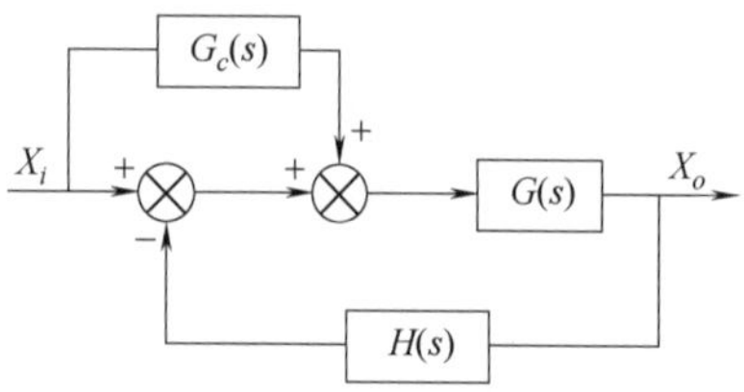

图 6-10 顺馈校正

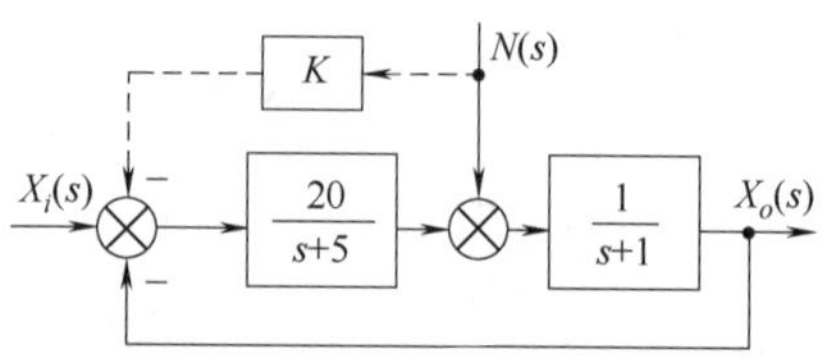

图 6-11 例 6-6 图

解：有顺馈时，系统由干扰作用引起的稳态输出为：

$$X_{no}(s)=\frac{\dfrac{1}{s+1}\left(1-\dfrac{20K}{s+5}\right)}{1+\dfrac{20}{(s+1)(s+5)}}=\frac{s+5-20K}{s^2+6s+25}N(s)$$

令

$$\lim_{t\to\infty}x_{no}(t)=\lim_{s\to0}sX_{no}(s)\times N(s)=\lim_{s\to0}sX_{no}(s)\times\frac{\Delta}{s}=\Delta\ \frac{5-20K}{25}=0$$

得

$$K=0.25$$

6-4　复合校正

复合校正就是在闭环系统内部采用串联校正或反馈校正，同时在闭环外部进行顺馈校正。复合校正分为按输入补偿和按扰动补偿两种形式，其主要作用在于提高系统的稳态精度。

6-4-1　按扰动补偿的复合校正

如图 6-12 所示，图中 $N(s)$ 为可测量扰动，$G_1(s)$ 和 $G_2(s)$ 为反馈部分的前向通路传递函数，$G_c(s)$ 为顺馈补偿装置传递函数。通过选择恰当的 $G_c(s)$，使扰动 $N(s)$ 经过 $G_c(s)$ 对系统输出 $X_o(s)$ 产生补偿作用，以抵消扰动 $N(s)$ 通过 $G_2(s)$ 对输出 $X_o(s)$ 的影响。

扰动作用下的输出为 $X_{no}(s)=\dfrac{G_2(s)[1+G_1(s)G_n(s)]}{1+G_1(s)G_2(s)}\times N(s)$，扰动作用下的误差为 $E_n(s)=0-X_{no}(s)=-\dfrac{G_2(s)[1+G_1(s)G_n(s)]}{1+G_1(s)G_2(s)}\times N(s)$，如果选择顺馈补偿装置传递函数 $G_n(s)=-\dfrac{1}{G_1(s)}$，则有 $E_n(s)=-X_{no}(s)=0$。因此，$G_n(s)=-\dfrac{1}{G_1(s)}$ 为扰动误差全补偿条件。

例 6-7　设复合校正控制系统结构图如图 6-13 所示，其中 $N(s)$ 为可测量扰动。若要求系统输出 $X_o(s)$ 完全不受 $N(s)$ 的影响，且跟踪阶跃指令的稳态误差为零，试确定前馈补偿装置 $G_{c1}(s)$ 和串联校正装置 $G_{c2}(s)$。

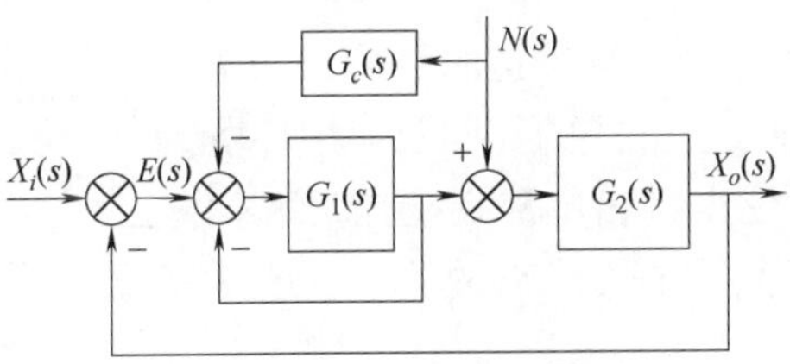

图 6-12　按扰动补偿

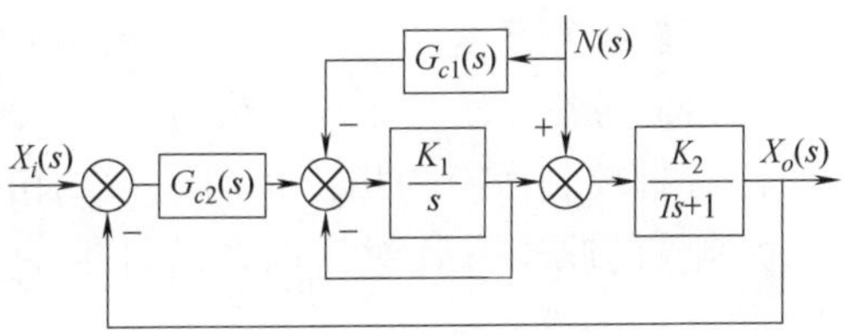

图 6-13　例 6-7 图

解：①若要求系统输出 $X_o(s)$ 完全不受 $N(s)$ 的影响，即系统由干扰 $N(s)$ 引起的输出为零。

系统由干扰引起的输出为：

$$X_{no}(s)=\frac{\frac{K_2}{Ts+1}\left(1+\frac{K_1}{s}\right)-\frac{K_1K_2}{s(Ts+1)}G_{c1}(s)}{1+\frac{K_1}{s}+\frac{K_1K_2G_{c2}(s)}{s(Ts+1)}}N(s)$$

$$=\frac{K_2[s+K_1-K_1G_{c1}(s)]}{s(Ts+1)+K_1(Ts+1)+K_1K_2G_{c2}(s)}N(s)=0$$

得：

$$G_{c1}(s)=\frac{s+K_1}{K_1}$$

② 跟踪阶跃指令 $x_i(t)=1(t)$ 的稳态误差为零，则：

$$e_{ss}=\lim_{s\to 0} s\frac{1}{1+\frac{K_1}{s+K_1}\times\frac{K_2G_{c2}(s)}{Ts+1}}\times\frac{1}{s}=\lim_{s\to 0}\frac{(s+K_1)(Ts+1)}{(s+K_1)(Ts+1)+K_1K_2G_{c2}(s)}=0$$

明显地，取 $G_{c2}(s)=\frac{1}{s}$ 可以达到目的。

6-4-2　按输入补偿的复合校正

如图 6-14 所示，图中 $G(s)$ 为反馈系统的开环传递函数，$G_c(s)$ 为顺馈补偿装置传递函数。

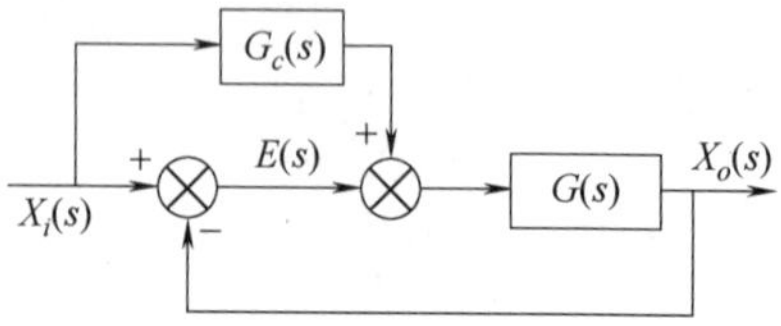

图 6-14　按输入补偿

由方框图得控制系统的传递函数为 $\frac{X_o(s)}{X_i(s)}=\frac{[1+G_c(s)]G(s)}{1+G(s)}$，则有：$X_o(s)=\frac{[1+G_c(s)]G(s)}{1+G(s)}\times X_i(s)$。若取顺馈补偿装置的传递函数 $G_c(s)=\frac{1}{G(s)}$，可得到：$X_o(s)=X_i(s)$。系统的输出量在任何时刻都可以完全无误地复现输入量，具有理想的时间响应特性。

本章小结

(1) 基本要求

① 了解控制系统的时域性能指标、频域性能指标，了解校正的目的。

② 理解控制系统校正的方法与实质，理解各种校正方式的异同及应用环境。

③ 掌握控制系统的相位超前校正、相位滞后校正、相位滞后-超前校正的方法，以及 PID 控制器的原理及其对控制系统性能的影响；掌握并联校正的方法及其对系统性能的影响。

(2) 本章要点

① 控制系统校正的方法、实质；

② 串联校正的方法及 PID 基本控制规律。

练　习　题

6-1　选择题

1. 下面说法不正确的是（　　）

A 系统中各环节的联系方式有串联连接、并联连接和反馈连接

B 系统校正的方式有串联校正、并联校正和顺馈校正

C 系统校正的方式有串联校正、并联校正和反馈校正

D 系统中各环节的联系方式有串联连接、并联连接和混合连接

2. 所谓校正（又称补偿）是指（　　）

A 加入 PID 校正器

B 在系统中增加新的环节或改变某些参数

C 使系统稳定

D 使用劳斯判据

3. 在下列各项中，能描述系统动态特性的是（　　）

A 精度　　B 稳态误差

C 稳定裕量　　D 开环截止频率

4. 串联校正装置的传递函数 $G(s)=\dfrac{s+1}{0.1s+1}$，则它是一种（　　）

A 滞后校正　　B 超前校正

C 超前-滞后校正　　D 比例校正

5. 当系统采用串联校正时，校正环节传递函数 $G_c(s)=\dfrac{s+1}{2s+1}$，该校正环节对系统性能的影响是（　　）

A 稳态误差不变，响应速度提高　　B 稳态误差不变，响应速度降低

C 稳态误差变小，响应速度降低　　D 稳态误差变大，响应速度提高

6. PID 控制器中 I 指代（　　）

A 比例控制器　　B 微分控制器

C 积分控制器　　D 都有

7. 若校正环节传递函数 $G(s)=\dfrac{Ts+1}{\beta Ts+1}(\beta>1)$，该校正是（　　）

A 相位超前校正　　B 相位滞后校正

C 相位滞后-超前校正　　D 伯德图有正斜率

8. 若已知串联校正装置的传递函数为$\dfrac{0.3s+1}{10s+1}$，则它是（　　）

A 超前-滞后校正　　B 滞后-超前校正

C 相位滞后校正　　D 相位超前校正

9. 若已知某串联校正装置的传递函数为$\dfrac{s+4}{s+10}$，则它是（　　）

A 相位滞后校正　　B 相位超前校正

C 相位滞后-超前校正　　D 相位超前-滞后校正

10. 在控制系统的校正环节中，以下说法正确的是（　　）

A 超前校正增大了相位裕量和频宽

B 超前校正减小了相位裕量，但增大了频宽

C 超前校正减小了相位裕量，减小了频宽

D 超前校正对相位裕量和频宽没有影响

11. 已知一环节的传递函数 $G(s)=\alpha\times\dfrac{Ts+1}{\alpha Ts+1}$，若将此作为超前校正环节使用，则系数 α 必符合（　　）

A $\alpha>1$　　B $\alpha=0$　　C α 可取任意值　　D $\alpha<1$

12. PID 控制器中的 P 指代（　　）

A 比例控制器　　B 微分控制器

C 积分控制器　　D 都有

13. 相位滞后校正（　　）

A 基本是低通滤波器　　B 基本是高通滤波器

C 伯德图上有正斜率段　　D 不改变频率特性曲线形状

14. 串联相位超前校正通常用于（　　）

A 改善系统的静特性　　B 提高系统的控制精度

C 滤掉系统的高频干扰　　D 增加系统的相对稳定裕量

15. 进行串联滞后校正后，校正前的穿越频率 ω_c 与校正后的穿越频率 ω_c' 的关系是（　　）

A $\omega_c=\omega_c'$　　B $\omega_c>\omega_c'$

C $\omega_c<\omega_c'$　　D 不确定

16. 若要增大系统的稳定裕量，又不降低系统的响应速度和精度，通常可以采用（　　）

A 相位滞后校正　　B 提高增益

C 相位超前校正　　D 顺馈校正

17. 某校正环节传递函数为 $\dfrac{(100s+1)(6s+1)}{(200s+1)(3s+1)}$，则该校正属于（　　）

A 相位超前校正　　B 相位滞后校正

C 相位滞后-超前校正　　D 反馈校正

18. 相位滞后校正通常用于（　　）

A 提高系统的快速性　　B 提高系统的稳态精度

C 减小系统的阻尼　　D 减小系统的固有频率

19. 下列串联校正装置的传递函数中，能在频率 $\omega_c=4$ 处提供最大相位超前角的是（　　）

A $\dfrac{4s+1}{s+1}$　　B $\dfrac{s+1}{4s+1}$

C $\dfrac{0.1s+1}{0.625s+1}$　　D $\dfrac{0.625s+1}{0.1s+1}$

20. 从某系统的伯德图上已知其剪切频率 $\omega_c\approx 40$，则下列串联校正装置的传递函数中，能在基本保持原系统稳定性及频带宽的前提下，通过适当调整增益使稳态误差减至最小的是（　　）

A $\dfrac{0.004s+1}{0.04s+1}$　　B $\dfrac{0.4s+1}{4s+1}$

C $\frac{4s+1}{10s+1}$　　　　D $\frac{4s+1}{0.4s+1}$

21. 对于串联校正中的滞后校正，不正确的表述是（　　）

A 基本上是个高通滤波器　　　　B 稳态输出的相位滞后于输入

C 对数幅频渐近线具有负斜率段　　　　D 相频曲线具有负相位移

22. 控制器传递函数为 $G_c(s)=K_p+T_d s$，该控制器为（　　）

A　PD　　　　B　PI　　　　C　PID　　　　D　运算放大器

23. 串联校正环节 $G_c(s)=\frac{As+1}{Bs+1}$，关于 A 与 B 之间关系的正确描述为（　　）

A 若 $G_c(s)$ 为超前校正环节，则 $A>B>0$

B 若 $G_c(s)$ 为滞后校正环节，则 $A>B>0$

C 若 $G_c(s)$ 为超前-滞后校正环节，则 $A\neq B$

D 若 $G_c(s)$ 为 PID 校正环节，则 $A=0$，$B>0$

24. 若已知某串联校正装置的传递函数为 $G_c(s)=\frac{(s+1)(3s+1)}{s}$，则它是一种（　　）

A 相位滞后校正　　　　B 相位超前校正

C 相位滞后-超前校正　　　　D 相位超前-滞后校正

25. PD 校正器是一种（　　）校正装置。

A 相位超前　　　　B 相位滞后

C 相位滞后-超前　　　　D 相位超前-滞后

26. PI 校正器是一种（　　）串联校正装置。

A 相位超前　　　　B 相位滞后

C 相位滞后-超前　　　　D 相位超前-滞后

27. PID 校正器不包括以下哪个环节（　　）

A 微分　　　　B 比例

C 惯性　　　　D 积分

28. 关于 PI 校正器作用，下列观点正确的是（　　）

A 只要应用 PI 控制规律，系统的稳态误差就为零

B 积分部分主要是用来改善系统动态性能的

C 比例系数无论正负、大小如何变化，都不会影响系统稳定性

D 可使系统开环传递函数型别提高，消除或减小稳态误差

29. PID 校正器是一种（　　）校正装置

A 相位超前　　　　B 相位滞后

C 相位滞后-超前　　　　D 相位超前-滞后

30. 相位超前校正的作用是下列的哪一项（　　）

A 系统的相对稳定性得到下降　　　　B 增加闭环系统的稳定性裕量

C 系统的带宽下降　　　　D 系统的上升时间和调整时间加长

31. PID 控制器中的 D 指代（　　）

A 积分控制器　　　　B 比例控制器　　　　C 都有　　　　D 微分控制器

32. 对于开环频率特性曲线与闭环系统性能之间的关系，以下叙述中不正确的有（　　）

A 开环频率特性的低频段表征了闭环系统的稳定性

B 中频段表征了闭环系统的动态特性

C 低频段的增益应充分大，以保证稳态误差的要求

D 高低频段表征了闭环系统的抗干扰能力

33. 以下频域性能指标中根据系统开环来定义的是（　　）

A 截止频率 ω_b　　　　B 谐振频率 ω_r 和谐振峰值 M_r

C 频带宽度　　　　D 相位裕量 γ 与幅值裕量 K_g

6-2　填空题

1. 对控制系统进行________校正后，可以使截止频率附近的相位明显上升，具有较大的稳定裕量。

2. 相位滞后校正环节相当于________滤波器。

3. 若校正环节传递函数 $G(s)=\alpha\times\dfrac{Ts+1}{\alpha Ts+1}(\alpha<1)$，该校正是________校正。

4. 串联校正环节 $G_c(s)=\dfrac{10s+1}{100s+1}$是________校正。

5. 控制系统校正的类型有________、________及复合校正等。

6. 反馈校正中，若 $G_c(s)=K$，称为________反馈；若 $G_c(s)=Ks$，称为________反馈；若 $G_c(s)=Ks^2$，称为________反馈。

7. 在 PID 校正系统中，I 代表________，D 代表________。

8. 系统引入校正装置的实质在于改变________。

9. 控制系统串联校正的类型有________、________、________等。

10. 相位超前校正相当于一个________滤波器，它能使控制系统的________得到显著改善。

11. 顺馈校正的特点是在________引起________之前就对它进行近似补偿，以便及时消除干扰的影响。

12. 当系统采用串联校正时，校正环节为 $G_c(s)=\dfrac{s+1}{2s+1}$，则该校正环节对系统性能的影响是________不变，________降低。

6-3　简答题

1. 简述何为校正。

2. 简述串联超前校正环节的作用是什么。

3. 相位超前校正装置与相位滞后校正装置有什么区别？各应使用在什么场合？

4. 系统校正有哪些方法？为什么要对系统进行校正？

6-4　计算题

1. 某单位反馈系统校正前开环传递函数为：

$$G_1(s)=\frac{100}{s(0.04s+1)(0.01s+1)}$$

校正后开环传递函数为：

$$G_2(s)=\frac{100(0.5s+1)}{s(5s+1)(0.04s+1)(0.01s+1)}$$

① 试求校正前后相位裕量，校正前后系统稳定性有何变化？

② 写出校正装置传递函数，并说明是什么校正。

2. 已知串联校正系统方框图如图 6-15（a）所示，原系统开环传递函数为 $G_0(s)=\dfrac{2}{s(0.5s+1)}$；图（b）为校正后的开环对数幅频特性曲线，系统是最小相位系统。画出原系统及校正环节的开环对数幅频特性曲线并说明是什么校正。

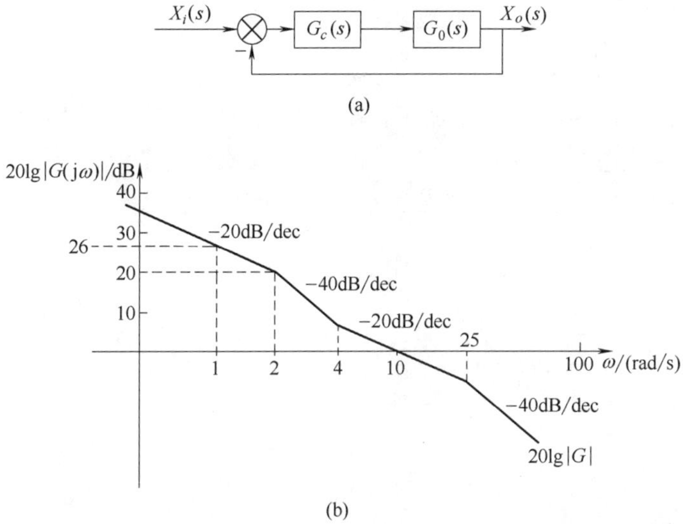

图 6-15

3. 已知一直流电动机调速系统如图 6-16（a）所示，其电机时间常数 $T_m=\dfrac{JR}{K_M K_E}=0.5\text{s}$，反电势系数 $K_E=0.1\text{V}\cdot\text{s/rad}$，$K_M=0.1\text{N}\cdot\text{m/A}$，$R=4\Omega$，功率放大器 $G_1(s)=\dfrac{10}{0.05s+1}$，测速反馈系数 $K_n=0.1\text{V}\cdot\text{s/rad}$，$T_2=12.5\text{ms}$，$G_c(s)$ 为校正放大器传递函数。

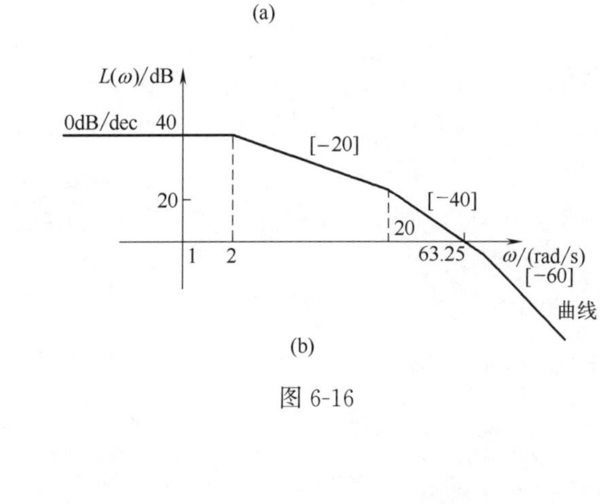

图 6-16

① 图 6-16（b）曲线Ⅰ为 $G_c(s)=10$ 时的开环传递函数的对数幅频特性，试求出转折频率，并判断系统闭环稳定性；

② 若 $G_c(s)=\dfrac{0.5s+1}{s}$，试画出开环对数幅频特性伯德图，注出转折频率、剪切频率，并求出相位裕量，判断系统闭环稳定性。

4. 单位负反馈系统开环传递函数为 $G_0(s)=\dfrac{20}{s(0.5s+1)}$，试设计校正使相位裕量 $\gamma>50°$。

5. 复合控制系统方框图如图 6-17 所示，图中 K_1、K_2、T_1、T_2 均为大于零的常数。

① 求闭环系统稳定时，参数 K_1、K_2、T_1、T_2 应满足的条件；

② 输入 $x_i(t)=V_0t$ 时，选择校正装置 $G_c(s)$，使得系统无稳态误差。

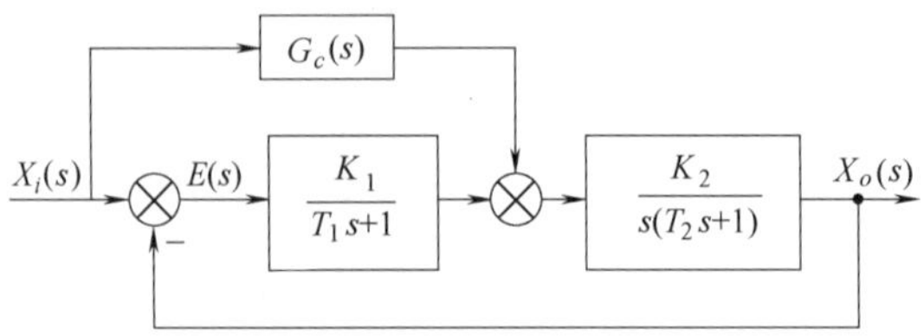

图 6-17

6. 设单位反馈系统的开环传递函数为 $G(s)=\dfrac{K}{s(s+1)}$，试设计串联超前校正装置，使系统满足如下指标：

① 在单位斜坡输入下的稳态误差 $e_{ss}<1/15$；

② 截止频率 $\omega_c\geqslant 7.5\text{rad/s}$；

③ 相位裕量 $\gamma\geqslant 45°$。

7. 设单位反馈系统的开环传递函数为 $G(s)=\dfrac{K}{s(s+1)(0.25s+1)}$，要求校正后系统的静态速度误差系数 $K_v\geqslant 5\text{rad/s}$，相位裕量 $\gamma\geqslant 45°$，试设计相位滞后校正装置。

8. 设单位反馈系统的开环传递函数 $G(s)=\dfrac{K}{s(s+1)(0.25s+1)}$，要求校正后系统静态速度误差系数 $K_v\geqslant 5\text{rad/s}$，截止频率 $\omega_c\geqslant 2\text{rad/s}$，相位裕量 $\gamma\geqslant 45°$，试设计相位滞后-超前校正装置。

9. 单位反馈系统的闭环对数幅频特性如图 6-18 所示。若要求系统具有 30°的相位裕量，试计算开环增益应增大的倍数。

10. 仅靠调整参数无法稳定的系统，称为结构不稳定系统。图 6-19 所示为某液位控制系统，试判断该系统是否属于结构不稳定系统。若是，提出消除结构不稳定的有效措施。

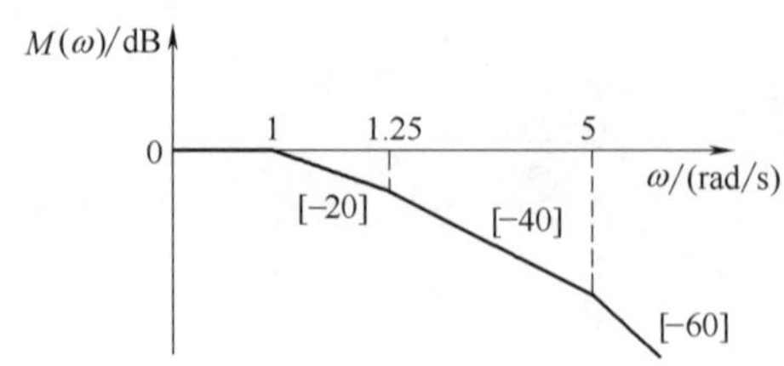

图 6-18

11. 已知一单位负反馈系统的开环传递函数为 $G(s)=\dfrac{10}{s(s+1)}$，试利用 MATLAB 设计一个

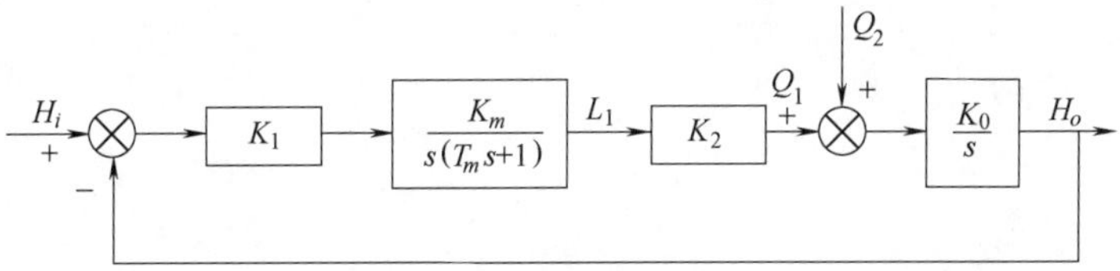

图 6-19

相位超前校正，使得系统的幅值裕量 $K_g \geqslant 10\text{dB}$，系统开环剪切频率 $\omega_c \geqslant 4.4\text{rad/s}$，相位裕量 $\gamma \geqslant 45°$。

12. 已知一单位负反馈系统的开环传递函数为 $G_0(s)=\dfrac{20}{s(s+1)(s+2)}$，试利用 MATLAB 设计一个相位滞后-超前校正，使得：

① 校正后剪切频率不小于 1.5rad/s；

② 相位裕量不小于 45°；

③ 系统时域性能指标：$M_p \leqslant 25\%$，$t_p \leqslant 2\text{s}$。

附　　录

附录 A　期末测试题

期末测试题 1

一、选择题

1. 已知 $F(s)=\dfrac{4}{s^2+s+4}$，其反变换为 $f(t)=$（　　）。

A $\dfrac{8}{15}e^{\frac{1}{2}t}\sin(4t)$　　　　B $\dfrac{8}{15}e^{-\frac{1}{2}t}\sin(4t)$

C $\dfrac{8}{\sqrt{15}}e^{\frac{1}{2}t}\sin\left(\dfrac{\sqrt{15}}{2}t\right)$　　　　D $\dfrac{8}{\sqrt{15}}e^{-\frac{1}{2}t}\sin\left(\dfrac{\sqrt{15}}{2}t\right)$

2. 以同等精度元件组成的开环系统和闭环系统，其精度比较为（　　）。

A 开环高　　B 闭环高　　C 相差不多　　D 一样高

3. 如图 1 所示系统，其传递函数 $\dfrac{X_o(s)}{X_i(s)}=$（　　）。

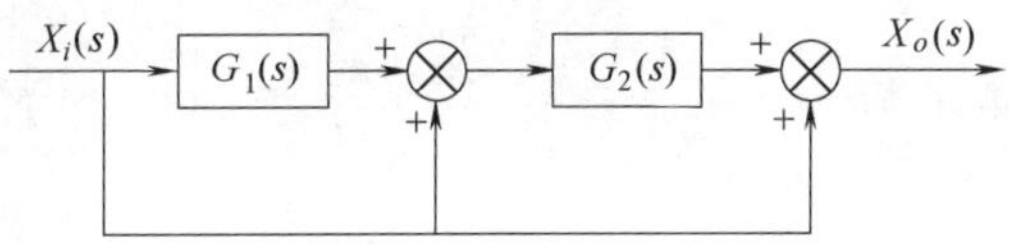

图 1

A $1+G_1(s)G_2(s)$　　　　B $1+G_2(s)+G_1(s)G_2(s)$

C $\dfrac{G_1(s)G_2(s)}{1-G_1(s)G_2(s)}$　　　　D $\dfrac{1+G_1(s)}{1+G_2(s)}$

4. 某系统的微分方程是 $\ddot{x}_o(t)+t\dot{x}_o(t)+4x_o(t)=3x_i(t)$，它是（　　）。

A 线性时变系统　　　　B 非线性系统

C 线性定常系统　　　　D 非性线时变系统

5. 某环节的传递函数为 $G(s)=\dfrac{2}{7s+2}$，它是（　　）。

A 延时环节　　　　B 比例环节

C 惯性环节　　　　D 积分环节

6. 若保持二阶系统的 ξ 不变，提高 ω_n，则可以（　　）。

A 减小上升时间和峰值时间　　　　B 提高上升时间和峰值时间

C 提高上升时间和调整时间　　　　D 减小超调量

7. 一阶系统$\frac{15}{s+5}$，其单位阶跃响应曲线在 $t=0$ 处的切线斜率为（　　）。

A 5　　B 10　　C 3　　D 15

8. 二阶系统的传递函数$G(s)=\frac{10}{2s^2+5s+50}$，其阻尼比 ξ 是（　　）。

A $\frac{1}{4}$　　B $\frac{1}{2}$　　C 2　　D 4

9. 如图 2 所示系统称为（　　）型系统。

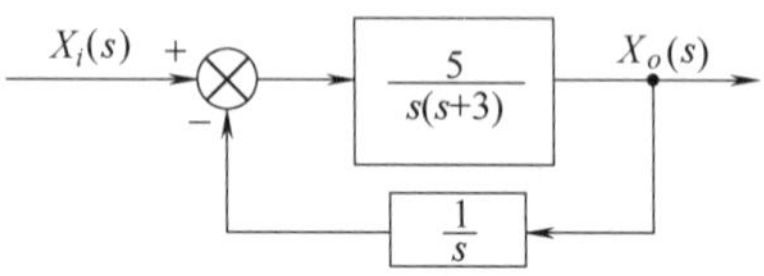

图 2

A 0　　B Ⅰ　　C Ⅱ　　D Ⅲ

10. 工程控制论实质上是研究（　　）。

A 质量-阻尼-弹簧单自由度系统在不同输入时的情况

B 控制系统特性及输入、输出三者之间的关系

C 电阻-电感线圈-电容在脉冲输入下的输出情况

D 数控机床的控制问题

11. 一个线性系统的稳定性取决于（　　）。

A 系统的输入　　　　B 系统本身的结构和参数

C 系统的初始状态　　　　D 外界干扰

12. 一阶系统的传递函数为$G(s)=\frac{9}{5s+3}$，系统的增益 K 和时间常数 T 分别为（　　）。

A $\frac{1}{3}$，$\frac{5}{3}$　　B $\frac{1}{3}$，$\frac{3}{5}$　　C 3，$\frac{3}{5}$　　D 3，$\frac{5}{3}$

13. 若已知某串联校正装置的传递函数为$G(s)=\frac{s+3}{s+30}$，则它是一种（　　）。

A 相位滞后校正　　　　B 相位超前校正

C 相位滞后-超前校正　　　　D 相位超前-滞后校正

14. 判断以下系统，系统稳定的是（　　）。

A 系统特征方程的各项系数均为正号

B 系统特征方程的根均在［s］复平面的右半平面

C 系统特征方程的根部分在［s］复平面左半部，部分在［s］复平面右半部

D 系统特征方程的根均在［s］复平面的左半平面

15. 下列信号中，用来定义二阶系统的瞬态响应性能指标的是（　　）。

A 单位阶跃　　B 单位脉冲　　C 单位斜坡　　D 单位正弦

二、计算题

1. 求图 3 所示两系统的传递函数，其中 $x_i(t)$ 表示输入，$x_o(t)$ 表示输出。

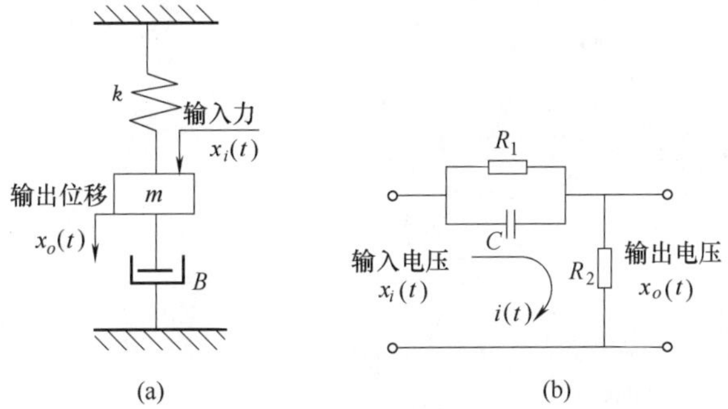

图 3

2. 单位反馈二阶系统的单位阶跃响应曲线如图 4 所示，试确定其闭环传递函数和开环传递函数。

3. 已知一单位负反馈最小相位系统的对数幅频特性 $L(\omega)$ 如图 5 所示。

① 写出对应的开环传递函数 $G(s)$；

② 写出相频特性 $\varphi(\omega)$ 的表达式，求出当 $\omega=1$ 时 $\varphi(\omega)$ 的值。

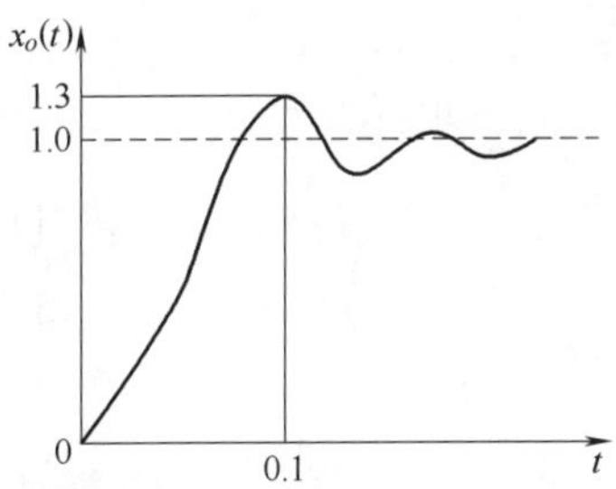

图 4

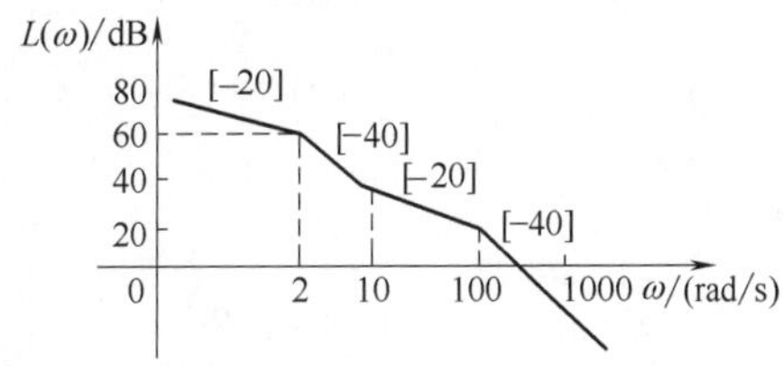

图 5

4. 如图 6 所示系统，试确定使系统稳定且在单位斜坡输入下 $e_{ss} \leqslant 2.25$ 时 K 的数值。

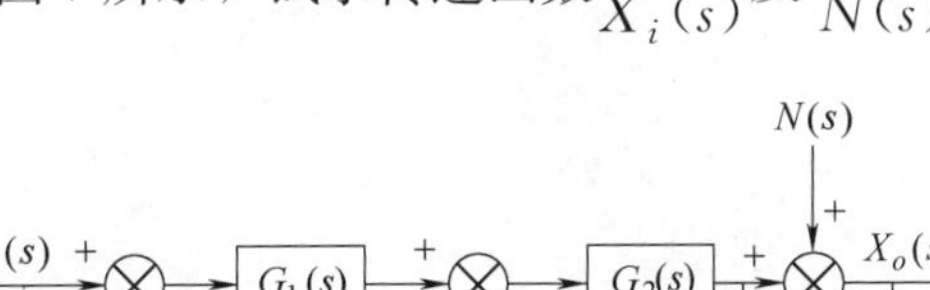

图 6

5. 已知系统方框图如图 7 所示，试求传递函数 $\frac{X_o(s)}{X_i(s)}$ 及 $\frac{X_o(s)}{N(s)}$。

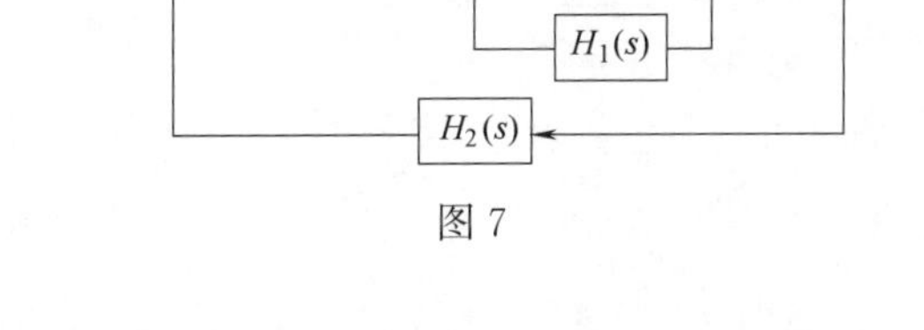

图 7

6. 试根据开环奈氏图（图 8），判断系统的稳定性。其中图（a）开环右极点数为 0，图（b）开环右极点数为 2。

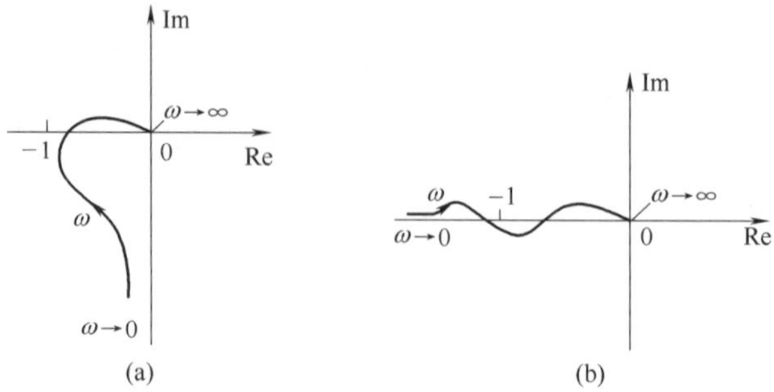

图 8

期末测试题 2

一、选择题

1. 二阶振荡环节 $G(s)=\dfrac{\omega_n^2}{s^2+2\xi\omega_n s+\omega_n^2}$ 的幅频特性为（　　）。

A ξ 越大，谐振峰越高　　B ξ 越小，谐振峰越高

C ω_n 越小，谐振峰越高　　D ω_n 越小，谐振峰越高

2. 如果二阶系统的传递函数为 $G(s)=\dfrac{2}{s^2+4s+4}$，则无阻尼固有频率 ω_n 和阻尼比 ξ 分别为（　　）。

A 1，$\dfrac{1}{2}$　　B 2，2　　C 2，1　　D $\dfrac{1}{2}$，1

3. 微分环节的相频特性 $\varphi(\omega)=$（　　）。

A 45°　　B 90°　　C −45°　　D −90°

4. 典型二阶系统的传递函数为 $G(s)=\dfrac{\omega_n^2}{s^2+2\xi\omega_n s+\omega_n^2}$，若 $0<\xi<1$ 时，表示系统（　　）。

A 欠阻尼状态　　B 临界阻尼状态　　C 过阻尼状态　　D 零阻尼状态

5. 已知一网络的传递函数 $G(s)=\alpha\times\dfrac{Ts+1}{\alpha Ts+1}$，若此网络是作为超前校正环节使用，则系数 α 必符合（　　）。

A $\alpha>1$　　B $\alpha=0$　　C α 可取任意值　　D $\alpha<1$

二、填空题

1. 传递函数的定义是对于线性定常系统，在________条件下，系统输出量的拉氏变换（象函数）与________________之比。

2. 系统特征方程的根必须________________，即系统的特征根必须全部在________________是系统稳定的充要条件。

3. 控制系统的频率特性包括________和相频特性，当输入信号为正弦信号时，稳态输出为________的________不变，而输出的________和________随着输入正弦信号频率的变化

而变化。

4. 瞬态响应是系统在某一输入信号作用下，其________从________状态到________状态的相应过程。

5. 型如$\dfrac{1}{T^2s^2+2\xi Ts+1}$（$0<\xi<1$）的典型环节称为________环节。

6. 单位反馈系统开环传递函数$\dfrac{3}{s(s+100)}$，在单位阶跃信号输入下，稳态误差为________；在单位加速度输入下，稳态误差为________。

7. 若时间函数$f(t)$的拉氏变换$F(s)=\dfrac{s}{s^2+\omega^2}$时，则$f(t)=$________。

三、简答题

1. 什么是校正？试说出三种校正方式的名称。

2. 试简述0型、Ⅰ型、Ⅱ型系统在单位阶跃输入时的稳态误差的大小。

3. 试比较开环控制系统与闭环控制系统的优缺点。

四、计算题

1. 求图1所示系统的传递函数，并给出ξ与ω_n的表达式。其中$u_i(t)$为输入电压，$u_o(t)$为输出电压，R为电阻，L为电感，C为电容；$f(t)$为输入力，$y(t)$为输出位移，k为弹簧的弹性系数，m为质量，B为阻尼系数。

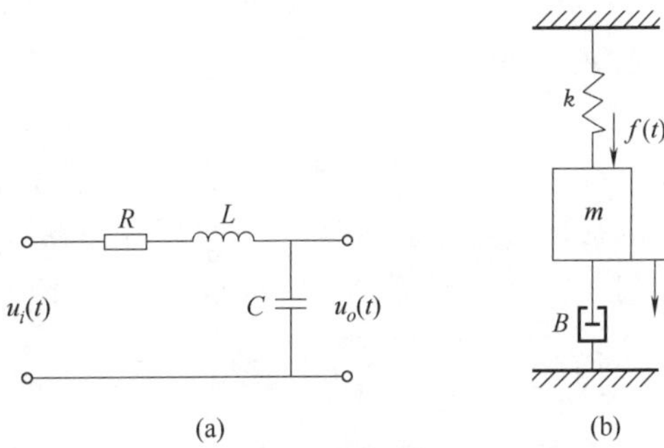

图1

2. 某控制系统的方框图如图2所示，欲保证阻尼比$\xi=0.7$和单位斜坡响应的稳态误差为$e_{ss}=0.25$，求输入信号为$x_i(t)=1(t)$时，系统的最大超调量M_p、调整时间t_s（$\Delta=0.02$时）。

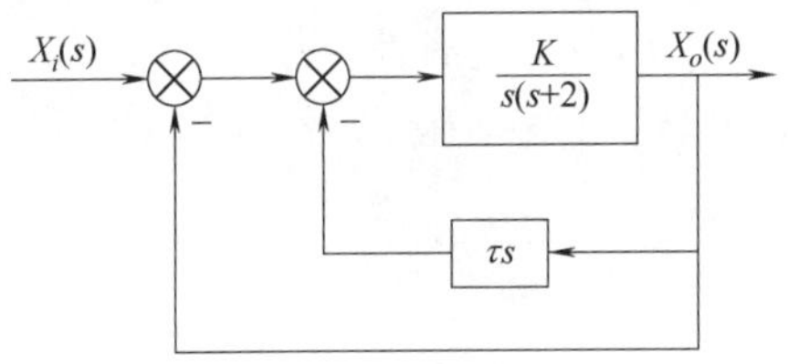

图2

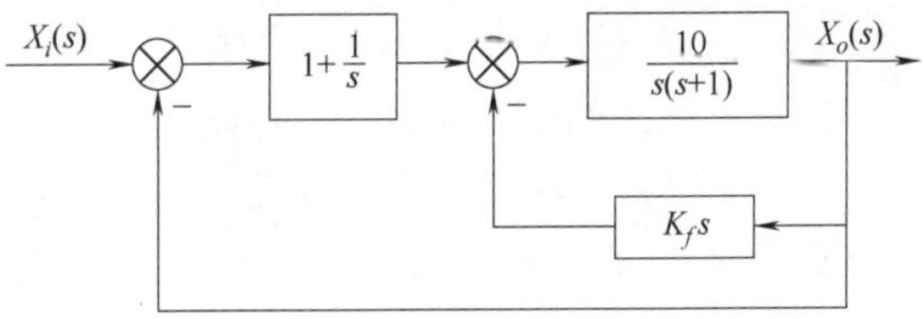

图3

3. 已知系统的方框图如图3所示，试用劳斯判椐确定使系统稳定的K_f值范围。

4. 已知最小相位系统开环对数幅频特性如图4所示。

① 试写出系统的开环传递函数$G(s)$；

② 求ω_c和相位裕量γ；

③ 若该系统为单位负反馈系统，求当输入信号为$x_i(t)=3\sin t$时的系统响应。

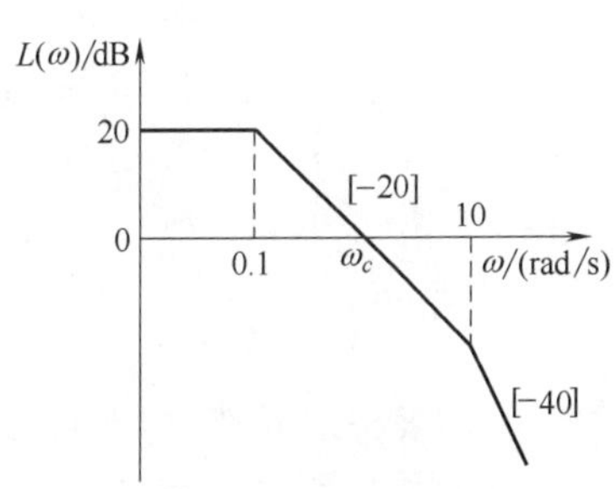

图4

5. 设系统的开环幅相频率特性如图5所示，判断闭环系统是否稳定。图中P为开环传递函数右半平面的极点数。

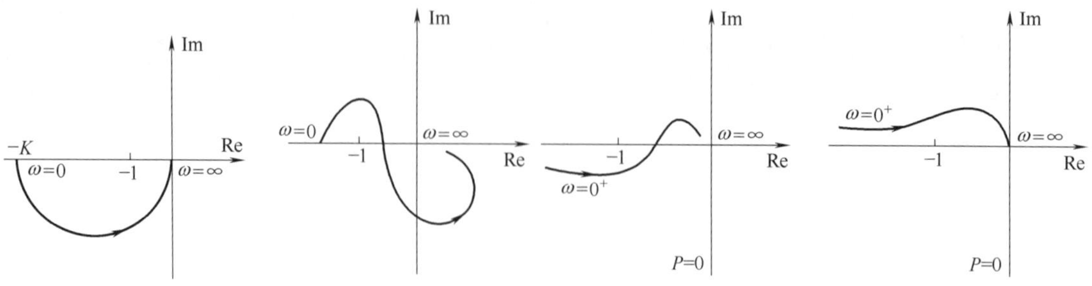

图 5

期末测试题 3

一、填空题

1. 引入校正装置将使系统的________发生改变，导致零点和极点重新分布。

2. 传递函数通过________与________之间信息的传递关系，来描述系统本身的动态特性。

3. 一个系统稳定的必要充分条件是，其特征方程的所有的根都必须为负数或________，也即稳定系统的全部根均应在［s］复平面的________。

4. 任何一个线性系统的时间响应都是由________与________两部分组成。

5. 若时间函数 $f(t)$ 的拉氏变换 $F(s)=\dfrac{\omega}{s^2+\omega^2}$时，则 $f(t)$ =________。

6. 一阶系统的时间常数影响系统响应的________。

7. 相位超前网络相当于一个________滤波器，它能使稳定性得到显著改善。

二、选择题

1. 开环系统与闭环系统最本质的区别是（　　）。

A 开环系统的输出对系统无控制作用，闭环系统的输出对系统有控制作用

B 开环系统的输入对系统无控制作用，闭环系统的输入对系统有控制作用

C 开环系统不一定有反馈回路，闭环系统有反馈回路

D 开环系统不一定有反馈回路，闭环系统也不一定有反馈回路

2. 开环增益 K 对系统稳态误差的影响为（　　）。

A 开环增益 K 越大，系统的稳态误差越小

B 开环增益 K 越大，系统的稳态误差越大

C 开环增益 K 越小，系统的稳态误差越小

D 开环增益 K 不影响系统的稳态误差

3. 一闭环系统的开环传递函数为 $G(s)=\dfrac{8(s+2)}{s(2s+1)(s+4)}$，则该系统为（　　）。

A 0 型系统，开环增益为 8　　　　B Ⅰ型系统，开环增益为 8

C Ⅰ型系统，开环增益为 4　　　　D 0 型系统，开环增益为 4

4. 所谓最小相位系统是指（　　）。

A 系统传递函数的极点均在［s］平面的左半平面

B 系统开环传递函数的所有零点和极点均在［s］平面的左半平面

C 系统闭环传递函数的所有零点和极点均在［s］平面的左半平面

D 系统开环传递函数的所有零点和极点均在［s］平面的右半平面

5. 单位反馈系统的开环传递函数为$G(s)=\dfrac{K}{s(s+1)(s+2)}$，当$K$减小时，对系统性能的影响是（　　）。

A 稳定性降低　　B 阶跃输入误差减小

C 频宽降低　　D 阶跃输入误差增大

6. 函数$F(s)=\dfrac{2.4(s+10)}{s(0.2s+1)}$，则$\underset{t\to 0}{f(t)}=$（　　）。

A 2.4　　B 1　　C 12　　D 0.2

7. 当系统采用串联校正时，校正环节为$G_c(s)=\dfrac{s+1}{2s+1}$，则该校正环节对系统性能的影响是（　　）。

A 稳态误差不变，响应速度提高

B 稳态误差不变，响应速度降低

C 稳态误差变小，响应速度降低

D 稳态误差变大，响应速度提高

8. 串联校正环节$G_c(s)=\dfrac{As+1}{Bs+1}$，关于$A$与$B$之间关系的正确描述为（　　）。

A 若$G_c(s)$为高通滤波器，则$A>B>0$

B 若$G_c(s)$为低通滤波器，则$A>B>0$

C 若$G_c(s)$为带通滤波器，则$A\neq B$

D 若$G_c(s)$为 PID 校正器，则$A=0$，$B>0$

9. 设系统的传递函数为$G(s)=\dfrac{(s+10)(s+3)}{(2s+1)(4s-8)}$，则系统的零点$s_1$、$s_2$和极点$s_3$、$s_4$分别为（　　）。

A $s_1=-10$，$s_2=-3$，$s_3=-1$，$s_4=8$

B $s_1=-10$，$s_2=-3$，$s_3=-\dfrac{1}{2}$，$s_4=-2$

C $s_1=-10$，$s_2=-3$，$s_3=\dfrac{1}{2}$，$s_4=-8$

D $s_1=-10$，$s_2=-3$，$s_3=-\dfrac{1}{2}$，$s_4=2$

10. 已知系统的开环奈氏图如图 1 所示，开环传递函数有 1 个右极点，则该系统（　　）。

A 稳定

B 不稳定

C 无法判断

D 临界稳定

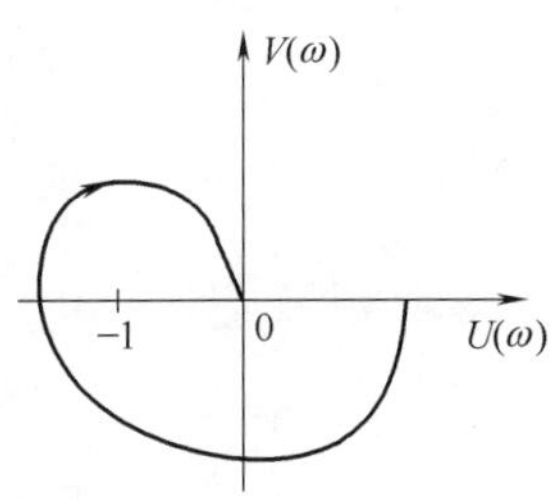

图 1

三、计算题

1. 简化图 2 所示的系统方框图并求其传递函数。

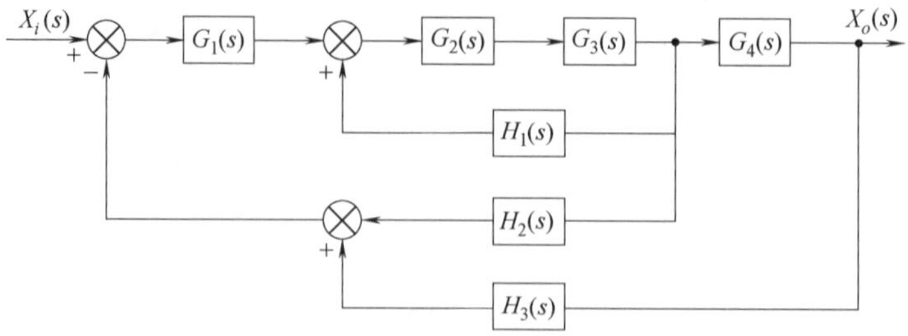

图 2

2. 设系统如图 3 所示，试求当输入为 $x_i(t)=\sqrt{2}\sin(10t)$时，系统的稳态输出 $x_o(t)$ 的表达式。

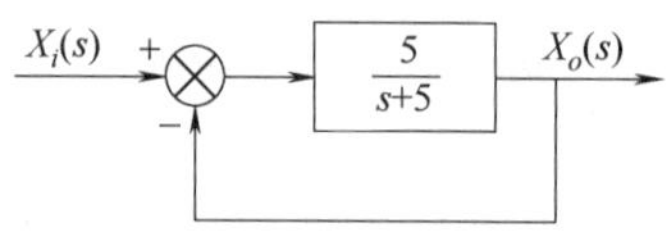

图 3

3. 若系统的开环伯德图如图 4 所示，试：

① 写出系统的开环传递函数；

② 判断该闭环系统的稳定性；

③ 画出奈氏曲线。

4. 某系统方框图如图 5 所示，求使系统稳定的 f 值范围。

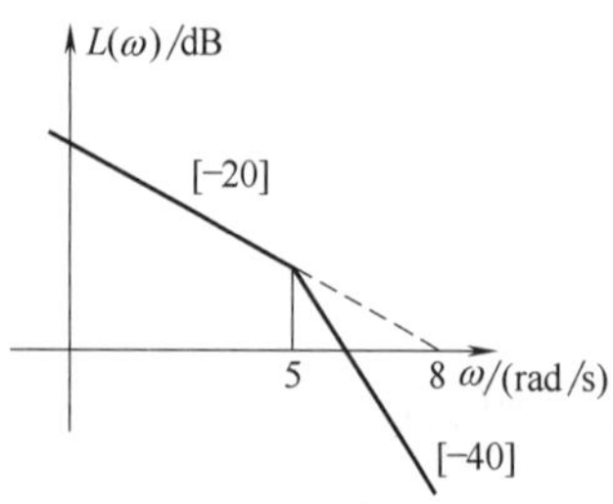

图 4

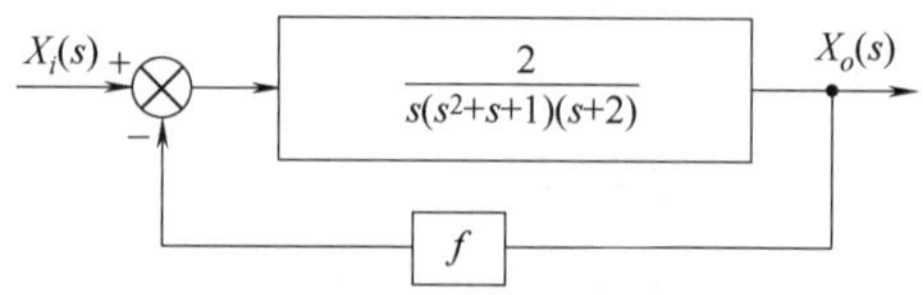

图 5

5. 设稳定系统的单位负反馈开环传递函数为$\frac{4}{s(4s+3)}$，输入信号 $x_i(t)=1+t$，试求系统的稳态误差。

6. 质量-弹簧-阻尼系统如图 6 所示，其中 $x_i(t)$ 为输入力，$x_o(t)$ 为输出位移。

① 写出系统的传递函数；

② 当质量 $m=2$kg，$k=8.3$N/m，$B=3.3$N · m/s 时，试求系统对单位阶跃输入信号的峰值时间及调整时间（±2%）。

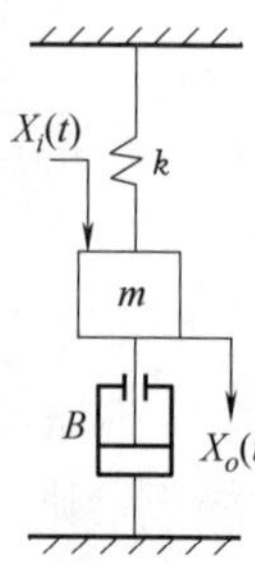

图 6

期末测试题 4

一、选择题

1. 积分环节的幅频特性，其幅值与频率成（　　）。

A 指数关系　　B 反比关系　　C 正比关系　　D 不定关系

2. 下列传递函数所表示的系统，属于最小相位系统的是（　　）。

A $\frac{s-1}{(5s+2)(2s+1)}$　　B $\frac{1-Ts}{1+Ts}$

C $\frac{s+1}{(2s+1)(3s-2)}$　　D $\frac{s+1}{(2s+1)(3s+1)}$

3. 校正前的穿越频率 ω_c 与串联超前校正后的穿越频率 ω'_c 的关系是（　　）。

A $\omega_c=\omega'_c$　　B $\omega_c<\omega'_c$　　C $\omega_c>\omega'_c$　　D 不确定

4. 系统的传递函数 $G(s)=\frac{14}{7s+2}$，则系统的放大增益为（　　）。

A 7　　B 2　　C 0.3　　D ∞

5. 与开环控制系统相比较，闭环控制系统通常对（　　）进行直接或间接的测量，通过反馈环节去影响控制信号。

A 扰动量　　B 输入量　　C 输出量　　D 设定量

6. 积分环节的相频特性 $\varphi(\omega)=$（　　）。

A $-45°$　　B $-180°$　　C $-135°$　　D $-90°$

7. 某时间函数 $f(t)$ 的拉氏变换式是 $F(s)=1/s$，则该时间函数是（　　）。

A 指数函数　　B 斜坡函数　　C 单位阶跃函数　　D 正弦函数

8. 根据下列几个系统的特征方程（a、b、c、d、e 均为不等于零的正数），可以判断肯定不稳定的系统为（　　）。

A $as^2+bs^2+cs+d=0$　　B $2s^2+bs+c=0$

C $as^4+bs^3+cs^2+ds+e=0$　　D $s^4+as^3+bs^2-cs+d=0$

9. 判断系统稳定的充分必要条件是（　　）。

A 系统传递函数的极点全部位于［s］复平面的左半部

B 部分闭环极点位于虚轴，其余极点位于［s］复平面的左半部

C 稳定系统的特征方程根必须全部具有正实部

D 闭环极点全部位于虚轴上

10. 相位滞后校正（　　）。

A 基本是低通滤波器　　B 基本是高通滤波器

C 在伯德图上有正斜率段　　D 不改变频率特性曲线的形状

二、填空题

1. 控制系统按照有无反馈测量装置可以分为________和________两种基本形式。

2. 时域性能分析指标是以二阶系统欠阻尼状态下对________输入的瞬态响应形式给出的。

3. Ⅰ型系统 $G(s)=\frac{K}{s(s+2)}$ 在单位阶跃输入下，稳态误差为________；在单位加速度输入下，稳态误差为________。

4. 若 $F(s)=\frac{4}{2s+1}$，则 $\lim\limits_{t\to 0}f(t)=$________。

5. 对控制系统进行相位________校正后，可以使截止频率附近的相位明显上升，具有较大的稳定裕量。

三、计算题

1. 运用方框图简化法则化简图 1，并求图 1 所示系统的传递函数。

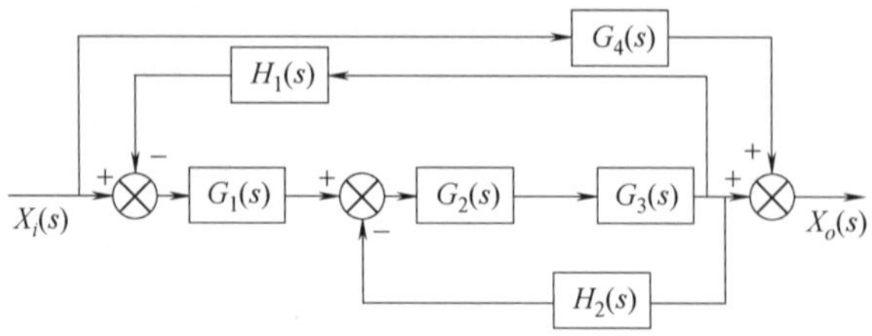

图 1

2. 单位负反馈系统开环传递函数 $G(s)=\dfrac{100}{s(0.5s+1)}$，输入信号 $x_i(t)=2t+1$ 时：

① 试用奈奎斯特判据判断系统的稳定性；

② 求系统的稳态误差。

3. 若系统原有的开环传递函数 $G(s)=\dfrac{100(1+0.1s)}{s^2}$，而校正后的对数幅频特性如图 2 所示，试求串联校正装置的传递函数。

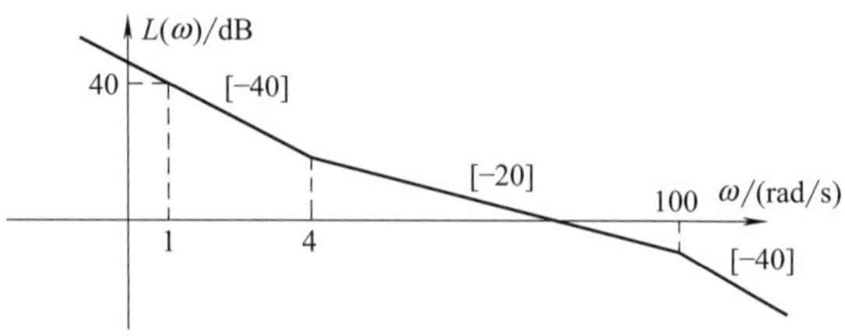

图 2

4. 求图 3 所示系统的传递函数，其中输入电压为 $u_i(t)$，输出电压为 $u_o(t)$，L 为电感，R 为电阻。

5. 系统特征方程为 $3s^4+10s^3+5s^2+s+2=0$，用劳斯判据或者赫尔维茨判据判断系统稳定性，要求写出计算过程。

6. 反馈控制系统如图 4 所示，求当 $a=0$ 时系统的性能指标 M_p 和 $t_s(\Delta=\pm5\%)$。

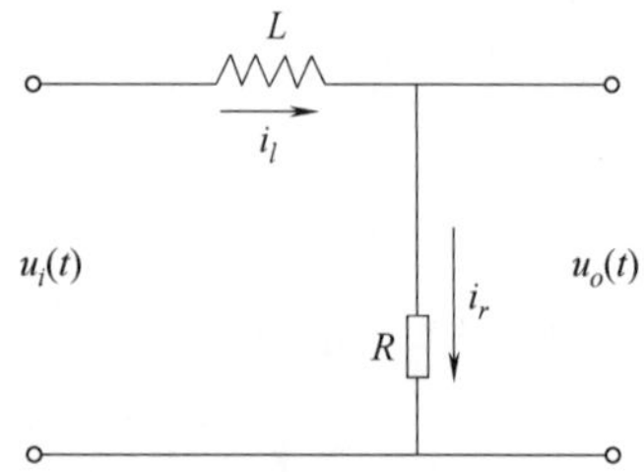

图 3

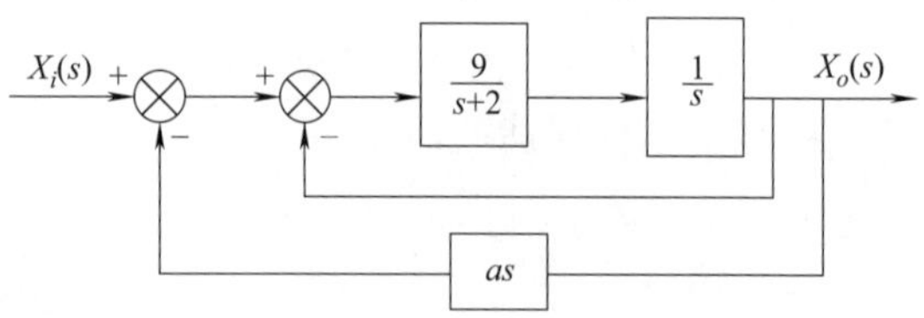

图 4

附录B 研究生入学考试题

北京信息科技大学
2008年硕士研究生入学考试题

一、(30分)求如图1所示两系统的传递函数。其中，u_i 为输入电压，R 为电阻，C 为电容，L 为电感，u_o 为输出电压。

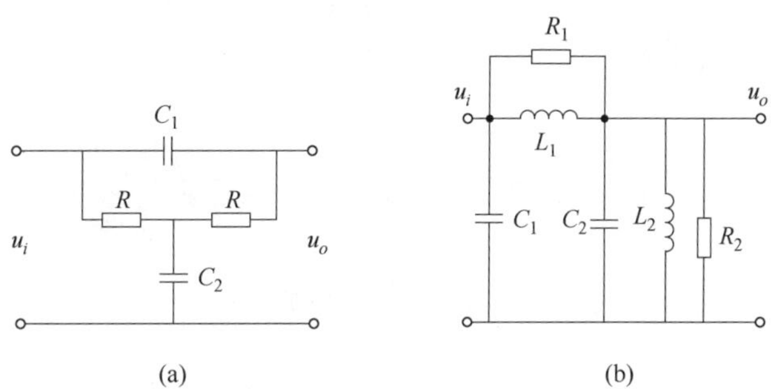

图1

二、(30分)某最小相位单位负反馈系统的开环渐近对数幅频特性曲线如图2所示，已知在 $\omega=0.1\text{rad/s}$ 的幅值为40dB，$\omega_2=5\text{rad/s}$。

1. 证明 $\omega_3/\omega_2=\omega_2/\omega_1$；
2. 求系统的开环增益 K 和 ω_1 的值；
3. 求相位裕量。

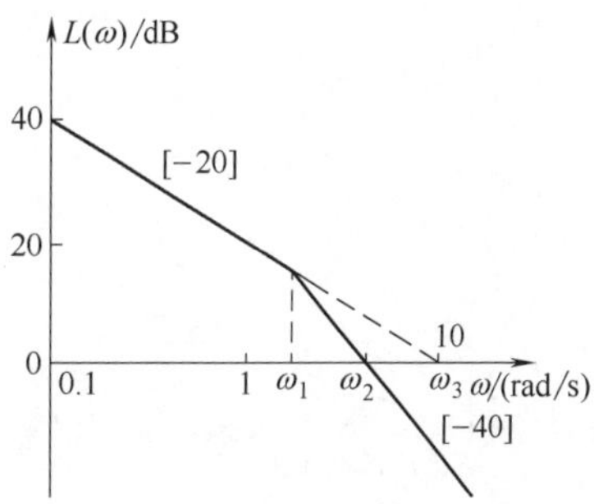

图2

三、(20分)如图3所示系统，假设输入是 $x_i(t)=1+at$，a 是一任意常数。控制器为比例-微分环节 $G_c(s)=1+T_ds$。试求调节微分时间常数 T_d 为多少时，可使系统相对输入 $x_i(t)$ 的稳态误差为零。

四、(20分)某复合控制系统结构如图4所示，其中，$G_1(s)=as^2+bs$，$G_2(s)=\dfrac{10}{s(0.1s+1)(0.02s+1)}$，试：

1. 判断该系统的稳定性；
2. 选择 a、b 的值，使系统由Ⅰ型系统提高为Ⅲ型系统。

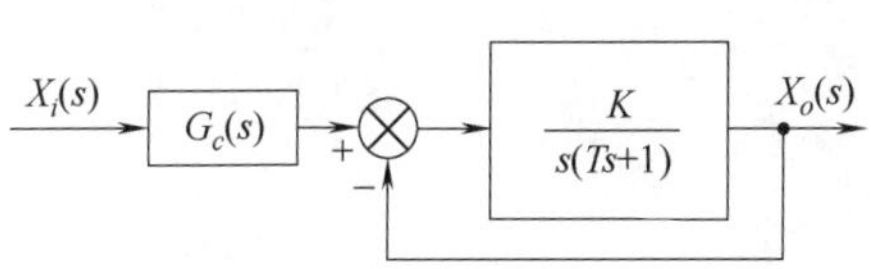

图3

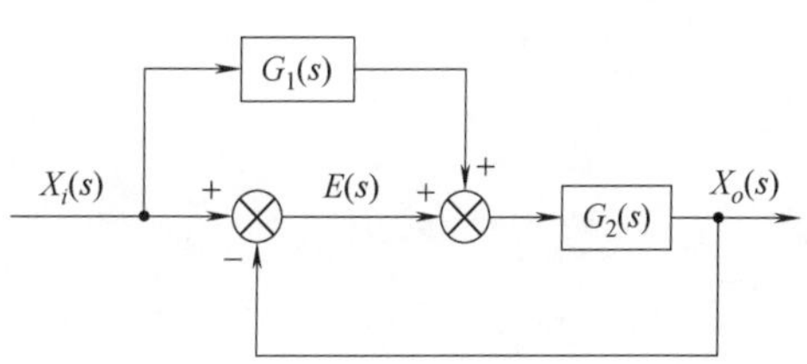

图4

五、(20分) 设一单位负反馈系统的开环传递函数为：$G(s)=\dfrac{K}{s\left(\frac{1}{3}s+1\right)\left(\frac{1}{6}s+1\right)}$，若要求该系统闭环特征方程根的实部分别小于0、−1、−2，问K的值应如何选取？并画出$K=2$时系统的开环奈氏图。

六、(30分) 设系统结构如图5所示，已知$x_i(t)=5.8\times1(t)$，当$n(t)=0$时，系统的稳态输出为1.0。

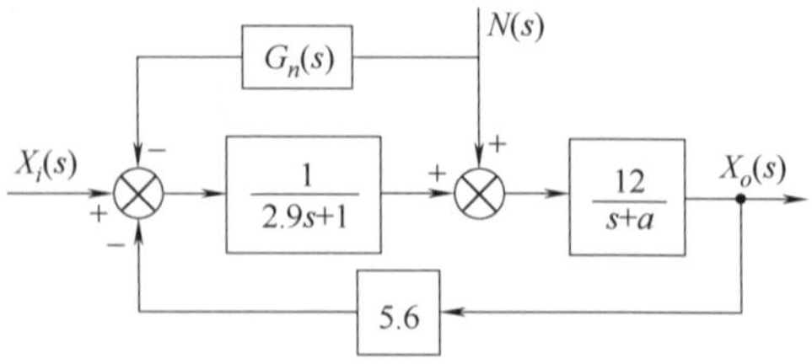

图5

1. 确定结构参数α，并计算系统的时域性能指标——超调量M_p和调整时间t_s（取$\Delta=2\%$）；

2. 当$x_i(t)=5\sin(\omega t)$、$n(t)=0$时，求使系统稳态输出信号振幅量最大（即出现谐振峰值）的输出信号的频率ω_r（即谐振频率）和最大的输出振幅A_m；

3. 设计校正环节$G_n(s)$，使系统输出不受可测扰动$n(t)$的影响。

北京信息科技大学
2009 年硕士研究生入学考试题

一、单项选择题（本大题共 10 小题，每小题 2 分，共 20 分）

1. 控制工程主要研究并解决的问题之一是（　　）。

A. 系统已定，输入不确定，求系统的输出

B. 系统已定，输入已知，求系统的输出（响应）

C. 系统已定，规定系统的输入

D. 系统不定，输入已知，求出系统的输出（响应）

2. 进行串联滞后校正后，校正前的穿越频率 ω_c 与校正后的穿越频率 ω_c' 的关系，通常是（　　）。

A. $\omega_c=\omega_c'$　　B. $\omega_c>\omega_c'$　　C. $\omega_c<\omega_c'$　　D. 不确定

3. 设单位反馈系统的开环传递函数为 $G(s)=\dfrac{K}{s(s+1)(s+2)}$，则系统稳定时的开环增益 K 的范围是（　　）。

A. $0<K<2$　　B. $K>6$　　C. $1<K<2$　　D. $0<K<6$

4. 下面列出四个最小相位系统的 γ 和 K_g，则其中稳定的系统是（　　）。

A. $\gamma=15°$，$K_g=0\text{dB}$　　B. $\gamma=35°$，$K_g=26\text{dB}$

C. $\gamma=20°$，$K_g=-30\text{dB}$　　D. $\gamma=-45°$，$K_g=5\text{dB}$

5. 设系统的单位脉冲响应函数为 $\omega(t)=0.1(1-\mathrm{e}^{-\frac{t}{3}})$，则系统的传递函数为（　　）。

A. $0.1\left(1-\dfrac{1}{s+\frac{1}{3}}\right)$　　B. $0.1\left(\dfrac{1}{s}-\dfrac{3}{s-\frac{1}{3}}\right)$

C. $0.1\left(\dfrac{1}{s}-\dfrac{1}{s+3}\right)$　　D. $0.1\left(\dfrac{1}{s}-\dfrac{1}{s+\frac{1}{3}}\right)$

6. 已知一阶系统传递函数为 $\dfrac{1}{2s+1}$，其单位阶跃响应曲线在 $t=0$ 处的切线斜率为（　　）。

A. 1　　B. 2　　C. 0.5　　D. −1

7. 二阶振荡环节 $G(s)=\dfrac{\omega_n^2}{s^2+2\xi\omega_n s+\omega_n^2}$ $(0<\xi<1)$，关于 ω_d 以下正确的为（　　）。

A. $\omega_d=\omega_n\sqrt{1-2\xi^2}$　　B. $\omega_d<0$　　C. $\omega_d=0$　　D. $\omega_d=\omega_n\sqrt{1-\xi^2}$

8. 系统方框图如图 1 所示，其传递函数为（　　）。

A. $\dfrac{G_2(1-G_1)}{1-G_1+G_1G_2}$　　B. $\dfrac{G_2(1-G_1)}{1+G_2G_1}$

C. $\dfrac{G_2}{1-G_1+G_1G_2}$　　D. $\dfrac{G_2}{1+G_2(1+G_1)}$

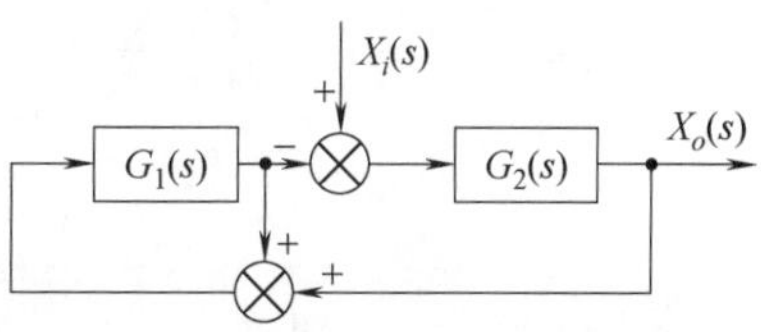

图 1

9. 一系统在干扰信号单独作用下的误差函数 $E_1(s)=-\dfrac{s+9}{s(s+5)}$，在输入信号单独作用

下的误差函数 $E_2(s)=\dfrac{s^2+2s+9}{s(s^2+3s+5)}$，则系统总的稳态误差 $e_{ss}=($　　)。

A. $\dfrac{9}{5}$　　B. 0　　C. $-\dfrac{9}{5}$　　D. ∞

10. 某校正环节传递函数 $G_c(s)=\dfrac{100s+1}{10s+1}$，则其频率特性的奈氏图终点坐标为（　　）。

A.（0，j0）　　B.（1，j0）　　C.（1，j1）　　D.（10，j0）

二、简答题（每小题 5 分，共 20 分）

1. 典型二阶系统为欠阻尼时，试问闭环极点分布如何？单位阶跃响应的特征是什么？

2. 当 $G_1(s)=\dfrac{1}{G_2(s)}$时，试说明伯德图中 $L_1(\omega)$ 和 $L_2(\omega)$ 的关系及 $\varphi_1(\omega)$ 和 $\varphi_2(\omega)$ 的关系。

3. 系统的误差大小和系统开环传递函数中积分环节的多少有何关系？

4. 系统校正的实质是什么？有哪些方式？超前、滞后校正是如何改善系统稳定性的？

三、计算题

1.（30 分）质量-弹簧-阻尼系统如图 2 所示，其中 $x_i(t)$ 为输入力，$x_o(t)$ 为输出位移。

① 建立系统的数学模型，并写出系统的传递函数；

② 当质量忽略不计（即 $m=0$）、$k=2\text{N/m}$、$B=3\text{N}\cdot\text{m/s}$ 时，写出系统的幅频特性和相频特性；

③ 求在本题②所述条件下，当输入信号 $x_i(t)=\sin\left(\dfrac{2}{3}t+45^\circ\right)$时，系统的稳态输出。

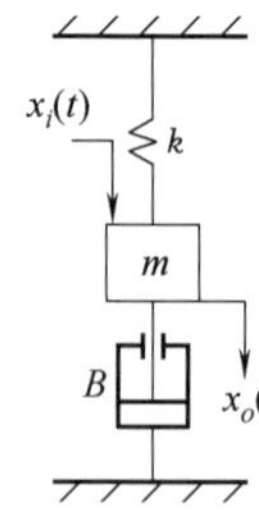

图 2

2.（30 分）一单位反馈控制系统如图 3 所示：

① 当 $a=0$、超调量 $M_p=0.2$、峰值时间 $t_p=1\text{s}$ 时，试确定参数 K 和 T；

② 当 $a=5$、$T=1$ 时，欲使系统稳定，求 K 的取值范围；

③ 当系统输入为 $x_i(t)=t+1$ 时，求系统的稳态误差。

3.（16 分）已知系统的方框图如图 4 所示，试判断下面两种情况下系统的稳定性。

① $G(s)=\dfrac{10(s+1)}{s(s-1)(s+5)}$，$H(s)=1$；

② $G(s)=\dfrac{10}{s(s+1)(s+2)}$，$H(s)=1$。

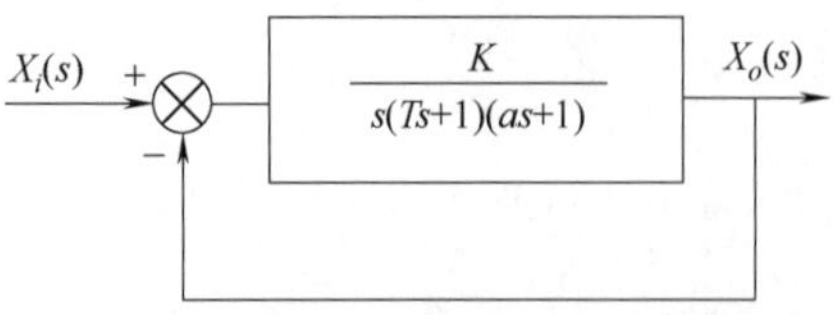

图 3

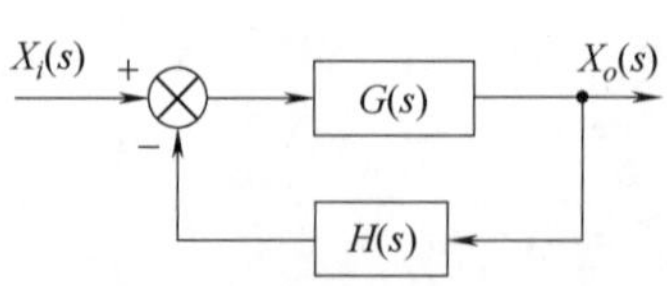

图 4

4.（10 分）控制系统方框图如图 5 所示，试对其进行简化，并求出系统的闭环传递函数。

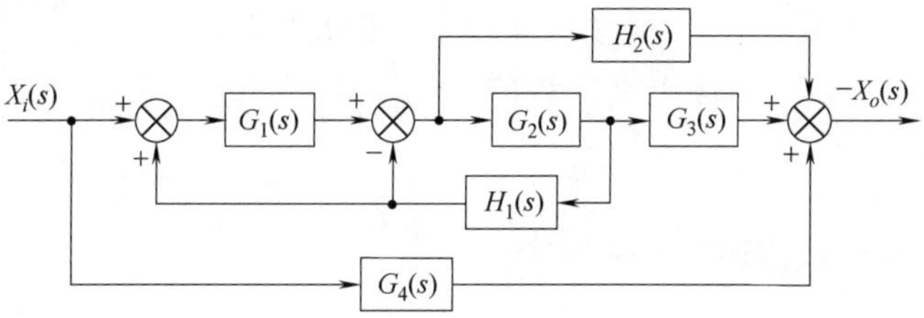

图 5

5. (14 分) 设系统的开环传递函数为 $G(s)=\dfrac{10}{s(s+1)(s+10)}$，试画出其伯德图的渐近线，并确定系统的稳定性。

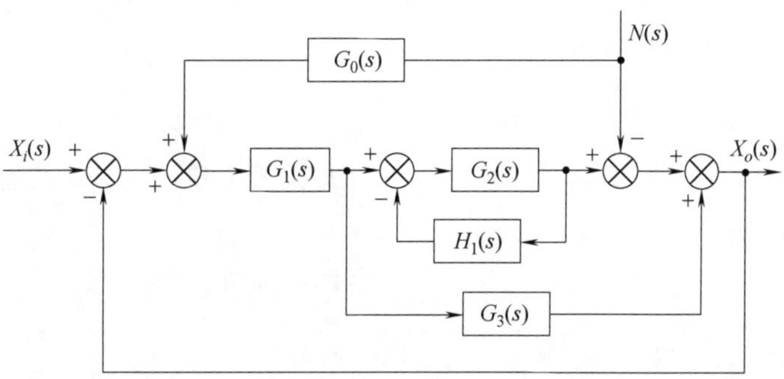

图 6

6. (10 分) 已知系统的方框图如图 6 所示。若要消除干扰对系统输出的影响（即 $\dfrac{X_o(s)}{N(s)}=0$），试确定 $G_0(s)$ 的表达式。

北京信息科技大学
2010 年硕士研究生入学考试题

一、选择题（每题 2 分，共 10 分）

1. 适合应用传递函数描述的系统是（　　）。

A. 单输入、单输出的线性定常系统

B. 单输入、单输出的线性时变系统

C. 单输入、单输出的定常系统

D. 非线性系统

2. 系统的开环传递函数为两个“s”多项式之比，即 $G(s)=\frac{M(s)}{N(s)}$，则闭环特征方程为（　　）。

A. $N(s)=0$　　　　B. $N(s)+M(s)=0$

C. $1+N(s)=0$　　　　D. 与是否为单位反馈系统有关

3. 一阶系统的闭环极点越靠近 $[s]$ 平面原点（　　）。

A. 准确度越高　　B. 准确度越低　　C. 响应速度越慢　　D. 响应速度越快

4. 已知系统的传递函数为 $\frac{K}{Ts+1}e^{-\tau s}$，其幅频特性 $|G(j\omega)|$ 为（　　）。

A. $\frac{K}{T\omega+1}e^{-\tau}$　　B. $\frac{K}{T\omega+1}e^{-\tau\omega}$　　C. $\frac{K}{\sqrt{T^2\omega^2+1}}e^{-\tau\omega}$　　D. $\frac{K}{\sqrt{T^2\omega^2+1}}$

5. 系统特征方程为 $D(s)=s^3+2s^2+4s+6=0$，则系统（　　）。

A. 稳定　　　　B. 临界稳定

C. 右半平面闭环极点数 $Z=2$　　　　D. 型别 $v=1$

二、计算题

1.（30 分）已知质量-弹簧-阻尼器系统如图 1（a）所示，其中质量为 m kg，弹簧系数为 k N/m，阻尼器系数为 B N·s/m。当物体受 $F=10$N 的恒力作用时，其位移 $y(t)$ 的变化如图 1（b）所示。求 m、k 和 B 的值。

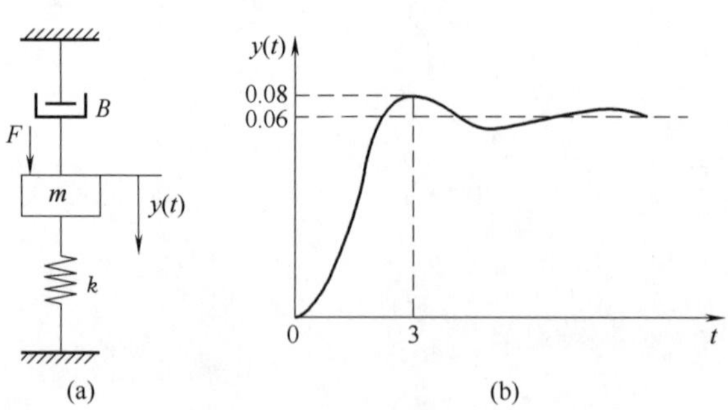

图 1

2.（15 分）系统方框图如图 2 所示，求系统的闭环传递函数。

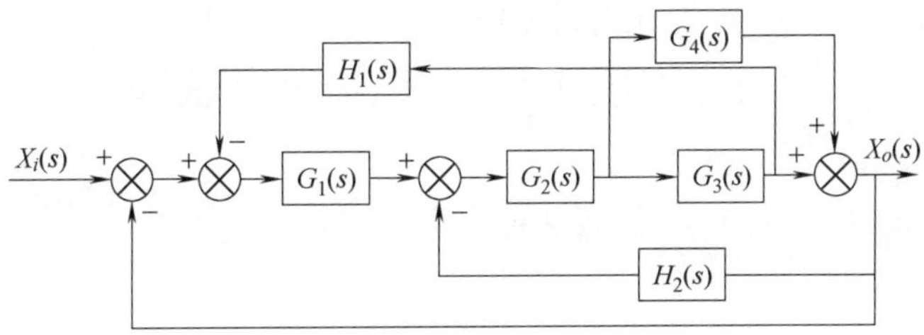

图 2

3. (40 分，共 6 道小题) 已知一个 n 阶闭环系统的微分方程为 $a_n y^{(n)} + a_{n-1} y^{(n-1)} + \cdots + a_2 y^{(2)} + a_1 \dot{y} + a_0 y = b_1 \dot{x}_i(t) + b_0 x_i(t)$，其中 $x_i(t)$ 为输入，y 为输出，所有系数均大于零。

① 写出该系统的特征方程；

② 写出该系统的闭环传递函数；

③ 若该系统为单位负反馈系统，写出其开环传递函数；

④ 若系统是稳定的，求当 $x_i(t)=1(t)$ 时的稳态误差 e_{ss} ［误差定义为 $e(t)=x_i(t)-y(t)$］；

⑤ 为使系统在 $x_i(t)=t$ 时的稳态误差 $e_{ss}=0$，除系统必须稳定外，还应满足什么条件?

⑥ 当 $a_0=1$、$a_1=0.5$、$a_2=0.25$、$a_i=0(i>2)$、$b_1=0$、$b_0=2$、$x_i(t)=1(t)$ 时，试计算该二阶系统的 $y(\infty)$。

4. (20 分) 某控制系统的方框图如图 3 所示，欲保证阻尼比 $\xi=0.7$ 和响应单位斜坡函数的稳态误差为 $e_{ss}=0.25$，试确定系统参数 K、τ。

5. (20 分) 已知最小相位系统的开环对数幅频特性渐近线如图 4 所示，试：

① 求系统的开环传递函数；

② 求稳定裕量并判断系统稳定性。

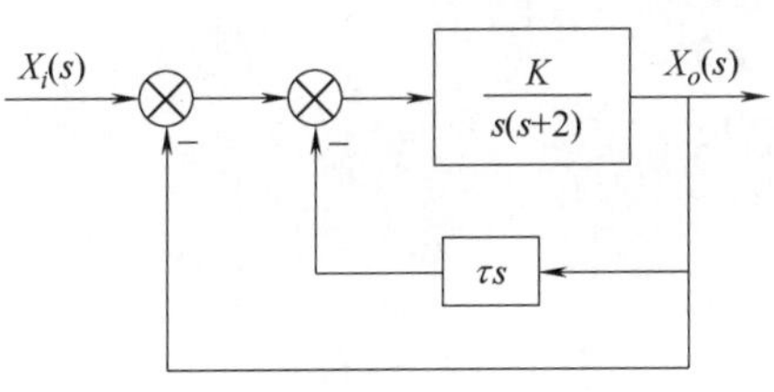

图 3

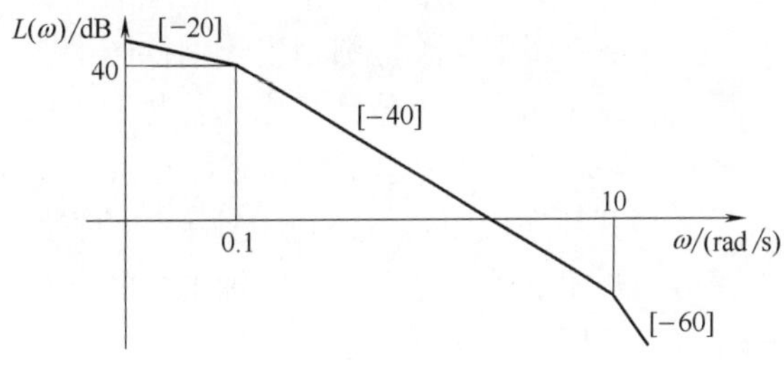

图 4

6. (15 分) 设单位反馈系统的开环传递函数为：

$$G(s)=\frac{K}{s\left(1+\frac{1}{3}s\right)\left(1+\frac{1}{6}s\right)}$$

试求系统稳定时 K 的取值范围。

北京信息科技大学
2011年硕士研究生入学考试题

一、填空题（每空2分，共10分）

1. 传递函数表示系统________，与外界输入无关。

2. 当时间趋于无穷大时，系统的输出称为________。

3. 对于线性系统，当在其输入端加一个正弦信号时，输出端得到的稳态响应的幅值和相位要改变，而________不发生变化。

4. 控制系统的反馈是指将系统的_______部分或全部地_______。

二、选择题（每个2分，共10分）

1. 函数 $f(t)$ 图形如图1所示，它的拉氏变换为（　　）。

A. $\dfrac{1-e^{-Ts}}{s^2}$　　B. $\dfrac{1-e^{-Ts}}{s}$　　C. $\dfrac{1-e^{Ts}}{s^2}$　　D. $\dfrac{1-e^{Ts}}{s}$

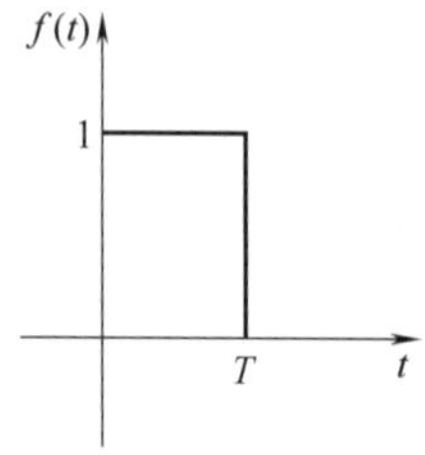

图1

2. 作为控制系统，一般（　　）。

A. 开环不振荡　　B. 闭环不振荡

C. 开环一定振荡　　D. 闭环一定振荡

3. 已知控制系统在单位脉冲输入时的响应为 $g(t)=0.1(1-e^{-\frac{t}{3}})$，则控制系统的传递函数是（　　）。

A. $0.1\left(\dfrac{1}{s}-\dfrac{3}{3s+1}\right)$　　B. $0.1\left(\dfrac{3}{s+\dfrac{1}{3}}\right)$　　C. $0.1\left(\dfrac{3}{3s+1}\right)$　　D. $0.1\left(\dfrac{1}{3s+1}\right)$

4. 幅相频率特性曲线（奈氏图）与对数频率特性曲线（伯德图）的关系是（　　）。

A. 奈氏图上的单位圆相当于伯德图上的−20dB线

B. 奈氏图上的单位圆相当于伯德图上的+20dB线

C. 奈氏图上的单位圆相当于伯德图上的0dB线

D. 奈氏图上的单位圆相当于伯德图上的+1dB线

5. 设系统开环传递函数为 $G(s)=1+0.3s$，下面描述正确的是（　　）。

A. 开环奈氏图是一条与实轴平行的直线，闭环是不稳定的

B. 开环奈氏图是一条与实轴平行的直线，闭环是稳定的

C. 开环奈氏图是一条与虚轴平行的直线，闭环是不稳定的

D. 开环奈氏图是一条与虚轴平行的直线，闭环是稳定的

三、简答题（本题共2小题，每小题10分，共20分）

1. 典型二阶系统阻尼比 $0<\xi<1$ 时，试问闭环极点分布如何？单位阶跃响应的特征是什么？

2. 已知系统开环传递函数 $G(s)=\dfrac{K}{s(Ts+1)}$，其中 K 为开环增益，T 为时间常数。试问：当 $r(t)=t$ 时，要减小系统稳态误差 e_{ss} 应调整哪个参数，为什么？

四、计算题

1. （26分）某系统采用测速发电机反馈，可以改善系统的相对稳定性，系统如图2所示。

① 当 $K=10$，且使系统阻尼比 $\xi=0.5$，试确定 K_h；

② 若要使系统最大超调量 $M_p=0.02$，峰值时间 $t_p=1\mathrm{s}$，试确定增益 K 和速度反馈系统 K_h 的数值，并确定在这个 K 和 K_h 的情况下系统的上升时间。

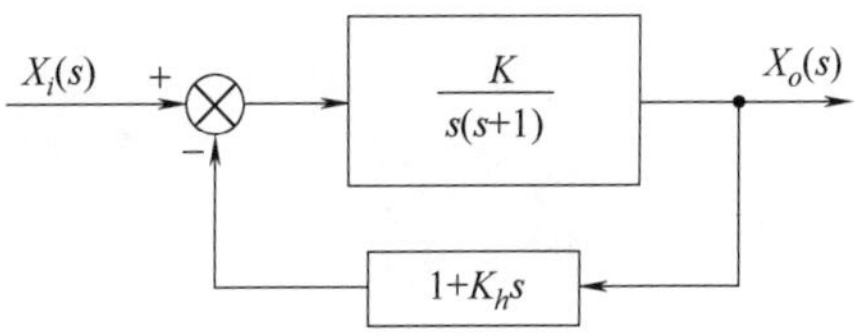

图 2

2.（30 分）单位反馈系统的开环传递函数分别为：

（1）$G(s)=\dfrac{K^*(s+1)}{s(s-1)(s+5)}$；（2）$G(s)=\dfrac{K^*}{s(s-1)(s+5)}$

① 试确定使闭环系统稳定的开环增益 K 的取值范围；

② 如果 K 取 10 时，试求系统在单位斜坡输入时的稳态误差；

③ 试绘制两系统开环伯德图的渐近线。

3.（14 分）简化图 3 所示的方框图，并求系统的传递函数。

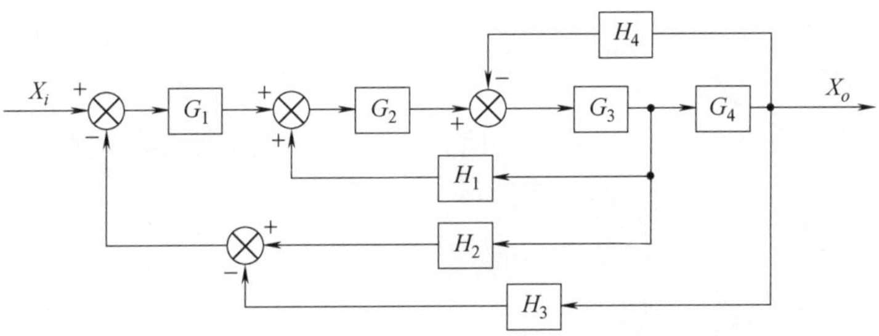

图 3

4.（20 分）测得最小相位系统［图 4（a）］对数幅频渐进线如图 4（b）所示，试求 $G(s)$。

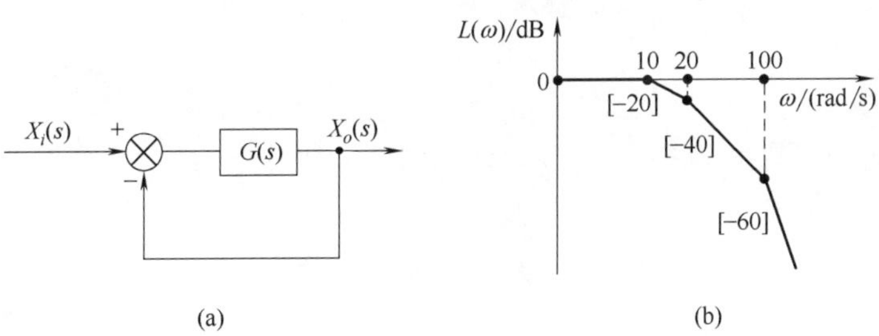

图 4

5.（20 分）系统的方框图如图 5 所示，当输入 $x_i(t)=2\sin t$ 时，测得系统输出 $x_o(t)=4\sin(t-45°)$，试确定系统的参数 ξ、ω_n。

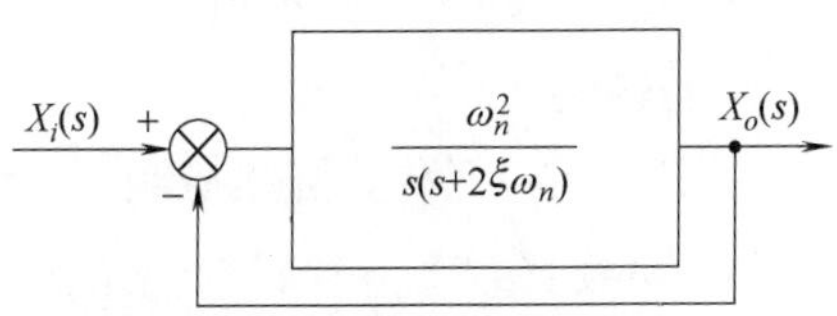

图 5

北京信息科技大学
2012年硕士研究生入学考试题

一、填空题（每空1分，共10分）

1. 闭环系统是指系统的________对系统有控制作用，或者说，系统中存在________的回路。

2. 传递函数通过________与________之间信息的传递关系，来描述系统本身的动态特性。

3. 频率响应是系统对________的稳态响应，频率特性包括________和________两种特性。

4. 一个系统稳定的必要充分条件是，其特征方程的所有的根都必须为________或________。也即稳定系统的全部根均应在［s］平面的________。

二、简答题（共20分，每题10分）

1. 试说出PI调节器、PD调节器、PID调节器分别属于什么校正方法。

2. 试说明什么是0型系统、Ⅰ型系统、Ⅱ型系统，分别举例写出各自的传递函数。

三、计算题

1. （20分）已知系统的结构图如图1所示，图中$X_i(s)$为输入信号，$N(s)$为干扰信号，试求传递函数$\dfrac{X_o(s)}{X_i(s)}$、$\dfrac{X_o(s)}{N(s)}$。

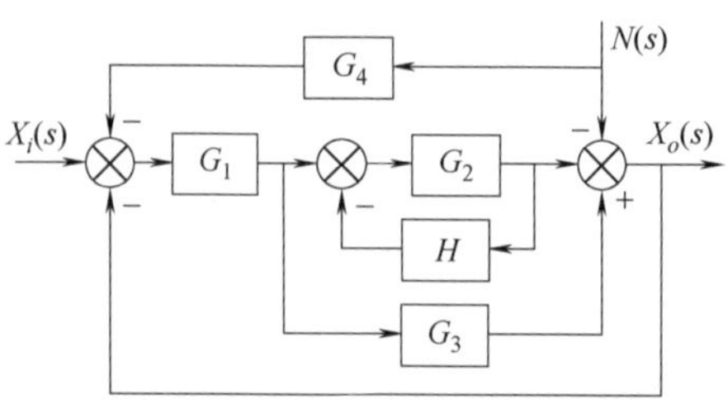

图1

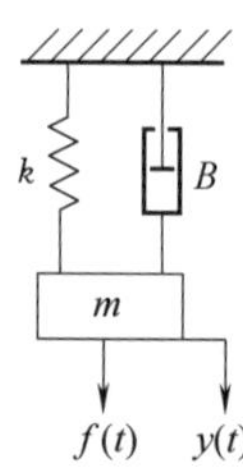

图2

2. （20分）试列写图2所示系统的传递函数，并求出ξ和ω_n。其中，外力$f(t)$为输入量，位移$y(t)$为输出量；k（弹性系数）、B（阻尼系数）和m（质量）均为常数。

3. （30分）已知单位负反馈系统的开环传递函数为：

$$G(s)=\frac{K}{s(0.1s+1)(0.2s+1)}$$

① 为确保系统稳定，如何取K值？

② 为使系统特征根全部位于［s］平面$s=-1$的左侧，K应取何值？

③ 若输入信号为$x_i(t)=2t+2$时，要求系统稳态误差$e_{ss}\leqslant 0.25$，K应取何值？

4. （20分）宇航员机动控制系统结构如图3所示。其中，控制器可以用增益K_2来表示，宇航员及其装备的总转动惯量$I=25\text{kg}\cdot\text{m}^2$。

① 当输入为斜坡信号$x_i(t)=t$ m时，试确定K_3的取值，使系统稳态误差$e_{ss}=1$cm；

② 采用①中的K_3值，试确定K_1、K_2的取值，使系统超调量M_p限制在10%以内。

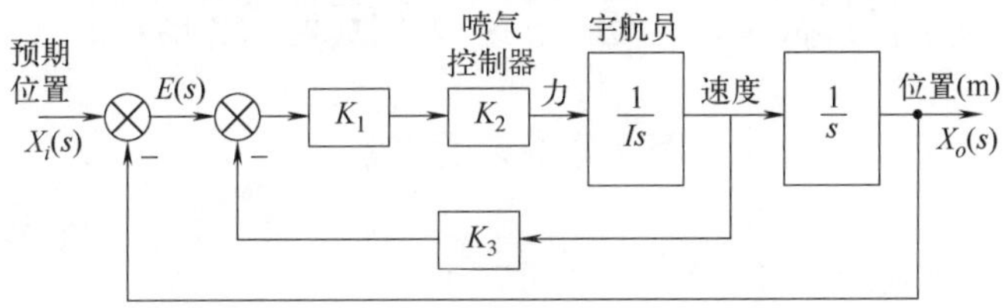

图 3

5. （10 分）若零初始条件下系统的单位阶跃响应为：

$$h(t)=1-1.8e^{-4t}+0.8e^{-9t} \quad (t \geqslant 0)$$

试求系统的频率特性。

6. （20 分）已知闭环控制系统中前向通道传递函数为 $G(s)=\dfrac{10}{s(s-1)}$；反馈通道传递函数为 $H(s)=1+K_h s$。

① 试确定闭环系统临界稳定时的 K_h；

② 试画出本题①条件下的奈氏图。

附录 C 练习题及试题答案

第 1 章练习题答案

1-1 选择题

1. B 2. B 3. A 4. D 5. A 6. B 7. C 8. C 9. A 10. B 11. C 12. D 13. D 14. A 15. B 16. A

1-2 填空题

1. 输出，反馈
2. 稳定，快速，准确
3. 反馈
4. 输出，返回到输入，输入量

1-3 简答题

略

第 2 章练习题答案

2-1 选择题

1. B 2. C 3. B 4. B 5. C 6. A 7. B 8. A 9. C 10. C 11. B 12. C 13. A 14. A 15. B 16. C 17. B 18. A 19. A 20. D 21. B 22. B 23. B 24. B 25. C 26. D 27. D 28. B 29. C 30. C

2-2 填空题

1. 本身参数，结构，输入
2. 输出，输入
3. 非线性系统
4. 零初始，对应输入量的拉氏变换
5. 二阶振荡
6. $G(s)=\dfrac{5}{s+2}$
7. 各项系数
8. $\dfrac{X_o(s)}{X_i(s)}=\dfrac{G_2(s)[1-G_1(s)]}{1-G_1(s)+G_1(s)G_2(s)}$
9. 延时

2-3 简答题

略

2-4 计算题

1. $\dfrac{X(s)}{F(s)}=\dfrac{m_2B_1s^3+m_2k_1s^2+B_1(k_1+k_2)s+k_1k_2}{s[m_1m_2B_1s^4+m_1m_2k_1s^3+(m_1B_1k_1+m_1B_1k_2+m_2B_1k_1)s^2+m_1k_1k_2s+B_1k_1k_2]}$
2. $x_o(t)=1-4e^{-t}+2e^{-2t}$
3. $x_o(t)=2-3e^{-t}+e^{-3t}$
4. $\dfrac{X(s)}{F(s)}=\dfrac{1}{ms^2+Bs+k}$

5. $\dfrac{X_o(s)}{X_i(s)}=\dfrac{1}{ms^2+Bs+k}$

6. $G(s)=\dfrac{U_o(s)}{U_i(s)}=\dfrac{1}{LCs^2+RCs+1}$

7. (a) $\dfrac{\theta_o(s)}{T_i(s)}=\dfrac{\dfrac{k}{J_1J_2}}{s\left[s^3+\dfrac{B}{J_2}s^2+\dfrac{k(J_1+J_2)}{J_1J_2}s+\dfrac{Bk}{J_1J_2}\right]}$

(b) $\dfrac{\theta_o(s)}{\theta_i(s)}=\dfrac{1}{\dfrac{J_1J_2}{k_1k_2}+\dfrac{J_1B_2+J_2B_1}{k_1k_2}+\left(\dfrac{J_1}{k_1}+\dfrac{J_2}{k_2}+\dfrac{J_2}{k_1}+\dfrac{B_1B_2}{k_1k_2}\right)s^2+\left(\dfrac{B_1}{k_1}+\dfrac{B_2}{k_2}+\dfrac{B_2}{k_1}\right)s+1}$

8. $\dfrac{X(s)}{F(s)}=\dfrac{a/b}{ms^2+Bs+k}$

9. $\dfrac{U_o(s)}{U_i(s)}=\dfrac{1}{RCs+1}=\dfrac{1}{4s+1}$

10. 图略

(a) $\dfrac{[G_1(s)+G_2(s)]G_3(s)}{1-G_3(s)+G_1(s)H_1(s)+G_2(s)H_1(s)-G_1(s)G_3(s)H_1(s)-G_2(s)G_3(s)H_1(s)}$

(b) $\dfrac{G_1(s)G_2(s)}{1+G_1(s)+G_2(s)+2G_1(s)G_2(s)}$

11. (a) $\dfrac{X_o(s)}{X_i(s)}=\dfrac{[1-G_2(s)]G_1(s)}{1-G_2(s)+G_2(s)G_1(s)}$; $\dfrac{E(s)}{X_i(s)}=\dfrac{1-G_2(s)}{1-G_2(s)+G_2(s)G_1(s)}$

(b) $\dfrac{X_o(s)}{X_i(s)}=\dfrac{G_1(s)G_2(s)}{1+G_2(s)+G_1(s)G_2(s)}$; $\dfrac{E(s)}{X_i(s)}=\dfrac{1+G_2(s)}{1+G_2(s)+G_1(s)G_2(s)}$

12. (a) $\dfrac{X_o(s)}{X_i(s)}=\dfrac{P_1\Delta_1+P_2\Delta_2}{\Delta}=\dfrac{G_1G_2+G_1G_3(1+G_2H)}{1+G_2H+G_1G_2+G_1G_3+G_1G_2G_3H}$;

$\dfrac{X_o(s)}{N(s)}=\dfrac{P_1\Delta_1+P_2\Delta_2+P_3\Delta_3}{\Delta}=\dfrac{-1-G_2H+G_4G_1G_2+G_4G_1G_3(1+G_2H)}{1+G_2H+G_1G_2+G_1G_3+G_1G_2G_3H}$

(b) $\dfrac{X_o(s)}{X_i(s)}=\dfrac{P_1\Delta_1}{\Delta}=\dfrac{Ks}{(2K+1)s+2(K+1)}$;

$\dfrac{X_o(s)}{N_1(s)}=\dfrac{P_1\Delta_1}{\Delta}=\dfrac{s(s+2)}{(2K+1)s+2(K+1)}$; $\dfrac{X_o(s)}{N_2(s)}=\dfrac{P_1\Delta_1}{\Delta}=\dfrac{-2K}{(2K+1)s+2(K+1)}$

(c) $\dfrac{X_o(s)}{X_i(s)}=\dfrac{P_1\Delta_1+P_2\Delta_2+P_3\Delta_3}{\Delta}=\dfrac{G_2G_4+G_3G_4+G_1G_2G_4}{1+G_2G_4+G_3G_4}$;

$\dfrac{X_o(s)}{N(s)}=\dfrac{P_1\Delta_1}{\Delta}=\dfrac{G_4}{1+G_2G_4+G_3G_4}$

(d) $\dfrac{X_o(s)}{X_i(s)}=\dfrac{G_1G_2}{1+G_2H_1+G_1G_2H_2}$; $\dfrac{X_o(s)}{N(s)}=\dfrac{1+G_2H_1}{1+G_2H_1+G_1G_2H_2}$

13. $\dfrac{1}{\dfrac{T_m}{K_0K_1K_2K_3K_m}s^2+\dfrac{1+K_2K_3K_mK_t}{K_0K_1K_2K_3K_m}s+1}$

14. $\dfrac{0.7(s+0.6)}{s^3+(0.9+0.7K)s^2+(1.18+0.42K)s+0.68}$

15. 系统方框图如图 1 所示；

$$\frac{X_o(s)}{X_i(s)}=\frac{G_1G_2G_3G_4}{1+G_2G_3G_6+G_3G_4G_5+G_1G_2G_3G_4G_7-G_1G_2G_3G_4G_8}$$

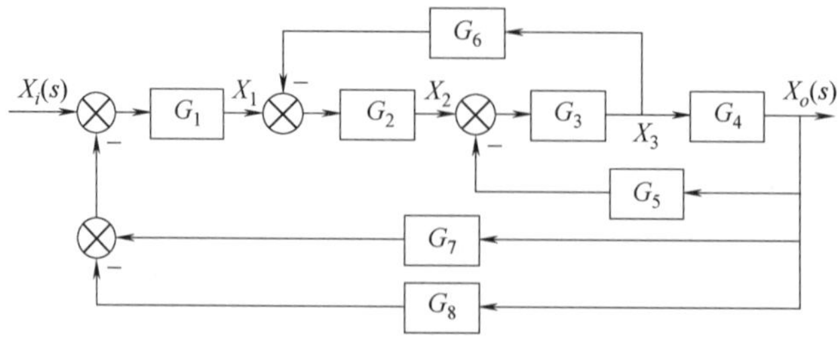

图 1

16. $G(s)=\dfrac{2(s+1)}{s(2s+1)(s^2+3s+2)}$

17. $G(s)=\dfrac{2s+2}{2s^4+7s^3+7s^2+2s}$

18. $\dfrac{X_o(s)}{X_i(s)}=\dfrac{s}{s^2+2s^3+10s^2+4s+3}$

第 3 章练习题答案

3-1 选择题

1. D 2. A 3. B 4. C 5. B 6. C 7. C 8. D 9. D 10. B 11. D 12. D 13. A 14. A 15. C 16. B 17. B 18. C 19. B 20. D 21. C 22. D 23. D 24. A 25. B 26. B 27. C 28. C 29. D 30. B 31. C 32. C 33. C 34. A 35. C 36. B 37. C 38. A 39. B 40. B

3-2 填空题

1. 输出，时间
2. 其稳态输出
3. 衰减振荡
4. 系统的开环增益无穷大
5. 瞬态响应，稳态响应
6. 稳态响应
7. 扰动作用
8. 时间常数 T
9. 单位阶跃
10. 快速性
11. 程度加剧
12. $2e^{-3t}$
13. 2
14. 初始，稳定
15. 0，$\dfrac{2}{K}$

16. 型次，输入
17. 误差带，无阻尼固有频率

3-3 简答题

略

3-4 计算题

1. 略
2. $K_1 \geqslant 15$；$K_2 = 0.5$
3. $K=12.5$，$K_A=0.178$，$t_s \approx 1.86\text{s}$（$\Delta=\pm 5\%$）
4. $\phi(s)=\dfrac{5.9}{s^2+1.39s+2.95}$
5. $x_o(t)=[1+(te^{-t}-e^{-t})]\times 1(t)$；$x_o(t)=(2e^{-t}-te^{-t})\times 1(t)$
6. $\omega_n=\dfrac{1}{5}=0.2\text{rad/s}$，$\xi=0.2$，$M_p \approx 52.7\%$，$t_p \approx 16.03\text{s}$，$t_s \approx 75\text{s}$
7. ① $K=20$；② $x_o(1)=60.00145$ 次/min，$x_o(t_p)=69.78$ 次/min
8. $K_1=\omega_n^2=100$；$K_2=\dfrac{2\xi\omega_n-1}{K_1}=0.146$
9. ① $\dfrac{\Theta(s)}{M_N(s)}=\dfrac{0.5}{s^2+(0.2+0.5K_2K_3)s+(1+0.5K_1K_2)}$；

   ② $0.2+0.25K_2K_3=\sqrt{1+0.5K_1K_2}$；③ $K_1 \geqslant 8$，$K_3 \geqslant 4.072$
10. $t_r \approx 1.946\text{s}$，$M_p \approx 18\%$
11. $K=2.5$，$t_s=\dfrac{4}{\xi\omega_n}=0.8$（$\Delta=\pm 2\%$）
12. ① $e_{ss}=0.25$；② $e_{ss}=0.4$
13. ① $e_{ss}=4$；② $e_{ss}=\infty$
14. ① $G(s)=\dfrac{10K}{s(s+10\tau+1)}$；

   ② $\phi(s)=\dfrac{\omega_n^2}{s^2+2\xi\omega_n s+\omega_n^2}$；

   ③ $K=1.318$；$\tau=0.263$；④ $e_{ss}=0.413$
15. $e_{ss}=0.35$
16. $K_p=\lim\limits_{s\to\infty}G(s)=\infty$，$K_v=\lim\limits_{s\to 0}sG(s)=\infty$，$K_a=\lim\limits_{s\to 0}s^2G(s)=10$；

   $K_p=\lim\limits_{s\to 0}G(s)=\infty$，$K_v=\lim\limits_{s\to 0}sG(s)=0.5$，$K_a=\lim\limits_{s\to 0}s^2G(s)=0$
17. $K_0=1/K$；$\tau=T_1+T_2$
18. ① $K_3=0.01$；② $K_1K_2 \geqslant 360000$
19. $K_c=\dfrac{K_2K_3}{K_4}$
20. ① $\xi=\dfrac{1}{2\sqrt{2}}=0.354$；$\omega_n=\sqrt{8}=2\sqrt{2}\,\text{rad/s}$；$e_{ss}=\dfrac{1}{K_v}=\dfrac{1}{4}=0.25$

   ② $a=0.25$；$e_{ss}=\dfrac{2+8a}{8}=0.495$

   ③ $K_A=31.36$，$a=0.186$，K_A 为比例放大系数

21. ① $e_{ss}=\dfrac{1-K_n}{K}$；② $K_d=\dfrac{1-K_n}{K}$

22. 如图 1 所示：

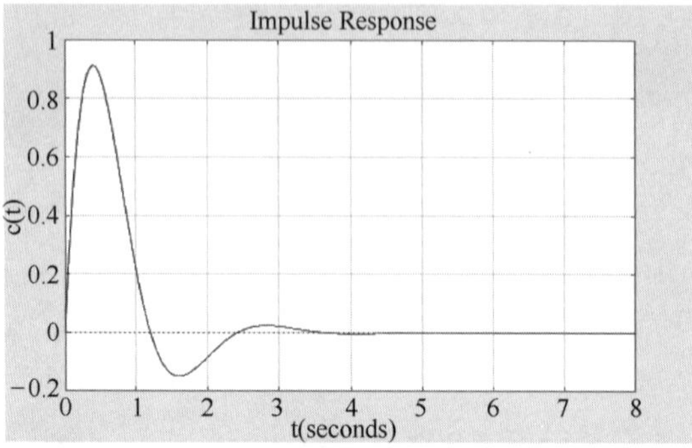

(a) 脉冲响应曲线

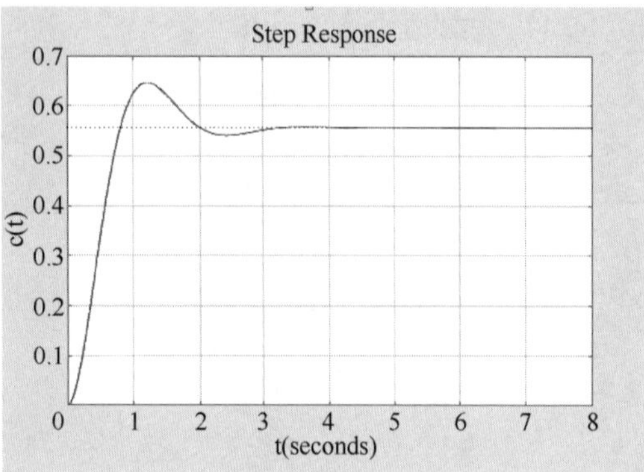

(b) 阶跃响应曲线

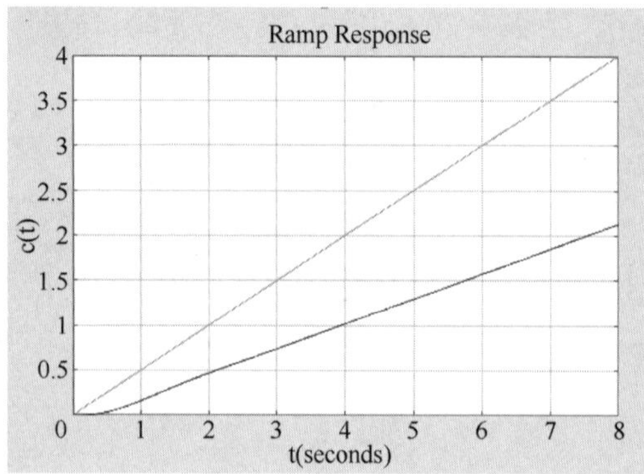

(c) 斜坡响应曲线

图 1

23. $t_p \approx 2.2105\text{s}$，$M_p \approx 10.8433\%$

24. $K_p=\dfrac{1}{2}$，$K_v=0$，$K_a=0$

25. ① $e_{ss}=0$，单位阶跃响应曲线如图 2 所示。

② $e_{ssr}=0.1$，单位阶跃响应曲线如图 3 所示。

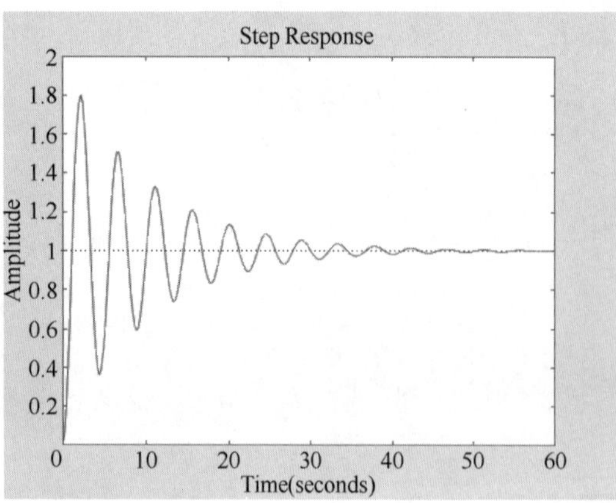

图 2

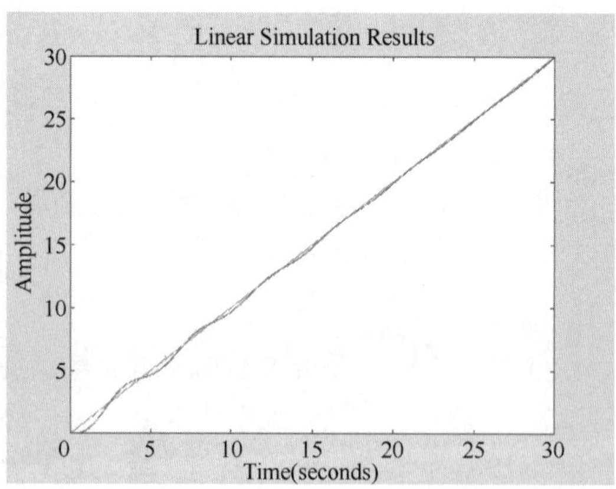

图 3

3-5 证明题

略

第 4 章练习题答案

4-1 选择题

1. C 2. A 3. B 4. B 5. D 6. C 7. C 8. D 9. A 10. B 11. A 12. B 13. D 14. D 15. C 16. D 17. D 18. D 19. A 20. D 21. C 22. A 23. C 24. C 25. D 26. B 27. D 28. A

4-2 填空题

1. 正弦，稳态响应
2. 零点、极点，左半部
3. 一阶系统
4. 零点或者极点
5. 频率
6. 正弦信号，输入，频率，幅频
7. 2.5rad/s
8. $-180°$，$-\arctan(3\omega)$
9. $\sqrt{2}$
10. $-90°$，$\dfrac{1}{\omega}$
11. 8rad/s
12. $\dfrac{3}{\omega\sqrt{(4\omega)^2+1}}$
13. 0dB，$-180°$
14. 减小 40dB/dec
15. $G(j\omega)=\left(\dfrac{1}{1+4\omega^2}-\dfrac{2j\omega}{1+4\omega^2}\right)e^{-0.1j\omega}$
16. 90°
17. $\omega_n\sqrt{1-2\xi^2}$
18. 幅值，相角
19. $\dfrac{10\sqrt{1+T^2\omega^2}}{1+T^2\omega^2}$
20. 0dB，0°
21. $-180°$线

4-3 简答题

略

4-4 计算题

1. (a) $G(j\omega)=\dfrac{\dfrac{R_2}{R_1+R_2}(R_1Cj\omega+1)}{\dfrac{R_1R_2}{R_1+R_2}Cj\omega+1}$；(b) $G(j\omega)=\dfrac{1+j\omega R_2C}{1+j\omega(R_1+R_2)C}$

2. $A(\omega)\big|_{\omega=0.5}=\dfrac{10}{0.5\sqrt{1+(2\times0.5)^2}}=10\sqrt{2}$；$\varphi(\omega)\big|_{\omega=0.5}=-90°-45°=-135°$

3. ① $x_o(t)=\frac{10\sqrt{122}}{122}\sin(t+24.8^\circ)$；② $x_o(t)=\frac{4\sqrt{5}}{5}\cos(2t-55.3^\circ)$

4. ①$x_o(t)=\frac{\sqrt{2}}{4}\sin(2t-45^\circ)$；②$x_o(t)=\frac{\sqrt{5}}{5}\sin(t+3.6^\circ)-\frac{\sqrt{2}}{2}\cos(2t-90^\circ)$

5. $G(j\omega)=\frac{36\times[(36-\omega^2)-13j\omega]}{(36-\omega^2)^2+(13\omega)^2}$

6. $10A(\omega)|_{\omega=6.28}=\frac{10\times10}{\sqrt{1+(0.5\omega)^2}}=30.35$；$\varphi(\omega)|_{\omega=6.28}=-\arctan(0.5\omega)=-72.37^\circ$

7. ① $K=16.7$；② $\xi=0.387$，$\omega_n=12.92\text{rad/s}$

8. $G(s)=\frac{31.64}{s(0.0316s+1)}$，$M_r=1.155$，$\omega_r=22.37\text{rad/s}$

9. $K=476.55$，$a=26.2$

10. ① 6.02dB；② 13.98dB；③ 20dB；④ 32.04dB；⑤40 dB；⑥−40 dB；⑦0 dB

11. $G(s)H(s)=\frac{10(0.1s+1)}{s(0.5s+1)}$

12. (a) $G(s)=\frac{10000s^2}{625s^2+50s+1}$；(b) $G(s)=\frac{10\left[\left(\frac{1}{80}\right)^2s^2+2\times0.1\times\frac{1}{80}s+1\right]}{0.2^2s^2+2\times0.2\times0.2s+1}$；

(c) $G(s)=\frac{0.0001(625s^2+50s+1)}{s^2}$；(d) $G(s)=\frac{100\times10^{-0.5}s}{(100s+1)(10s+1)}$

13. (a) $G(s)=\frac{1000\left(\frac{1}{400}s+1\right)}{\left(\frac{1}{2}s+1\right)\left(\frac{1}{200}s+1\right)\left(\frac{1}{4000}s+1\right)}$；(b) $G(s)=\frac{10^{\frac{3}{5}}}{0.01s+1}$；

(c) $G(s)=\frac{100\left(\frac{1}{100}s+1\right)}{s^2\left(\frac{1}{1000}s+1\right)}$；(d) $G(s)=\frac{100\left(\frac{1}{10}s+1\right)}{s\left(\frac{1}{2}s+1\right)\left(\frac{1}{80}s+1\right)\left(\frac{1}{200}s+1\right)}$；

(e) $G(s)=\frac{10\left(\frac{1}{0.5}s+1\right)}{\left(\frac{1}{0.05}s+1\right)\left(\frac{1}{0.1}s+1\right)}$

14. $M_r=0.8332$，$\omega_r=0.01\text{rad/s}$

4-5 画图题

1. 如图 1 所示。
2. ① 如图 2 所示；

② 如图 3 所示。

3. 如图 4 所示。
4. 如图 5 所示。
5. ① $G(s)=\frac{100}{s(100s+1)(0.01s+1)}$；

② 如图 6 所示。

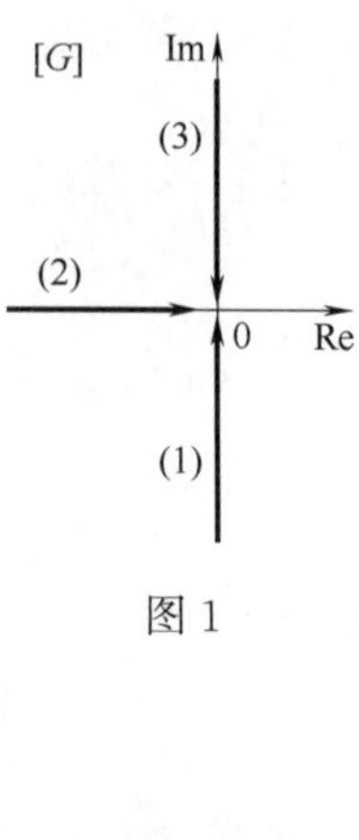

图 1

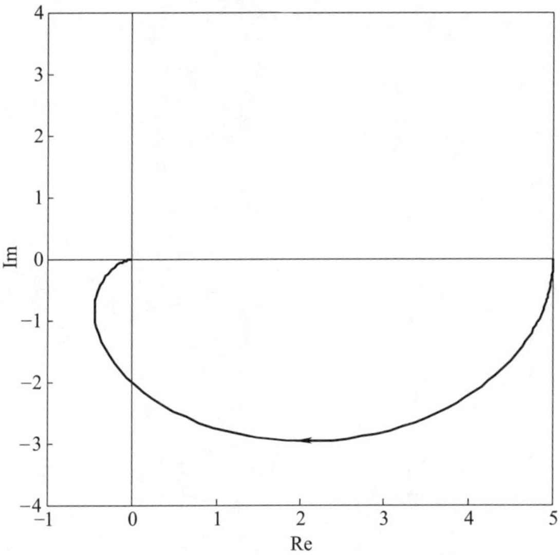

图 2

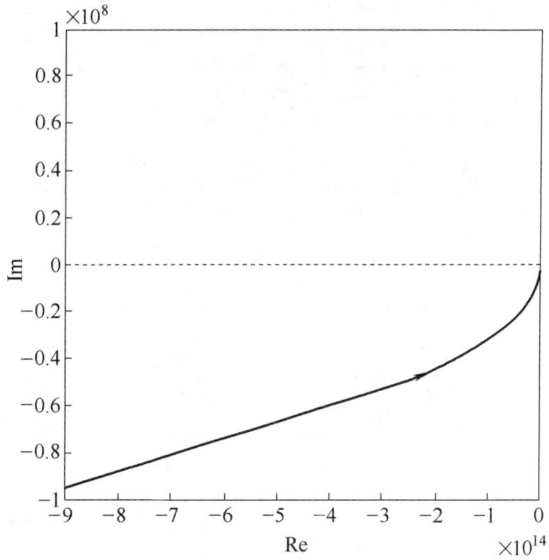

图 3

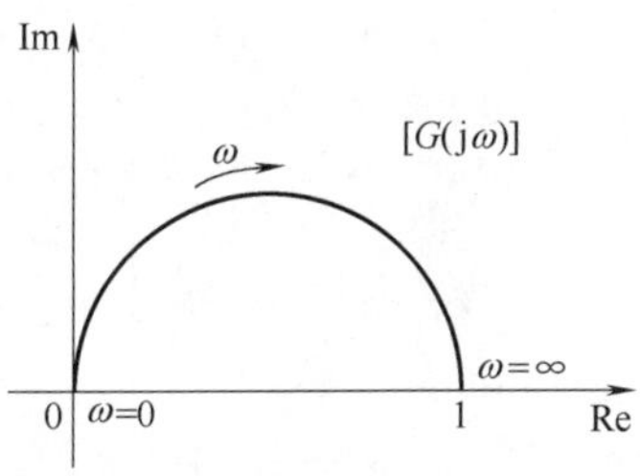

图 4

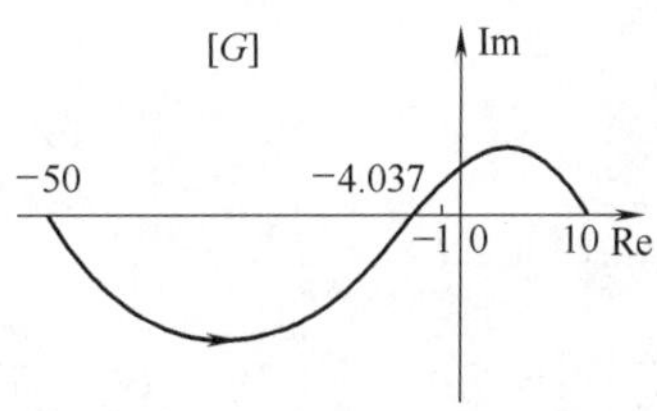

图 5

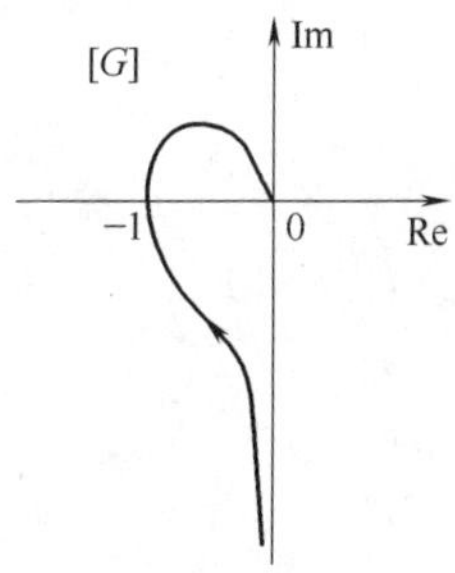

图 6

6. ① 如图 7 所示：

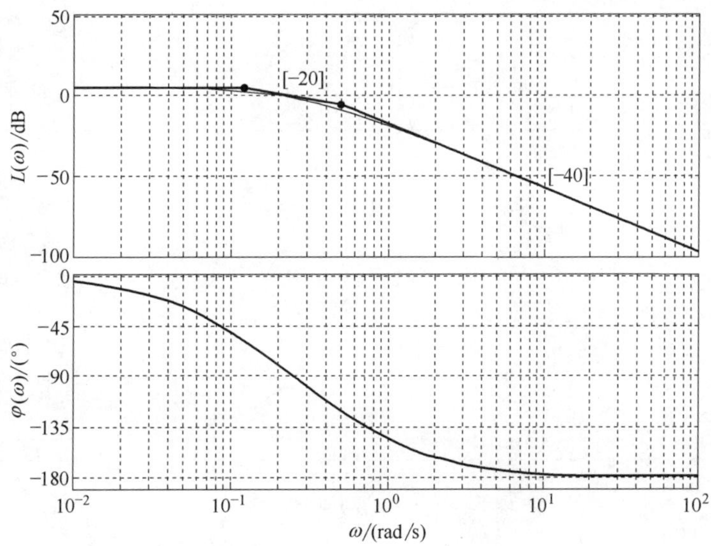

图 7

② 如图 8 所示：

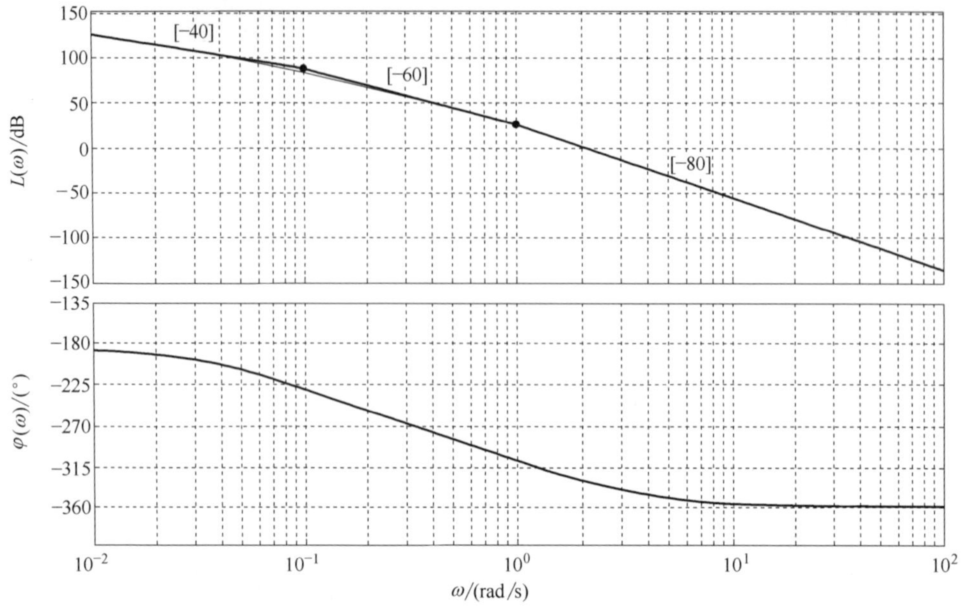

图 8

③ 如图 9 所示：

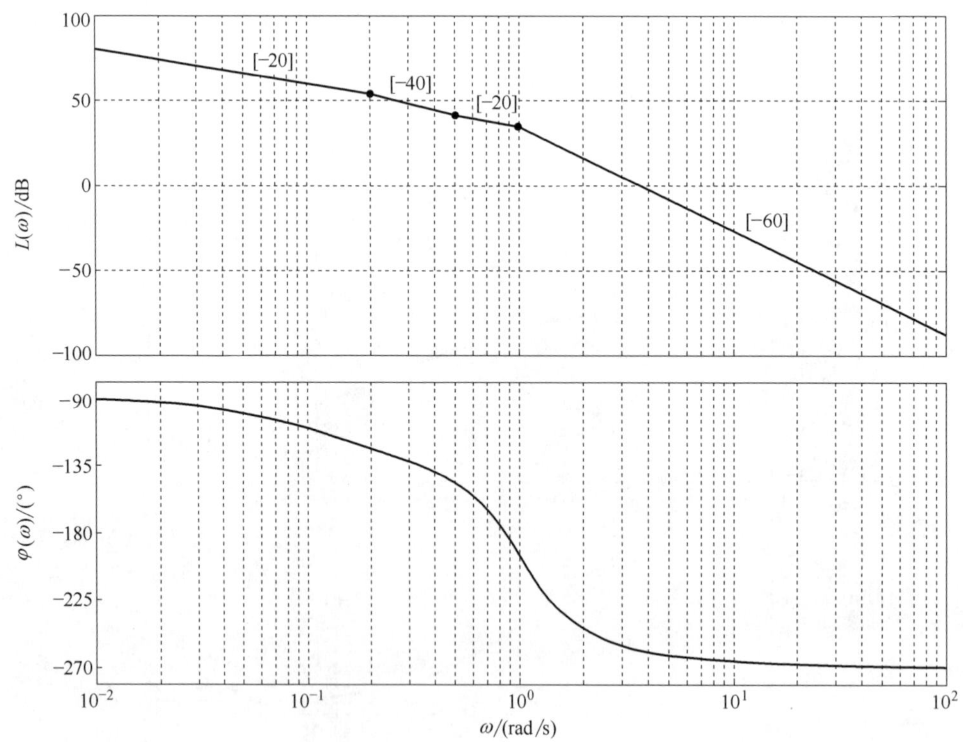

图 9

④ 如图 10 所示：

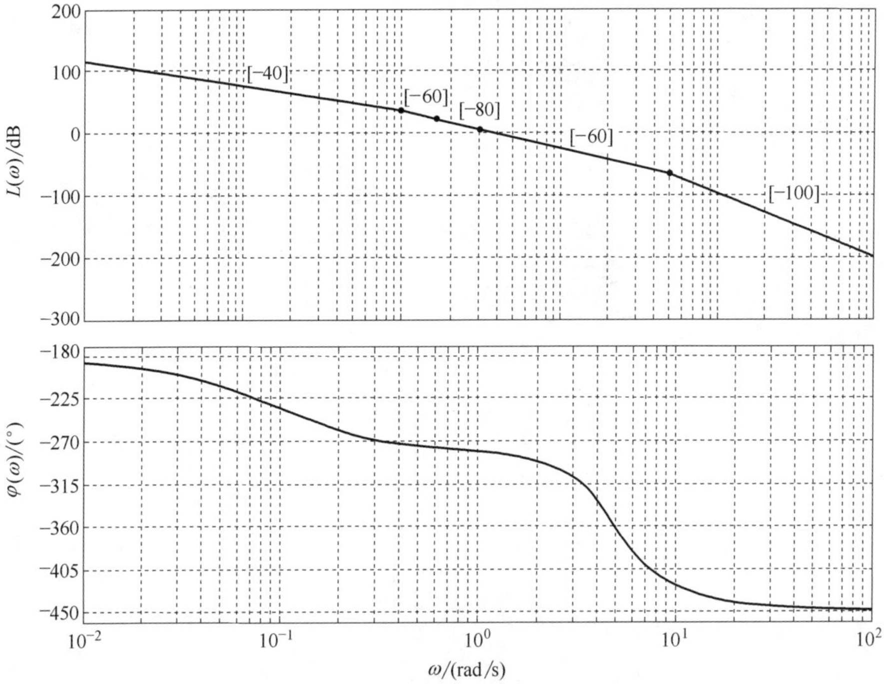

图 10

⑤ 如图 11 所示：

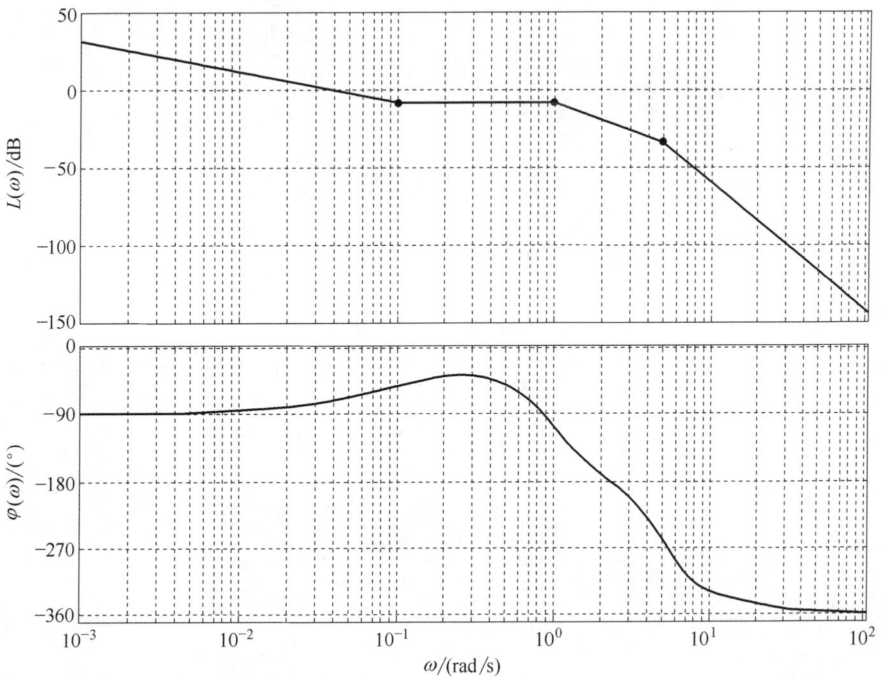

图 11

7. 如图 12 所示：

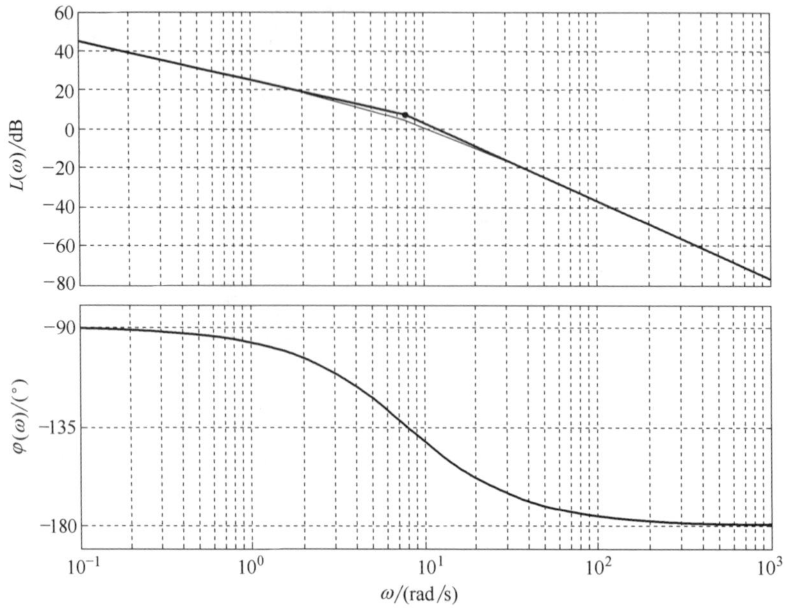

(a) 对数幅频、相频特性曲线

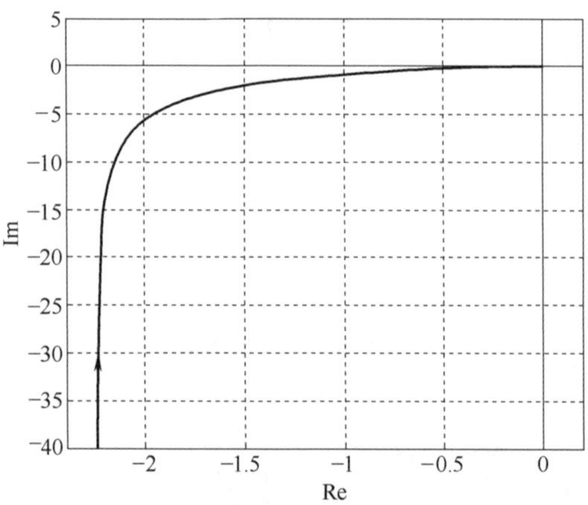

(b) 幅相频率特性曲线

图 12

8. 如图 13 所示，三个系统具有相同的幅频特性，但是它们的相频特性却各不相同。

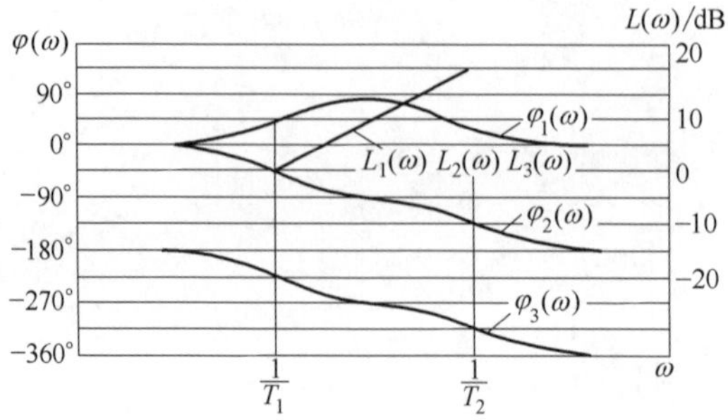

图 13

9. 如图 14 所示：

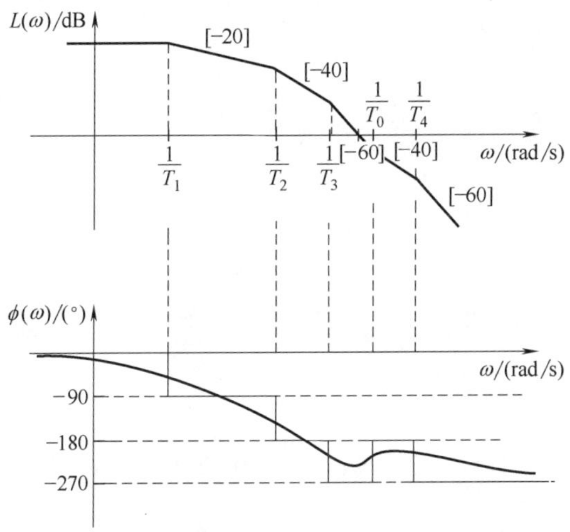

图 14

10. 伯德图如图 15（a）所示，奈奎斯特图如图 15（b）所示：

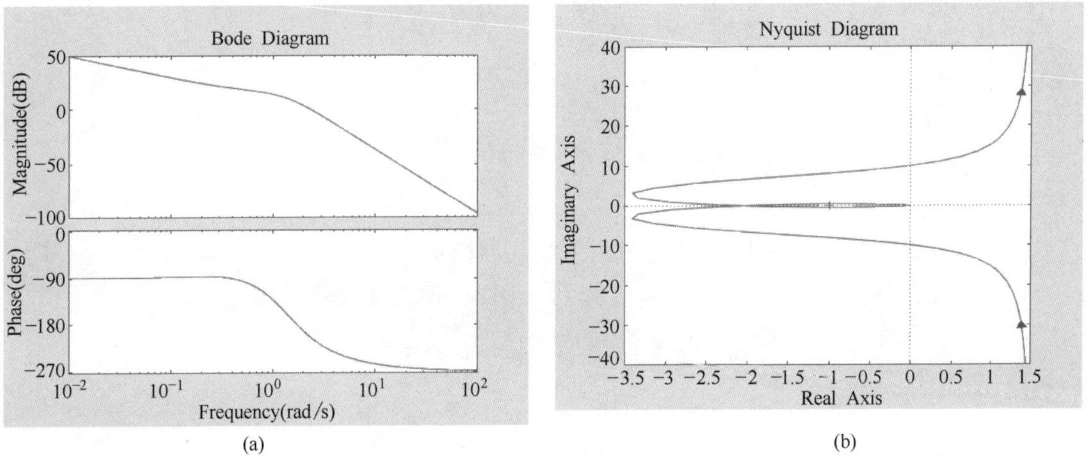

图 15

第 5 章练习题答案

5-1 选择题

1. C 2. D 3. A 4. C 5. A 6. C 7. A 8. B 9. D 10. D 11. B 12. D 13. B 14. C 15. A 16. B 17. D 18. A 19. B 20. B 21. C 22. B 23. C 24. D 25. A 26. C 27. A

5-2 填空题

1. $s^3+5s^2+4s+K=0$，$\frac{K}{4}$

2. 负数，具有负实部，左半部

3. 右极点数，右极点数

4. 正，正，闭环系统

5. 不一定稳定，不一定不稳定

6. $-180°$线时

5-3 简答题

略

5-4 计算题

1. 系统不稳定

2. ①系统不稳定；②系统不稳定

3. $0<K<6$

4. $0<K<240$

5. $0<K<8$

6. 系统稳定

7. ① $0<K<\frac{109}{121}$；② 无论 K 取什么值，系统总不稳定；

③ $K>\frac{-1+\sqrt{201}}{4}$；④ 无论 K 取什么值，系统总不稳定

8. $0.536<K<0.933$

9. $K_A>0$

10. $K_c>0.5933$

11. ① $0<K<36.36$；② $0<\tau<0.357$

12. 系统稳定

13. $\begin{cases}K<-1\\T<0\end{cases}$

14. ① $-1<K<8$，即由 20 降至 8 时系统临界稳定

② 惯性环节时间常数 T 由 0.1s 降到 0.0127s 时，系统临界稳定

15. $K_n=0.1$

16. $\frac{8}{15}<\frac{K}{15}<\frac{18}{15}$

17. $0<K_1<10$；$0.986<K_1<7.795$

18. ① $0<a<8$；② $1.2<a<3$

19. 系统不稳定

20. 系统不稳定，符号变化 1 次，有 1 个正根

21. 系统不稳定，有 2 个正根

22. ① 0；② 2；③ 2；④ 1

23. ① 系统不稳定，有 2 个正根；

② 临界稳定，无正根，有一对虚根 $s_{1,2}=\pm j2$；

③ 系统不稳定，有 1 个正根，一对虚根 $s_{1,2}=\pm j$；

④ 系统不稳定，有 1 个正根，一对虚根 $s_{1,2}=\pm 5j$

24. (a) 系统稳定；(b) 系统不稳定

25. ① 系统不稳定；② 系统稳定；③ 系统不稳定；④ 系统稳定；⑤系统不稳定；⑥系统稳定；⑦ 系统稳定；⑧ 系统稳定；⑨ 系统不稳定；⑩ 系统不稳定

26. 如图 1 所示；

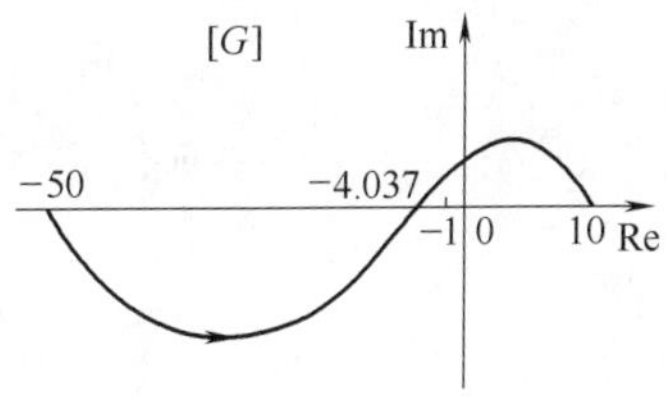

图 1

系统不稳定

27. 系统不稳定

28. 当 $K=1$ 或 $K=10$ 时，系统稳定

29. ① 系统稳定

$\gamma=180°+\varphi(\omega_c)=180°-90°-\arctan(0.2\omega_c)=12.6°$

$K_g=\dfrac{1}{A(\omega_g)}=\infty$

② 系统不稳定

$$\gamma=180°+\varphi(\omega_c)=180°-\arctan\frac{\omega_c}{5}-\arctan\frac{\omega_c}{2}-\arctan(2\omega_c)=-29.4°$$

$$K_g=\frac{1}{A(\omega_g)}=\frac{\sqrt{\left(\frac{\omega_g}{5}\right)^2+1}\sqrt{\left(\frac{\omega_g}{2}\right)^2+1}\sqrt{(2\omega_g)^2+1}}{50}=0.391$$

③ 系统临界稳定

$$\begin{cases}\omega_c=\sqrt{4\times10}=6.325\text{rad/s}\\ \omega_g=\sqrt{4\times10}=6.325\text{rad/s}\end{cases}\quad\begin{cases}\gamma=0°\\ K_g=1\end{cases}$$

④ 系统不稳定

$$\begin{cases}\gamma=180°+\varphi(\omega_c)=-24.8°\\ K_g=0.343=-9.3\text{dB}\end{cases}$$

30. ① $G(s)=\dfrac{10}{s\left(\dfrac{s}{0.1}+1\right)\left(\dfrac{s}{20}+1\right)}$

② 相位裕量 $\gamma=180°+\varphi(\omega_c)=2.85°$，故系统稳定

③ 系统稳定性不变

$$M_p=0.16+0.4\left(\frac{1}{\sin\gamma}-1\right)=M_{p1}$$

$$t_s=\frac{K_0\pi}{\omega_c}=\frac{K_0\pi}{10\omega_{c1}}=0.1t_{s1}$$

系统的超调量不变，调节时间缩短，动态响应加快。

31. $\gamma=180°+\varphi(\omega_c)=46.9°$

32. ① 当系统增益 $K<\dfrac{T_1+T_2}{T_1T_2}$时，闭环系统稳定；当 $K=\dfrac{T_1+T_2}{T_1T_2}$时，系统处于临界稳定状态；当 $K>\dfrac{T_1+T_2}{T_1T_2}$时，闭环系统不稳定。

② $T_1=1$、$T_2=0.5$ 和 $K=0.75$ 时，$K_g=4$，或 $K_g=20\lg4=12\text{dB}$。

33. 极点：$p_1=-2.6593+0.0000\text{i}$；$p_2=-0.1703+0.2549\text{i}$；$p_3=-0.1703-0.2549\text{i}$。零点：$z_1=-0.1429-0.3499\text{i}$；$z_2=-0.1429+0.3499\text{i}$。

注意：MATLAB 程序中的符号 i 即为 j。

极点全部在［s］平面的左半平面，系统稳定。

34. 如图 2 所示：

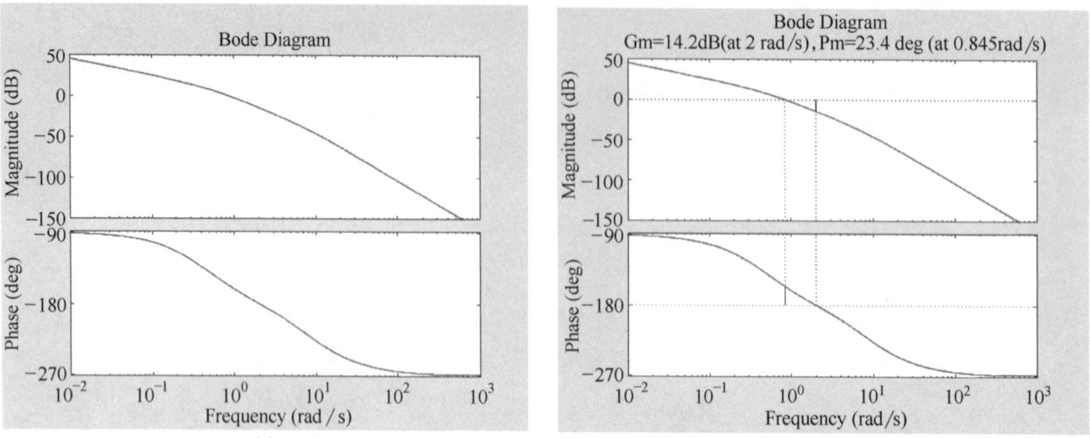

(a) (b)

图 2

由伯德图可知，幅值裕量为 14.2dB，相位裕量为 23.4°，系统稳定。

35. 奈奎斯特图如图 3 所示：

控制系统稳定。

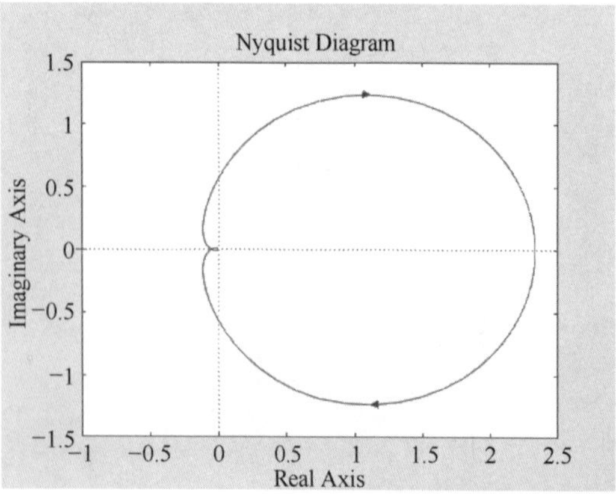

图 3

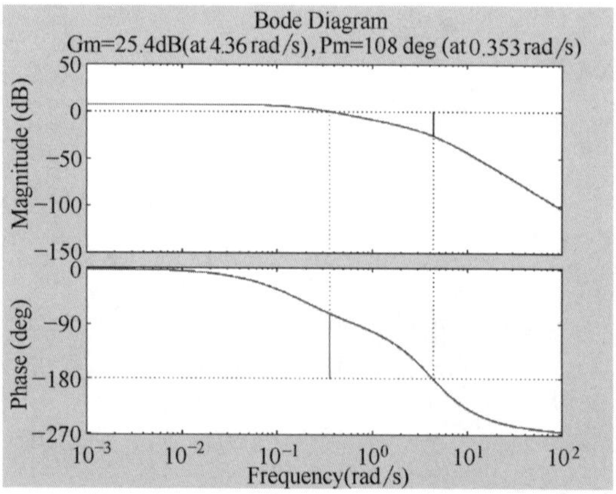

图 4

由图 4 可知，幅值裕量为 25.4dB，相位裕量为 108°。

第 6 章练习题答案

6-1 选择题

1. D 2. B 3. D 4. B 5. B 6. C 7. B 8. C 9. B 10. A 11. D 12. A 13. A 14. D 15. B 16. C 17. C 18. B 19. D 20. B 21. A 22. A 23. A 24. C 25. A 26. B 27. C 28. D 29. C 30. B 31. D 32. A 33. D

6-2 填空题

1. 超前
2. 低通
3. 相位超前
4. 相位滞后

5. 串联校正，并联校正

6. 位置（或比例），速度（或微分），加速度

7. 积分，微分

8. 系统的零点、极点分布

9. 相位超前，相位滞后，相位滞后-超前

10. 高通，稳定性

11. 干扰，误差

12. 稳态误差，响应速度

6-3 简答题

略

6-4 计算题

1. ① 校正前，$\gamma_1 \approx 2.81°$，系统稳定，但稳定裕量较低；

校正后，$\gamma_1 \approx 52.3°$，系统稳定，且稳定裕量有较大提高。

② $G_c(s)=\dfrac{G_2(s)}{G_1(s)}=\dfrac{0.5s+1}{5s+1}$，相位滞后校正。

2. 原系统开环对数幅频特性曲线 $20\lg|G_0|$、校正环节的对数幅频特性曲线 $20\lg|G_c|$ 如图 1 所示：

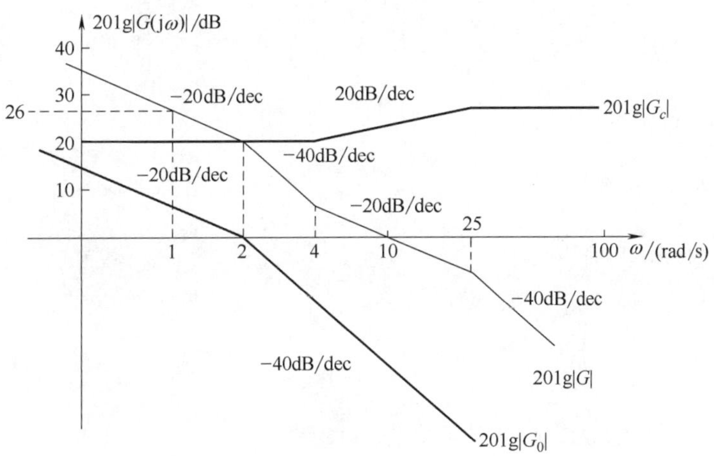

图 1

由图中可以看出是相位超前校正：

3. ① 转折频率分别为：

$$\omega_1=\frac{1}{0.5}=2\text{rad/s},\ \omega_2=\frac{1}{0.05}=20\text{rad/s},\ \omega_3=\frac{1}{0.0125}=80\text{rad/s}$$

校正环节 $G_c(s)=10$ 时，系统不稳定。

② 如图 2 中的曲线Ⅱ所示。其转折频率分别为：

$$\omega_1=\frac{1}{0.05}=20\text{rad/s}$$

$$\omega_2=\frac{1}{0.0125}=80\text{rad/s}$$

剪切频率 $\omega_{c2} \approx 10\text{rad/s}$；相位裕量 $\gamma \approx 56.3°$。

校正环节 $G_c(s)=\dfrac{0.5s+1}{s}$时，系统稳定。

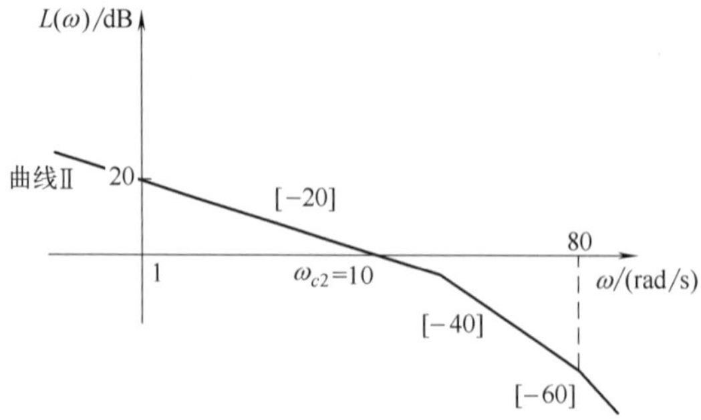

图 2

4. $G_c(s)=\dfrac{1}{6.3}s+1$

5. ① $T_1+T_2>T_1T_2K_1K_2$；② $G_c(s)=s/K_2$

6. $G_c(s)=\dfrac{\dfrac{s}{2}+1}{\dfrac{s}{28.125}+1}$

7. $G_c(s)=\dfrac{\dfrac{s}{0.06}+1}{\dfrac{s}{0.0072}+1}$

8. $G_c(s)=\dfrac{(100s+1)\left(\dfrac{3s}{2}+1\right)}{(900s+1)\left(\dfrac{s}{6}+1\right)}$

9. $K_1/K=4.04$

10. 属于结构不稳定系统；方案如图 3 所示

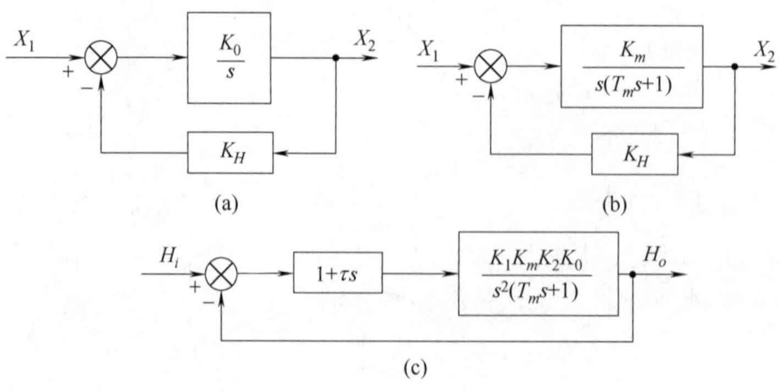

图 3

11. $G_c(s)=\dfrac{0.4545s+1}{0.04545s+1}$

12. $G_c(s)=G_{c1}(s)G_{c2}(s)=\dfrac{6.667s+1}{63.33s+1}\times\dfrac{1.961s+1}{0.1961s+1}$

期末测试题 1 答案

一、选择题

1. C 2. B 3. B 4. A 5. C 6. A 7. D 8. A 9. C 10. B 11. B 12. D 13. B 14. D 15. A

二、计算题

1. (a) $G(s)=\dfrac{1}{ms^2+Bs+k}$；(b) $G(s)=\dfrac{1+R_1Cs}{1+R_1Cs+\dfrac{R_2}{R_1}}$

2. $\phi(s)=\dfrac{1133}{s^2+24.3s+1133}$；$G(s)=\dfrac{1133}{s(s+24.3)}$

3. ① $G(s)=\dfrac{2000\left(\dfrac{1}{10}s+1\right)}{s\left(\dfrac{1}{2}s+1\right)\left(\dfrac{1}{100}s+1\right)}$

② $\varphi(\omega)=-90°-\arctan\left(\dfrac{1}{2}\omega\right)+\arctan\left(\dfrac{1}{10}\omega\right)-\arctan\left(\dfrac{1}{100}\omega\right)$；当 $\omega=1$ 时 $\varphi(\omega)=-90°$

4. $4\leqslant K<54$

5. $\dfrac{X_o(s)}{X_i(s)}=\dfrac{G_1(s)G_2(s)}{1+G_2(s)H_1(s)+G_1(s)G_2(s)H_2(s)}$

$\dfrac{X_o(s)}{N(s)}=\dfrac{1+G_2(s)H_1(s)}{1+G_2(s)H_1(s)+G_1(s)G_2(s)H_2(s)}$

6. (a) 稳定；(b) 不稳定

期末测试题 2 答案

一、选择题

1. A 2. C 3. B 4. A 5. D

二、填空题

1. 零初始，对应输入量的拉氏变换（或输入量的象函数）
2. 全部具有负实部，[s] 平面的左半平面
3. 幅频特性，正弦信号，频率，幅值，相位
4. 输出，初始，稳定
5. 二阶振荡
6. 0，∞
7. $\cos(\omega t)$

三、简答题

略

四、计算题

1. (a) $G(s)=\dfrac{1}{LCs^2+RCs+1}$；$\xi=\dfrac{RC}{2\sqrt{LC}}$；$\omega_n=\dfrac{1}{\sqrt{LC}}$

(b) $G(s)=\dfrac{1}{ms^2+Bs+k}$；$\xi=\dfrac{B}{2\sqrt{mk}}$；$\omega_n=\sqrt{\dfrac{k}{m}}$

2. $M_p=0.0461$；$t_s=1.02\text{s}$

3. $K_f>0$

4. ① $G(s)=\dfrac{10}{\left(\dfrac{1}{0.1}s+1\right)\left(\dfrac{1}{10}s+1\right)}$；② $\omega_c=1\text{rad/s}$，$\gamma=89.95°$；

③ $x_o(t)=2.11\sin(t-\arctan1.01)$

5. (a) 稳定；(b) 不稳定；(c) 稳定；(d) 不稳定

期末测试题 3 答案

一、填空题

1. 输出
2. 输入，输出
3. 具有负实部，左半部
4. 瞬态响应，稳态响应
5. $\sin(\omega t)$
6. 快速性
7. 高通

二、选择题

1. A 2. A 3. C 4. C 5. D 6. C 7. B 8. A 9. D 10. B

三、计算题

1. $\dfrac{X_o(s)}{X_i(s)}=\dfrac{G_1G_2G_3G_4}{1-G_2G_3H_1+G_1G_2G_3H_2+G_1G_2G_3G_4H_3}$

2. $x_o(t)=\dfrac{1}{2}\sin(10t-45°)$

3. ① $G(s)=\dfrac{8}{s(0.2s+1)}$；②系统稳定；③图略

4. $0<f<\dfrac{7}{9}$

5. $e_{ss}=\dfrac{3}{4}$

6. ① $G(s)=\dfrac{1}{ms^2+Bs+k}$；② 峰值时间 $t_p=1.59\text{s}$，调整时间 $t_s=4.9\text{s}(\pm2\%)$

期末测试题 4 答案

一、选择题

1. B 2. D 3. B 4. A 5. C 6. D 7. C 8. D 9. A 10. A

二、填空题

1. 开环控制系统，闭环控制系统；2. 单位阶跃信号；3. 0，$\dfrac{2}{K}$；4. 2；5. 超前

三、计算题

1. 图略；$\dfrac{X_o(s)}{X_i(s)}=\dfrac{G_1(s)G_2(s)G_3(s)}{1+G_2(s)G_3(s)H_2(s)+G_1(s)G_2(s)G_3(s)H_1(s)}+G_4(s)$

2. ① 稳定；② 0.01

3. $G_c(s)=\dfrac{(1+0.25s)}{(0.01s+1)(1+0.1s)}$

4. $G(s)=\dfrac{R}{Ls+R}$

5. 系统不稳定

6. $M_p=0.33$；$t_s\approx 3\text{s}$

北京信息科技大学
2008年硕士研究生入学考试题答案

一、(a) $G(s)=\dfrac{R^2C_1C_2s^2+2RC_1s+1}{R^2C_1C_2s^2+R(2C_1+C_2)s+1}$；

(b) $G(s)=\dfrac{\dfrac{L_2}{L_1+L_2}\left(\dfrac{L_1}{R_1}s+1\right)}{\dfrac{L_2L_1}{L_1+L_2}C_2s^2+\dfrac{L_2L_1(R_1+R_2)}{(L_1+L_2)R_1R_2}s+1}$

二、1. 证略；2. $K=10$，$\omega_1=2.5\text{rad/s}$ ；3. $\gamma=26.6°$

三、$T_d=\dfrac{1}{K}$

四、1. 系统稳定；2. $a=0.012$，$b=0.1$

五、1. $0<K<9$ 时，系统特征方程根的实部小于0；$0.56<K<1.56$ 时，系统特征方程根的实部小于-1；K 无论取何值，都不能使系统闭环特征方程根的实部小于-2。

2. $K=2$ 时系统的开环奈氏曲线如图1所示。

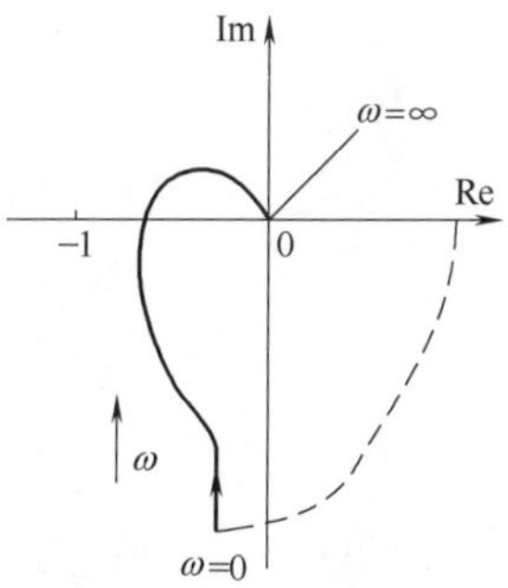

图1

六、1. $\alpha=2.4$；$M_p=40\%$；$t_s=\dfrac{4}{\xi\omega_n}=2.915\text{s}$

2. $\omega_r=4.50\text{rad/s}$；$A_m=1.6$

3. $G_n(s)=2.9s+1$

北京信息科技大学
2009年硕士研究生入学考试题答案

一、单项选择题

1. B 2. B 3. D 4. B 5. D 6. C 7. D 8. A 9. B 10. A

二、简答题

略

三、计算题

1. ① $m\ddot{x}_o(t)+B\dot{x}_o(t)+kx_o(t)=x_i(t)$，$G(s)=\dfrac{1}{ms^2+Bs+k}$

② $A(\omega)=\dfrac{1}{\sqrt{(3\omega)^2+4}}$，$\varphi(\omega)=\arctan\left(-\dfrac{3\omega}{2}\right)$；③ $x_o(t)=\dfrac{\sqrt{2}}{4}\sin\left(\dfrac{2}{3}t\right)$

2. ① $K=3.87, T=0.31$；② $0<K<\frac{6}{5}$；③ $e_{ss}=\frac{1}{K}$

3. ① 系统稳定；② 系统不稳定

4. 图略，$\phi(s)=G_4+\frac{G_1G_2G_3-G_1H_2}{1-G_1G_2H_1+G_2H_1}$

5. 图略，系统稳定

6. $G_0(s)=\frac{1+G_2(s)H_1(s)}{G_1(s)G_2(s)+G_1(s)G_3(s)+G_1(s)G_2(s)G_3(s)H_1(s)}$

北京信息科技大学
2010年硕士研究生入学考试题答案

一、选择题

1. A　2. B　3. C　4. D　5. A

二、计算题

1. $k=166.7\text{N/m}$；$m=135.5\text{kg}$；$B=99.2\text{N}\cdot\text{s/m}$

2. $\frac{G_1(s)G_2(s)G_3(s)+G_1(s)G_2(s)G_4(s)}{1+G_1(s)G_2(s)G_3(s)H_1(s)+G_2(s)G_3(s)H_2(s)+G_2(s)G_4(s)H_2(s)+G_1(s)G_2(s)G_3(s)+G_1(s)G_2(s)G_4(s)}$

3. ① $a_ns^n+a_{n-1}s^{n-1}+\cdots+a_1s+a_0=0$；② $\phi(s)=\frac{b_1s+b_0}{a_ns^n+a_{n-1}s^{n-1}+\cdots+a_1s+a_0}$；

③ $G(s)=\frac{b_1s+b_0}{a_ns^n+a_{n-1}s^{n-1}+a_{n-2}s^{n-2}+\cdots+a_1s+a_0-b_1s-b_0}$；④$e_{ss}=\frac{a_0-b_0}{a_0}$；

⑤ $\begin{cases}a_1-b_1=0\\a_0+b_0=0\end{cases}$；⑥ $y(\infty)=2$

4. $K=31.36$，$\tau=0.186$

5. ① $G(s)=\frac{10}{s\left(\frac{1}{0.1}s+1\right)\left(\frac{1}{10}s+1\right)}$；② $\gamma=0°$，临界稳定

6. $0<K<9$

北京信息科技大学
2011年硕士研究生入学考试题答案

一、填空题

1. 本身的固有特性；2. 稳态响应；3. 频率 ω；4. 输出，返回到输入端

二、选择题

1. B　2. A　3. A　4. C　5. D

三、简答题

略

四、计算题

1. ① $K_h=0.216$；② $K=25.2$，$K_h=0.271$，$t_r=0.78\text{s}$

2. ① $K=\frac{K^*}{5}>\frac{4}{3}$；$K$ 不存在

② $e_{ss}=-0.1$；系统不稳定，不存在稳态误差

③ 图略

3. 图略；$\dfrac{G_1G_2G_3G_4}{1-G_2G_3H_1+G_3G_4H_4+G_1G_2G_3H_2-G_1G_2G_3G_4H_3}$

4. $G(s)=\dfrac{1}{(0.1s+1)(0.05s+1)(0.01s+1)-1}$

5. $\xi=0.22$，$\omega_n=1.244\text{rad/s}$

北京信息科技大学
2012年硕士研究生入学考试题答案

一、填空题

1. 输出，反馈；2. 输入，输出；3. 正弦信号，幅频特性，相频特性；4. 负，全部具有负实部，左半平面

二、简答题

略

三、计算题

1. $\dfrac{X_o(s)}{X_i(s)}=\dfrac{G_1G_2+G_1G_3(1+G_2H)}{1+G_2H+G_1G_2+G_1G_3+G_1G_2G_3H}$；

$\dfrac{X_o(s)}{N(s)}=\dfrac{-1-G_2H+G_4G_1G_2+G_4G_1G_3(1+G_2H)}{1+G_2H+G_1G_2+G_1G_3+G_1G_2G_3H}$

2. $G(s)=\dfrac{1}{ms^2+Bs+k}$；$\omega_n=\sqrt{\dfrac{k}{m}}$；$\xi=\dfrac{B}{2\sqrt{mk}}$

3. ① $0<K<15$；② $0.72<K<6.24$ ；③ $8\leqslant K<15$

4. ① $K_3=0.01$；② $K_1K_2\geqslant 360000$

5. $G(j\omega)=\dfrac{36}{(j\omega+4)(j\omega+9)}$

6. ① $K_h=1/10$；②图略

参考文献

[1] 陈秀梅，徐小力．机械控制工程基础［M］．4版．北京：机械工业出版社，2024.

[2] 董景新，郭美凤，陈志勇，等．控制工程基础（第4版）习题解［M］．北京：清华大学出版社，2017.

[3] 胡寿松．自动控制原理习题集［M］．7版．北京：科学出版社，2019.

[4] 熊良才，杨克冲，吴波．机械工程控制基础学习辅导与题解［M］．4版．武汉：华中科技大学出版社，2002.

[5] 孟华．自动控制原理［M］．3版．北京：机械工业出版社，2023.

[6] 喻晓红，葛一楠，唐毅谦．自动控制原理［M］．北京：清华大学出版社，2021.

[7] 杨明，翁正新．工程控制习题与解答［M］．北京：清华大学出版社，2015.

[8] 李素玲．自动控制原理［M］．西安：西安科技大学，2013.

[9] 黄忠霖．自动控制原理的MATLAB实现［M］．北京：国防工业出版社，2007.